天下文化
BELIEVE IN READING

科學天地 151A
World of Science

一粒細胞見世界

Life Itself

Exploring the Realm of the Living Cell

by Boyce Rensberger

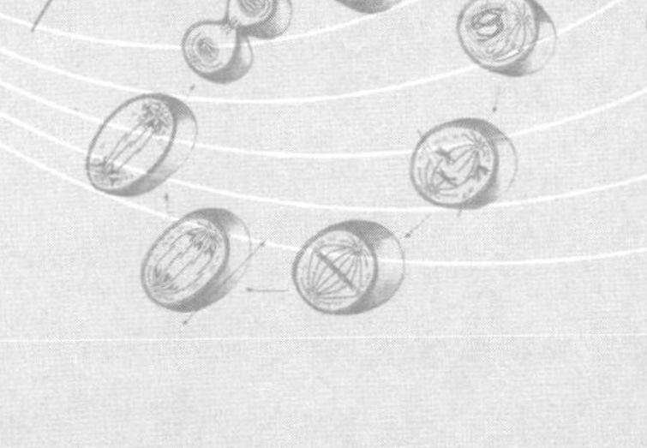

倫斯伯格 著　涂可欣 譯　程樹德 審訂

一粒細胞見世界
Life Itself
Exploring the Realm of the Living Cell

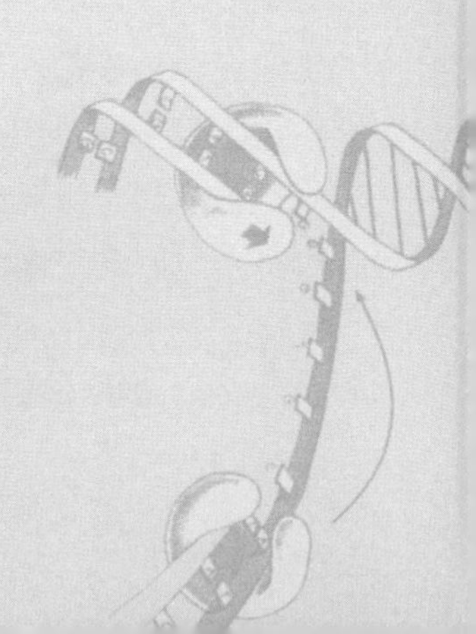

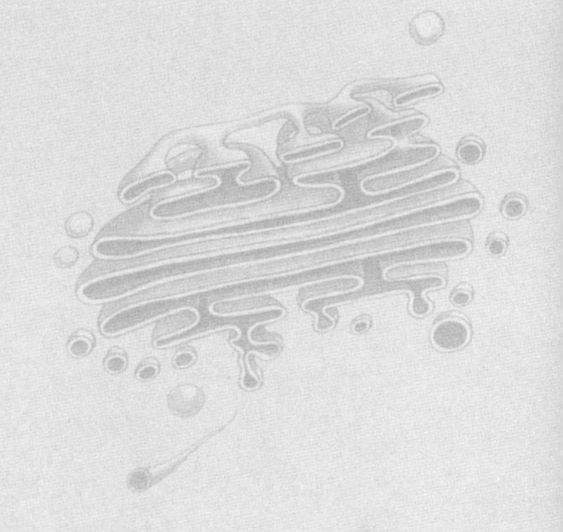

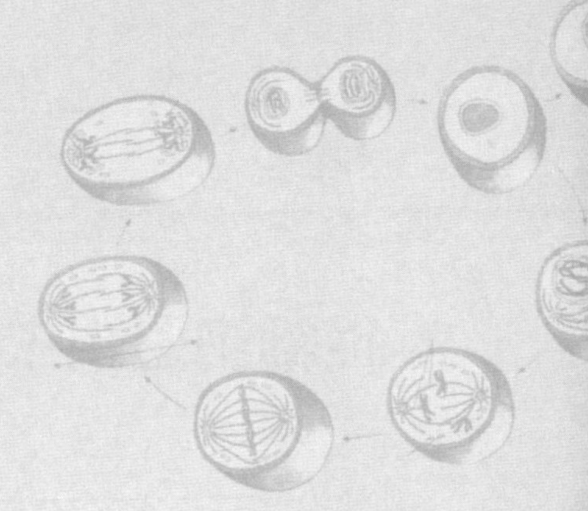

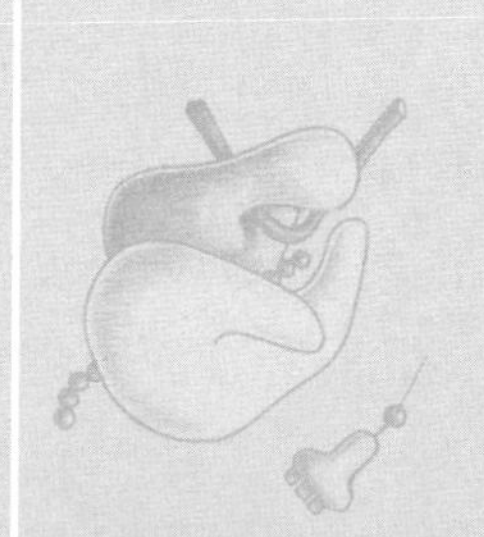

Life Itself
Exploring the Realm of the Living Cell

導讀

從細胞透視生命本質

程樹德

美國東北部的麻州像是一條巨型的抹香鯨，方方整整的頭和身軀向西插入內陸，剛好咬住紐約州的腰部，而細小的尾巴向北蹺起，仍留在大西洋中，承受海洋之滋潤與肆虐。這條尾巴又像細長的手臂，它其實就是著名的「鱈角」半島。

半島的南北兩岸均是綿延的沙灘，但南岸尤為波平浪靜，是波士頓人在夏天避暑戲水的勝地，富人尤以擁有面海度假別墅為傲。甘迺迪家族在小港「海恩尼斯」（Hyannis）有個大莊園，老夫人常住於此，而在權力圈內打滾的諸兄弟，休假群聚此處時，便熱鬧滾滾、性事連連。

在鱈角半島底部，也就是手臂的胳肢窩處，是一個叫伍茲霍爾（Woods Hole）的寂靜漁港。一條小街緊逼著海岸，三、四間老式啤酒館排列在兩側，店外的風鈴叮叮噹噹隨風響著，小漁船從外海進內港時，小街中段的橋便掀了起來。在小街一端有一棟溫暖的小木屋，是間書店，店裡頭除了供應休閒書、旅遊書和文學書外，竟有許多生物、演化、地質和氣象之類的書籍，與大學校園內的書店相比，毫不遜色。小街另一端的左側有間小水族館，展示著幾十種當地的魚類，右側有條巷子，遊客一旦轉進去，會發現幾棟高大的建築，外牆有羅馬式的大石柱，小拱門入口處鏤刻著「莉莉紀念實驗室」或「洛布實驗室」。在這新世界的小漁村中，怎會有舊世界的藝術傳統和科學研究呢？

凡是對生物學歷史有一絲興趣的訪客，會發現這僅有一條小街的漁港，幾乎是細胞學的麥加聖地。十九世紀末葉，當實驗生物學勃興時，美國東北部的生物學家利用此處易於捕獲海洋生物之便，設立了暑期海洋實驗站，一面享受泛舟觀海之樂，同時也與三、五好友趁機一起做個構思已久的研究。到了二十世紀初，這「伍茲霍爾海洋生物研究所」已開始出現引人矚目的成果。

從德國移民到此的洛布（Jacques Loeb, 1859-1924），在 1912 年利用化學藥品，刺激海膽的卵，使它不必受精，即進行分裂。這結果不但上了報紙的頭版，而且被新聞界誤報為「試管中製造生命」，甚至被比喻為「處女生子」之神蹟，讓很多未婚婦女不敢到海邊戲水，但也讓求子心切的夫婦趨之若鶩。

不久之後，一位天才橫逸的匈牙利人聖捷爾吉（Albert Szent-Györgyi, 1893-1986），被納粹趕到美國，就在伍茲霍爾落腳下來，他在 1930 年代即因發現維生素 C，而獲諾貝爾生理醫學獎。這位自稱「酒神」型的實驗者，聲明自己沒有長期的研究計畫，今天想到什麼有趣的事，就做什麼，因之他雖然聲望崇高，卻經常申請不到研究經費。他在海洋生物研究所的多年中，對肌肉如何產生運動深感興趣，進而影響了同事，不少人用烏賊的巨大神經軸突，來研究胞內囊泡之移動以及神經脈衝的傳遞。

海洋生物研究所對科學的另一重大貢獻，即是暑期舉辦的細胞生理學課程，凡是研究生或想改行的老手，都可在此接受深入的訓練，而授課者則是資深的細胞生物學家。在密集的授課、實驗和討論中，常激發出新的假設，也正是在這種合作又競爭的氣氛之中，細胞內多種管轄運動的分子，以及控制細胞分裂的「週期蛋白」陸續被發現，因而催生細胞學的黃金時代。

這項課程的籌劃者有個遠見，即開放一些學員名額給新聞記者及科學作家，讓這些文科人士也能浸潤在細胞學的趣味之中。在1987年，這項「陰謀」果然逮到《華盛頓郵報》記者倫斯伯格，他因之受到雙重的魔咒，不但愛上了細胞學，更與一位同班上課的細胞學研究生墜入情網。從1989年他就辛勤的為這份柏拉圖之愛而東奔西走，進行訪問、撰寫、拍照、思考，終於在六年後，把他「愛的結晶」呈現給讀者，就是您手中這本《一粒細胞見世界》。

就因作者不是職業科學家，所以反而較重視一般內行人習以為常的科學觀念，也較能透過刻意的說明，讓各種理解層次的讀者，都能一窺科學的堂奧，不論中學生、大學生或研究生，都能從本書的閱讀中受到啟發。

第一項基本體認：生命的機械觀

在現今細胞學豐富的歷史及文獻中，有三項基本體認最能讓作者興奮及深思，它們貫穿了各章節，指導了作者思考及敘述的方向。讓我在此提出來，為讀者解釋一番。

其一就是所謂「生命的機械觀」，也即認為：生命諸運作皆可由物理及化學原理來解釋，不需另想像一種神祕的「生命力」。雖然用機械運行來說明天文現象，很早即由笛卡兒提出，但植物的萌芽、開花與結果，動物的胚胎發育及運動覓食，似乎有一內在的「生機」、「生靈」或「靈魂」在主宰，因此從亞里斯多德以降，一直到十九世紀中葉，歐洲科學家仍然認為有一種神祕的「生命力」劃分了生物與無生物。

但隨著實驗方法的進步，被歸因於神祕力量的現象，可以用自然的運作解釋，而其根本道理似乎也能用日漸精密的物理與化學來明瞭，造物者之心機與生命力的陰影也都被趕出了生命體。

作者在字裡行間，常情不自禁的表達對這項新體會的快樂，例如幾百萬個保存在液態氮桶的細胞，可以在無生命狀態下冰凍許多年，一旦解凍了，這些細胞又可攝食、爬行和繁殖了。這個例行的實驗步驟，如果用「生命力」之進出來榮耀之，似乎多此一舉。又例如細胞內囊泡交錯運行著，好似有無數小精靈很活躍的推動著，但當我們在試管中能用馬達分子、細胞骨架分子和供應能量的分子重現這「原生質」內的神祕運動時，小精靈們也黯然失色了。

第二項基本體認：演化

第二項重要觀念，即是「演化」。如果複雜得像一座大型工廠的真核細胞，能夠由無生命現象的體液突然變化而生，那非得有「靈魂」介入不可，所幸十九世紀的魏修（Rudolf Virchow, 1821-1902）早就提出「新細胞是由既存細胞分裂而成」的觀念。既然細胞有其歷史與傳承，那麼「隨時而變，適應環境而變」的演化過程，也必伴隨著細胞，使地球上之細胞由簡單而複雜，由小而大，由單一細胞而聚集成數十兆細胞的共和國。

倫斯伯格雖沒有闢專章談細胞的演化史，但在各章都用演化觀點來統合生命現象。例如他所描寫的細胞客廳中，有幾百條長香腸般的物體，它們表層膜下，又有第二層膜，彎彎曲曲的摺疊在此胞器中——這種稱為粒線體的胞器專門生產能量分子，但它雙層膜內居然有一圈 DNA，也能自製蛋白質。而在植物細胞內的綠色大胞器葉綠體，更有層層疊疊的圓餅狀結構，它能逮住光子的能量而轉換成化學能，這葉綠體也有自用的 DNA 呢！

若能知道這兩個大胞器怎樣演化出現，也就能部分回答真核細胞怎樣演化的大問題。二十世紀初就有人主張：粒線體和葉綠體原本是小細菌，但因機緣而活在大細菌體內，然後逐漸改變而成。這種「內共生說」受一般學界嘲笑譏諷，直到 1960、70 年代由女科學家馬古利斯（Lynn Margulis, 1938-2011）傾全力提倡，方被多數人接受。

「內共生說」能將原核細胞及真核細胞間的鴻溝交通起來，使細胞的代代綿衍可以上推到約四十億年前，那時有機分子愈變愈複雜，終至組成有內外隔絕、能分裂繁殖、而且能傳遞過往智慧的原始細胞。

第三項基本體認：個體與群體利益之分際

第三項重要觀念是，雖然細胞的行為必須要用「演化」的眼光來剖析，才會發現其生存之意義，但多細胞生物的林林總總，要用「個體與群體利益之分際」觀點來看，方才能體會其妙處。作者確實多次觸及這個課題，例如癌症之產生，就與細胞失去了外在控制有關。

單細胞生物能我行我素的活動及繁殖，但有著數十兆細胞的大生物內，細胞就得有嚴格分工，因為有性生殖過程中，唯有生殖細胞（精子及卵）有機會傳衍下去，是最有生存利益的；而諸如紅血球細胞只能循環周身，傳送氧及排出二氧化碳；肌肉只能收縮及放鬆；神經細胞只能傳遞信息。它們都不能繁衍到下一代，何以它們不造反，不爭著做生殖細胞呢？

細胞的共和國內怎樣解決這樣的爭端呢？細胞既聚合成群體，就得放棄其生存「主權」，而以群體之利益為依歸。當群體需其繁殖時，就進行分裂，例如皮膚細胞分裂以修補傷口，而當群體需其犧牲時，細胞就進行「有計畫性的死亡」，例如指間的胚胎細胞和某些免疫系統的細胞。

細胞怎樣分工、怎樣協調，當是多細胞生物所以能演化出現，首需具備的「遺傳智慧」，也唯有用這角度觀察，癌症的反叛本性才能夠清楚顯現。正常的細胞受了突變，不再理睬外來的信號，只顧利己的生殖，這即走上了腫瘤愈來愈惡化之途，最後把整個群體完全搞垮，癌細胞也無法獨存。個體與群體之利益衝突及其協調，下至基因階層，上至人類社會之大群體，都不斷進行中，作者對此頗有發揮。

「生命的機械觀」、「演化」及「個體與群體之利益」這三項觀念是倫斯伯格從細胞學知識中，萃取出來的哲思，以之運用到細胞運動、分裂、受精、免疫、癌症、小生物復活及遺傳疾病各專題，的確為正值黃金時期的細胞學，提供一最佳之介紹。讀者以本書為小說，可也，因它頗具趣味；以之為教科書，可也，因它有不少細節呢！

前言與誌謝

倫斯伯格

在我為這本書進行研究和撰稿的這段期間，有許多人給予我寶貴的協助，也讓我結交了一群細胞生物學界和分子生物學界的好朋友。

在這些好朋友當中，我要特別感謝高德曼（Robert D. Goldman, 1959-）引領我一窺細胞的神祕奧妙。1987 年的暑假，藉由科學作家獎助計畫的慷慨贊助，使我得以在麻州伍茲霍爾海洋生物研究所中，浸浴在細胞生物學迷人的領域。當時高德曼便是在海洋生物研究所教授一門赫赫有名的生理學。這是一個為期八週的密集課程，內容包括細胞學的種種知識，以及最新的研究方法。雖然這是專為研究生和博士級研究人員所設計的課程，但海洋生物研究所也讓幾位幸運的科學作家，得以參與這場知識的饗宴。我在這裡學習到如何使用免疫螢光顯微鏡、如何製備和操作電泳膠片、如何建立互補 DNA 基因組，以及其他種種前所未聞的實驗方法。

猶記得第一天上課時，高德曼將幼倉鼠的腎臟細胞放在顯微鏡下，再接到放大的投影機上，讓全班都能很清晰的看到一個活生生細胞的放大影像。我所看到的不是隸屬於一隻哺乳動物身體的一小塊碎片，而是一個生命體、一個微小但可獨立的生物。在這幾乎透明的細胞內，可以清楚看到許多微小的顆粒，隨著許多構成生命現象的反應東游西走。我開始領悟到，生命的本質完全不像從前教科書所說的一團均勻的原生質，生命更像是蜂窩：許許多多胞器正忙碌的執行各種任務。這奧妙的景象，使我深深著迷其中。

在本書的寫作過程中，高德曼不止一次灌輸、修正我的想法和概念，提供我名稱、數字、圖表等相關資訊，給予我鼓勵和信心。當我需要活細胞的照片時，他教導我如何使用顯微鏡來拍攝各種我想要的畫面，尤其是有一個星期，他讓我待在他芝加哥西北大學的實驗室，操縱各式的光學顯微鏡和電子顯微鏡，讓我有機會檢視並拍攝一張又一張的細胞切片照片。我也要感謝為我準備這些切片的孔恩（Satya Khoun）和蒙塔洛維（Michelle Montag-Lowey），以及幫我控制掃描式電子顯微鏡的馬克雷諾（Manette McReynolds），使得許多照片可以呈現出栩栩如生的三維空間感。

一個星期下來，我拍了超過六百張底片，高德曼則不厭其煩的幫我一張一張過濾檢查，挑出許多沒有對焦清楚或是曝光不佳的底片，還有一些我以為相當有趣、但事實上是鏡頭受汙染的影像。最後只有幾十張留下，其中有一部分讀者將可在本書中看到。

我也深深感謝史隆基金會（Alfred P. Sloan Foundation）的鼎力贊助，是他們慷慨的贊助，使我能到西北大學進行研究，沒有他們的幫助，這本書是不可能完成的。

當然我還要謝謝《華盛頓郵報》的兩位編輯凱塞（Robert G. Kaiser）和道尼（Leonard Downie），他們給我時間到伍茲霍爾去進修，並讓我寫了一系列分為五部分有關細胞生物學的報導。這一系列的報導並不是真正的新聞報導，因為它只是告訴讀者細胞內部的運作機制，但兩位編輯大人出人意料的，把這些文章每天都放在頭版，我想這大概是「免疫螢光影像」或「細胞骨架」等名詞第一次出現在美國報紙的頭版吧！這一系列的報導激起讀者廣泛的迴響，也因此讓我將其擴增到您現在手中的這本書。

我要感謝加藍出版社（Garland Publishing）的包登（Elizabeth Borden）慧眼獨具，願意出版這本書。還有感謝負責編輯製作的亞當斯（Ruth Adams）、繪製許多簡明圖片的歐姆（Nigel Orme），以及將我的原稿介紹給加藍出版社的愛爾伯特（Bruce Alberts）。

我必須再次感謝高德曼，在伍茲霍爾上生理課的那個暑假，他是決定哪些申請者可以來上課的審查委員。而學員當中有一位來自加州大學舊金山分校的博士候選人琳達，她對科學與細胞有著無限的熱忱，如今她已成為我的妻子。

在寫作過程中，有很多位頂尖專家都很慷慨，用他們寶貴的時間向我解釋許多觀念，從來沒有一位科學家會拒絕解釋，或厭煩說明到我懂。我想，這就是我身為科學作家最得天獨厚的好處吧！

我也要感謝那些為這本書捐出時間和知識的人，我記得他們的姓名是：Bruce Alberts、Guenter Albrecht-Buehler、Mina Bissell、Gary Borisey、Dennis Bray、B. R. Brinkley、Kay Broschar、Keith Burridge、Rex Chisholm、Shiela Counce、Caroline Damsky、George Dessev、Harold Erickson、Susan Fisher、Yoshio Fukui、Ann Goldman、Robert D. Goldman、Allen L. Goldstein、James Hagstrom、Rob Hay、Millie Hughes-Fulford、Tim Hunt、Shinya Inoue、Alexander D. Johnson、Marc Kirschner、Hynda Kleinman、Edward Korn、Julian Lewis、David McClay、Tim Mitchison、Bruce Niklas、Robert Palazzo、Tom Pollard、Martin Raff、Michael Sheetz、Ray Stephens、Richard Tasca、Linda Thomas、Lou Tilney、John Tooze、Richard Vallee、Karen Vikstrom、Byron Waksman、Peter Walter。

有些人甚至進一步幫助我，讓這本書的內容更加精確。他們閱讀了大部分的手稿，提供了一些具體的修正和建議。我要在此銘記他們的姓名：Bruce Alberts、Guenter Albrecht-Buehler、Dennis Bray、Rex Chisholm、Robert D. Goldman、Allen L. Goldstein、Rob Hay、Alexander D. Johnson、Julian Lewis、Martin Raff、Michael Sheetz、Richard Tasca、Linda Thomas、Ray Stephens、John Tooze、Byron Waksman、Peter Walter、Stuart Yuspa。假如書中還有任何錯誤的話，那當然都是我的責任。

知識是無價之寶

對於所有細胞生物學家和分子生物學家，我要很謙卑的表達我的謝意：你們獲取新知識的速度總是比我快得多，正如你們比我更瞭解的，細胞生物學和分子生物學是變動甚快的領域。我從 1989 年開始著手，到 1995 年完稿的這段期間，我常會知道新的研究發現，或是發覺從前有所誤解，而修改手稿。有時候真希望在我完稿後，就不再有新的結果發表，這樣子讀者就可以保證得到的是最新的資訊。但事實上並非如此，我也很高興事實並非如此：還有許多關於生命是如何運作的謎題尚未解開，我個人也是迫不及待，想要知道答案。

我們的社會支持基礎科學的研究，並不只是為了滿足科學家的好奇心，我們這些納稅人都有權利來分享這些知識，尤其希望這些我們出錢的研究，有朝一日能帶來一些實際的益處。相信這也是經常資助各項研究的美國國家衛生研究院（NIH）的主要目標。

然而追求實用的同時，我們這些非科學家也不要忘了，知識本身也是無價之寶，並不一定要有特別的用途，因為人類天生就充滿了好奇心。那些拿到研究經費的科學家，正是替我們做尋找答案的工作；當他們獲得新發現時，我們也不禁要跟他們一起歡呼。

科學的成果，就像交響樂、詩賦、繪畫、或其他偉大的作品一樣，滋潤並昇華了我們的生命。我誠摯希望這本書可將細胞生物學及分子生物學的迷人成果，帶給更多的人來瞭解與讚賞。

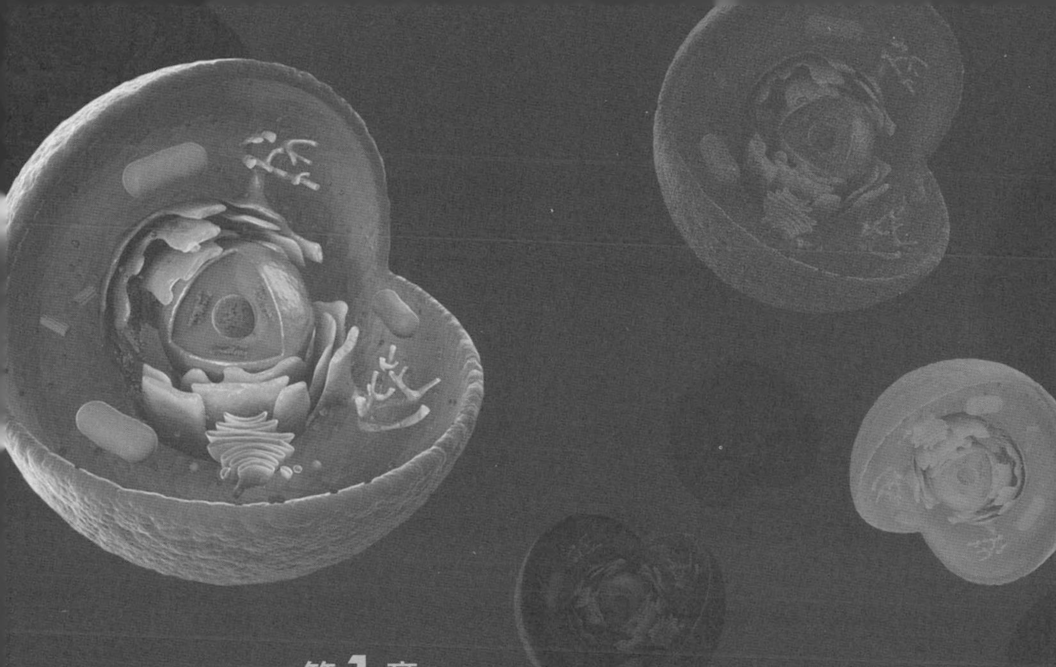

第1章

一顆小生命

「生命已不再是祕密了！」
生命所牽涉的化學反應異常複雜，
但它們都有一定的邏輯可循，
都是可以理解的。

海依（Rob Hay）打開槽蓋，拉出一英尺厚的保麗龍絕熱體，陣陣寒冷的霧氣從不鏽鋼槽翻騰而出。趁著滾滾白霧沉降到地面，海依望向漆黑的槽內，那裡的溫度始終維持在攝氏零下一百九十六度。

這種超低溫可以凍結所有生物的活力，使原本溫暖、有脈動的生命進入休眠，但卻非死亡狀態。槽中儲存著從世界各地蒐集來的生命形式，約有六百億種。這些生命「冷」靜的等待著，不吃、不睡、不呼吸，甚至連最基本的化學代謝反應都停止了。根據傳統對「生命」的定義，這些生物已喪失任何可宣稱為活著的條件。

然而定義歸定義，任何人都可以創造奇蹟。只要從槽中三萬多個約三公分長的密封玻璃小管中，任意抽出一支，讓瓶中一茶匙不到的液體加熱至體溫，在短短幾分鐘之內，管中約兩百萬個死氣沉沉的小傢伙，便從冰凍的休止狀態中恢復過來。套句從前人的說法，這些小生物「復活」了！

在從前的年代裡，人們很難想像「解凍細胞」對今日生物醫學研究室，不過是例行公事而已。這些小生物開始攝取溶解在液體中的養分，並開始繁殖，這也是證明它們確實是活著的最佳證據。

名垂青史的海拉細胞株

小瓶中的這些生命體，正是所謂的「細胞」，它是生命的基本單位，所有的生命皆由細胞構成。

儲存在這裡的細胞來自數百種生物，取自數千隻動物。有些瓶內裝著小鼠的腎臟細胞，有些儲藏著黑猩猩的皮膚細胞，其他還有火雞的血球細胞、犰狳的胰臟細胞、蠶蜥蜴的心臟細胞等等。琳琅滿目的細胞種類，源自各式各樣的生物。當然這裡也有人類細胞：在將近兩萬個小瓶中，儲存了約四百億個暫停活動的人類細胞。

舉例來說，在編號為 ATCC CCL 72 的試管內，是 1962 年從一名九個月大的女嬰身上取得的皮膚細胞；女嬰雖因生理缺陷，在很久以前就離開了人間，但她的細胞卻存活下來，只要有人取出試管並回溫，她的細胞將隨時復活。

編號為 ATCC HTB 138 的是一名七十六歲老翁的腦細胞，取自 1976 年，老翁如今也過世了，但他的腦細胞卻沒因而腐朽。在編號為 ATCC CCL 204 的瓶中，是一名三十五歲男子的肺臟細胞，這名男子在 1979 年過世時，他的軀體被妥善保存，以利器官移植。就在維生系統關閉之前，研究人員賦予他的肺臟一種不朽的能力。研究人員切下男子的一小塊肺臟，賜予這數千個幸運的細胞繼續存活、生長、並獨立繁殖數十年的機會。

在生物醫學研究史上，最著名的培養細胞、或稱細胞株（cell line），恐怕非 ATCC CCL 2 莫屬。它正是世人所熟知的海拉細胞（HeLa cell），因為這些細胞來自住在美國巴爾的摩市的海莉耶塔·拉克斯（Henrietta Lacks）女士；拉克斯在 1951 年死於子宮頸癌，享年三十一歲，但源自她腫瘤的細胞，自此卻在世界各地的實驗室中繁殖，且一度成為最炙手可熱的培養細胞之一。

就像園丁利用切枝分享喜愛的植物一般，研究人員從細胞聚落中，自由取出一小部分送給其他研究人員，使得培養在世界各實驗室中的海拉細胞，加起來總重量甚至超過拉克斯本人呢！

其他尚有一千四百種細胞株，分別取自數百個人，代表了七十多種不同的組織，分裝於密封的小瓶中，並儲存在其他類似海依所凝視的不鏽鋼槽內。

海依是一名生物醫學研究人員，他在一所全世界最特殊、且全美國僅此一家的機構裡，擔任細胞生物部門的負責人。這間名為美國細胞培養暨儲存中心（American Type Culture Collection, ATCC）的活細胞銀行（雖然大部分是冷凍細胞），座落於華盛頓特區近郊的羅克維爾（Rockville）市區內，是一棟毫不起眼的紅磚建築。

在生物醫學研究領域中無人不知的ATCC，每年都要將五萬只以上的冷凍細胞瓶，用內含乾冰的保麗龍盒妥善包裹好，寄給世界各地的科學家。當科學家收到細胞後，會採取使細胞「復活」的例行步驟，將冷凍細胞回溫，並轉移至含有新鮮養分的培養瓶中，讓細胞連續不斷的複製新生代。

「當他們數年前開始寄送細胞時，可真是一項意義重大的決定呢！」多年來擔任ATCC負責人的史蒂文生（Robert E. Stevenson）回憶道：「他們擔心畢竟這些都是人類細胞，會不會有人因此而害怕這種郵寄人類生命的方式呢？他們甚至向天主教會諮詢其可行性。結果是一旦明瞭事實的真相後，沒有人有任何異議。」

對尖端的現代醫學而言，培養的細胞可算是最受到密切研究的生命形式了。雖然生物學家仍會利用小鼠、大鼠、天竺鼠或果蠅來做實驗，但我們愈來愈瞭解到，從渴望治癒疾病的實用考量，到探索生命如何運作的純粹知識追求，許多最具挑戰性的問題，都顯示唯有對細胞內部運作的深入瞭解，才能獲得解答。

都是細胞失常惹的禍

現今生物學家明瞭，正如人體是由眾多獨立的細胞經由特殊方式組合而成，人類的生命亦是這些細胞生命的總合；而所有的疾病，均肇因於細胞內或細胞之間的作用發生錯亂。困擾著人們的癌症、感冒、心臟病、花粉熱，甚至愛滋病或關節炎，均根源於細胞的不正常運作。這就是為什麼生物學家認為，目標在瞭解細胞如何運作、而非戰勝疾病的基礎科學研究，反而更能提供有用的知識來治癒許多疾病、甚至所有的疾病。

例如鐮形血球性貧血症是因為紅血球中，血紅素的些微異常而引起的；這異常的分子將原本正常的甜甜圈形的紅血球細胞，扭曲成半月形，或稱「鐮刀形」。

又如某一型糖尿病導因於受體分子的變異。在正常的情況下，這些受體分子鑲嵌在細胞膜中，擔任專門辨認胰島素的守門員。當胰島素接近並與受體結合後，受體會將適當的訊息傳至細胞內部；然而，變異的受體卻無法辨認胰島素，使身體罹患彷彿完全缺乏胰島素的疾病。

隨著科學家探索人體細胞的內部運作，他們也慢慢開始瞭解縈繞在人類心頭最深奧的祕密之一：什麼是生命的本質？生命如何運作？

上帝對亞當吹的一口氣

直至十九世紀中葉，科學界對細胞的存在仍一無所悉，生命似乎只以完整的個體為單元而存在：一隻貓、一隻鳥、或一個人。許多人相信生物的構成要素，只是像纖維或脈管一般的結構；他們也相信這些線狀及管狀的物質可以像結晶一樣變大、變形，直到長成成熟動物的比例。因此，皮膚被視為兩端閉合的管子；肌肉顯然只是一束束的纖維；而體內各色器官只是形狀不同的容器，和水管或鍋子比起來，簡直沒什麼兩樣。

生命體從受孕之後，會依循一定規則，長出各式各樣特化的器官，這在當時被歸因於一種稱為「生命力」的特性。這種生命力往往被認為是上帝以陶土塑造亞當之後，對亞當所吹的那口氣。

倡導「生機論」（vitalism）的哲學家指出，科學家在尋求生命如何運作時，只能探測到這種地步。稍後他們遇到的是本質上難以預測且超乎科學領域的東西。這種存在於人體的實體，即所謂的靈魂，這是凡人不敢妄想去研究或瞭解的現象。

十八世紀初期，稱霸細胞生物學界的德國醫師兼化學家史達爾（George E. Stahl, 1659-1734，早期細胞生物學為德國學者的天下，而史達爾堪稱創風氣之先者），則倡導生機論的另一版本——泛靈論（animism）。史達爾主張身體各部位都是被動的，生物的活動或生氣蓬勃均來自靈魂。

雖然這種理論在今日被斥為荒謬，但在對細胞一無所知的年代，生機論（或泛靈論）成為當時科學界的主流。在當年現代科學剛起步的階段，科學家對混雜著自然與超自然解釋的做法，絲毫不會感到不自在。

死亡在那個年代被視為生命力的消逝、靈魂的出走、魂魄的離散。所有身體結構看起來似乎仍保持完整，但一旦喪失了生命力，身軀將不再能活動，只能無助的等待腐朽。

「細胞說」取代「生機論」

在後來的數世紀間，當生物學家更深入探究生物，便逐漸發現大部分被歸因於神祕力量的現象，實際上完全可用自然的運作來解釋。隨著科學家為他們的理論索求更多的證據，生機論的概念逐漸褪色。

德國植物學家許萊登（Matthias Schleiden, 1804-1881）和德國動物學家許旺（Theodor Schwann, 1810-1882）分別在1838年和1839年將「細胞學說」向前推進一步。雖然最早主張「細胞為生命的基本結構單元」的人是法國生物學家杜卓契（René J. H. Dutrochet, 1776–1847）和德國的自然學家暨哲學家歐肯（Lorenz Oken, 1779-1851），但卻是許萊登和許旺將細胞的概念，提升為科學界最重要的理論之一。他們認為生命的基本單元，並非纖維、脈管或其他粗略的解剖結構，而是極微小的細胞；每個細胞就是一個生命實體。

「細胞」一詞是十七世紀時，由英國科學家胡克（Robert Hooke, 1635-1703）所提出。當胡克利用顯微鏡觀察軟木薄切片時，看到許多長方形的格子，這使他聯想起修道院中僧侶所居住的地窖（cell），因此他稱這些微小空洞為「cell」（圖1-1）。

胡克當時所見的細胞，後來被證實是軟木槲樹的細胞壁在乾死後所留下的空洞。當許萊登和許旺重新定義該詞之後，細胞不再意指胡克所見的空洞，而是指填充在空洞中的活物質。

黏菌與海綿的例子

許萊登甚至領悟到一個有趣的哲學問題：如果細胞即是生命的單位，那麼，多細胞生物是否真的是由單細胞個體所形成的「群落」呢？畢竟有些動物、植物在生命的某些時期，是以自由游走的細胞個體生活著，只有在稍後才集結數千個細胞，形成看似多細胞生物個體的群落。

其中被徹底研究的例子之一是黏菌（*Dictyostelium*），這是自然界裡生活史非常特殊的生物之一，它的個別細胞可以像阿米巴蟲一般漫遊於森林地表，但當食物來源匱乏時，數千個細胞會聚集成一團巨大的多細胞生物。

這多細胞生物無論外觀或行為都類似蛞蝓，它四處匍匐，在找到落腳處之後，反而變形成頗似蕈類的生物：一小撮細胞會向上冒出大約零點六公分的細柄狀物，其他細胞則沿著柄向上爬，在柄端長成一顆圓球，球的外層細胞硬化成殼，內層細胞則皺縮成粉末狀的孢子。外殼最後會爆裂開來，讓孢子隨風四散。當孢子著陸在潮濕的泥土上，又會轉化成阿米巴蟲般的生物滑行開來，重新展開另一生命週期。

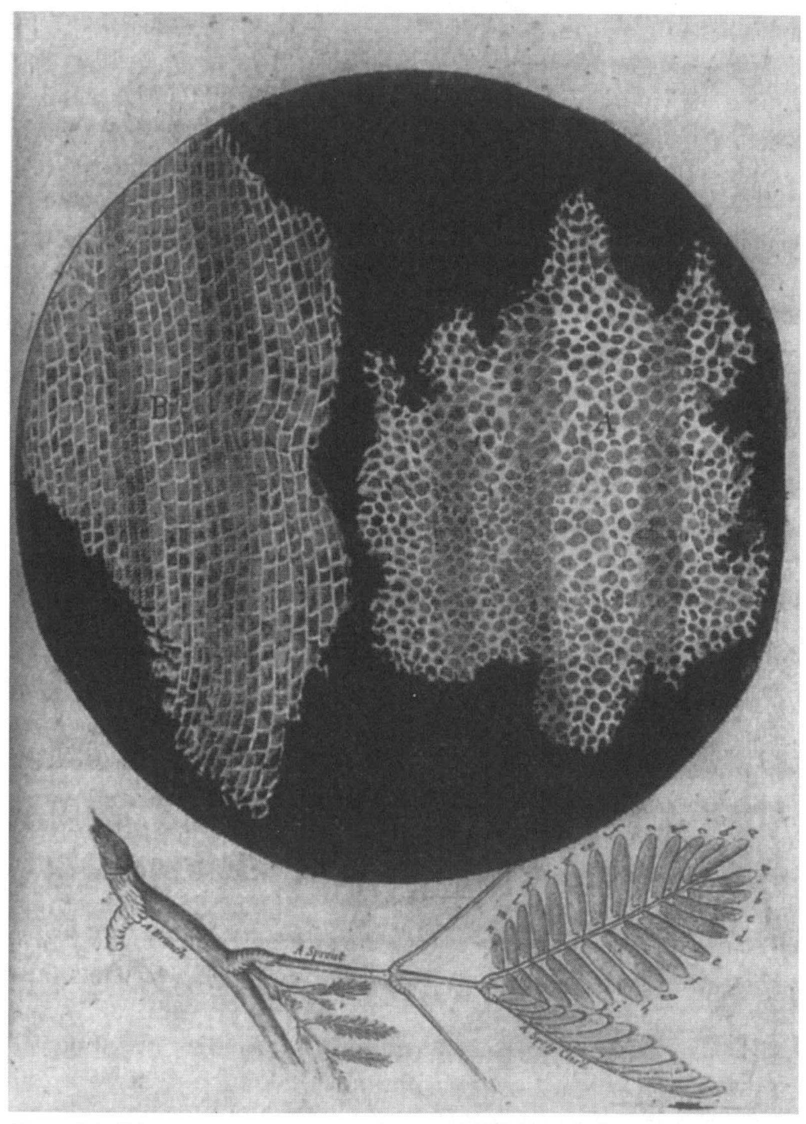

圖 1-1 十七世紀英國科學家胡克，利用早期的顯微鏡觀察軟木切片時，所看到的空格。這使他想起僧侶居住的方形地窖（cell），因此他命名軟木的空洞方格為「cell」。但後來的科學家將該辭用來泛指空洞中有生命的物質。照片來源：威廉斯學院的蔡平珍本圖書館（Chapin Library of Rare Books, Williams College）。

另一種挑戰許萊登對生物的定義的例子是海綿。當我們把海綿以細網磨篩，散開的海綿細胞將使原本清澈的水族箱，變成像豆子湯般濃稠、混濁，但靜待數小時，細胞會逐漸尋找到同伴，並重組回完整的海綿體。雖然海綿可再細分成許多種，每種都具有獨特的外觀，但海綿細胞卻能毫無差池的重建自己的正確結構。事實上，即使混合兩種不同的海綿細胞，它們仍能彼此區別，並只與同類聚集，重建出兩種截然不同的海綿。換句話說，每個個體細胞均蘊藏如何建立自己種屬的部分知識。

許旺則將動物比喻成蜂巢，他認為每個蜂巢都是一種超級生物，其中個別的細胞（在此指一隻隻的蜜蜂）各有不同的身分，並可獨立存在。巧的是，在細胞學說發展初期，對於「人體可能是由個別細胞所組成的群落」的哲學論調，很快被利用於「個人在整個社會中應扮演角色」的政治哲學爭論中。

但許旺的想法中有一項錯誤，他認為細胞是由某種體液所產生的。然而在1850年代，一項細胞學說的重大突破，終止了這種想法。

人就是他所吃的食物

細胞學說的強力倡導者、德國病理學家魏修，提出「新細胞是由既存細胞分裂而成」的觀念。這是細胞學說關鍵性的修正，它為瞭解生物如何發展，如何從單細胞生長成多細胞，開啟了一扇門。

魏修的貢獻不僅於此，他還提出以細胞為基礎的疾病概念，認為所有的疾病源於細胞內或細胞間的失常。他同時還是早期「機械論」的擁護者，主張生命只是機械過程，完全可用物理或化學的定律來解釋所有的運作，無需生機論者所強調的超自然力量。

在與生機論者的論戰中，機械論者毫不在乎利用煽動的言詞來表達觀點。例如用「人就是他所吃的食物」這句標語，來強調人體內的每個原子，均抽取自食物中（若要完全正確的話，應再加上空氣和水，因為那也是人體原子的來源）。對機械論者來說，就算是意識這種東西，也沒任何神祕的來源，如同他們所說的：「大腦分泌思想，就如腎臟分泌尿液。」

在接連的幾十年，魏修的理論鼓舞大家更深入研究細胞分裂的現象，而顯微鏡的改良和更進步的細胞染色技術，使原本透明無色的細胞內部，能夠呈現在我們眼前，逐步增長了我們對細胞內部結構及細胞分裂（這是所有細胞的產生過程）的知識。

雖然細胞的許多奧祕到了二十世紀晚期仍未知，但早在 1882 年，另一名德國學者佛萊明（Walther Flemming, 1843-1905）即首度對細胞分裂做了詳盡的描述，包括「有絲分裂」（mitosis）的主要現象：複製成兩套和親代細胞完全相同的遺傳物質，即染色體。

到了 1900 年，細胞學說對複雜生物是如何形成，已有了清晰連貫的觀點：來自父親的精子和母親的卵子，各自攜帶一套遺傳因子，或稱「基因」。在精卵結合之後，生物個體即以該單細胞為起點，在每次細胞分裂時複製遺傳物質，並將一套完整的基因傳遞到每個新細胞。

海膽實驗的迴響

1912 年，出生於德國、而後移民至美國的生物學家洛布，在位於麻省鱈魚角伍茲霍爾的海洋生物研究所，展開暑期工作。就在同年，洛布出版了劃時代的巨作《生命的機械概念》。在書中，他描述自己利用海膽卵所做的實驗：洛布將卵自母海膽身上取出，在沒有精子的情況下，只用小劑量「無生命」的化學藥品，就可刺激海膽卵有如受精一般，展開生命中最神奇的現象——胚胎的發生（即生物由單細胞發育為完整個體的過程）。洛布的研究發現，正可做為支持機械論觀點的有力證據。

雖然這些步驟在今日已成例行公事，甚至可在高中生物課程中操作，用以展示早期胚胎發育的過程。但在洛布的時代，實驗的結論擄獲了大眾的注意，報紙的頭條竟然宣稱：洛布在試管中製造生命！有些人甚至將洛布的實驗結果比喻成：長久以來被視為神蹟的「處女生子」。

由此可知早期科學寫作的天真！由於洛布的實驗是在海邊的實驗室中進行，且利用海洋生物為材料，搞不清狀況的大眾竟誤以為這些實驗結果肇因於海洋的神祕力量，進而建議未婚婦女避免海水浴，無子嗣的夫婦則蜂擁至海濱渡假村；洛布甚至曾收到抱子心切的夫妻來信，請求他賜予小孩呢！

可能是遺傳了德國傳統，凡是科學上的偉大思想家，均可大模大樣的任意評論社會事件或政治事件，洛布也廣泛針對各種社會、政治問題口誅筆伐。他像魏修一樣，信奉「細胞的社會模式足以成為人類社會合作的典範」。

洛布與多位當代的文學大人物交好，例如范伯倫（Thorstein Veblen）、孟肯（H. L. Mencken）及年輕的史坦（Gertrude Stein），其中史坦還曾在海洋生物研究所進修一個暑假。在路易士（Sinclair Lewis）的名著《亞若史密斯》（*Arrowsmith*）中，主人翁亞若史密斯的科學導師高特列伯（Max Gottlieb），正是以洛布為樣本。

尋找遺傳密碼

洛布的思想也深受遺傳學之父孟德爾（Gregor Mendel, 1822-1884）研究的影響。十九世紀中葉，孟德爾在修道院中因觀察豌豆繁殖，而發現遺傳特徵可透過獨立的單位，由親代傳給子代的強力證據。這些獨立的單位，正是今日被稱為「基因」的遺傳物質。然而這名僧侶的著作在當時卻沒沒無聞，也未給人們留下深刻印象。這些失傳已久的著作，終於在二十世紀初期又重新被發掘出來，機械論者並以此為「分子主宰遺傳」的證據，在此的分子當然是獨立的單位。

1911 年，有先見之明的洛布掌握了孟德爾研究的重要性，並從近代的實驗觀察到染色體在細胞分裂時，會複製並平均分配到子代細胞，因此他認為：「生化學家的主要任務將是尋找染色體裡的化學物質，也就是負責把親代的特質遺傳給子代的東西。」洛布這句話頗有先見之明，他是希望後人能找出「去氧核醣核酸」（DNA, deoxyribonucleic acid）的結構及遺傳密碼吧！

這項工程所花的時間，恐怕遠較洛布預期的更久，但接下來的半個世紀，生化學家完全朝這個方向努力。他們以「化約論」的手法對生命抽絲剝繭，並以發現 DNA 為雙股螺旋及揭開遺傳密碼，來證實機械論觀點的正確無誤。

人體就像機械一樣

正當生化學家大體上以分子科學的方式剖析生命時，與生化研究旗鼓相當的研究分枝——細胞生物學，也正蓬勃發展，它主要是研究細胞的形態及功能。

細胞層面與分子層面的研究，終於在 1970 年代和 1980 年代之間相結合，並一致以機械論者的方式，來探索生命的本質。

洛布甚至深信，生命的機制簡單到人類將可在實驗室中創造生命。他曾寫到：「我們必能成功的製造人工生命，否則也必須找出辦不到的原因。」如今我們已知，許多生命現象（指細胞內促成生命發生的各種反應）可以在試管裡的人工環境下自然發生。這事實是否能讓洛布滿意，我們無法得知，但今日大部分生物學家都認為，想合成出人工細胞，還為時尚早呢！

洛布也預見了生命的機械理論將引發的道德問題，他如是說道：「如果我們的存在，受控於盲目的力量和偶然的機會；如果我們人類本身，只是一些化學結構，那麼我們的道德又何來呢？答案是我們的本能即為道德的根源，而本能正像身體的形狀，是遺傳而來的。我們吃、喝、繁殖，並不是因為人類達成共識，認為這些是我們渴望的，而是因為人類就像機械一般，不得不如此。母親愛護、養育子女，並不是因為形上學的觀念告訴她這是她想要的，而是因為照顧幼小的本能乃是遺傳而來的。我們會為正義、真理奮鬥，也是因為人類的本能迫使我們樂見同胞們快樂。」

人體細胞大小懸殊

根據目前的估計，一個成人的身體是由六十兆個細胞組成的，這數字是全球總人口數的九千倍。雖然我們的身軀也含有無生命的物質，像骨骼、牙齒的堅硬部分，或毛髮、指甲，但這些物質也產自細胞。身體上最顯而易見的皮膚，也是由死掉的皮膚細胞那糾結的纖維狀殘骸所構成。甚至囤積於啤酒肚中的油脂，也是堆積在特化且容量超大的脂肪儲存細胞中。

人類細胞的大小差距極大，從直徑 0.0001 公分的微小紅血球細胞（圖 1-2），到直徑為紅血球十倍的典型細胞，例如腎臟或肝臟細胞，再到碩大的肌肉纖維細胞，長度可達十幾公分。細胞大小的紀錄保持者是神經細胞，從脊椎基部算起，一路延伸到腳拇指頂端，這距離可有一公尺多呢！

在人類身體中約有兩百多種細胞，各有不同的形狀及任務，但基本結構和內部組成都很相似。雖然單一細胞的大小對多細胞生物

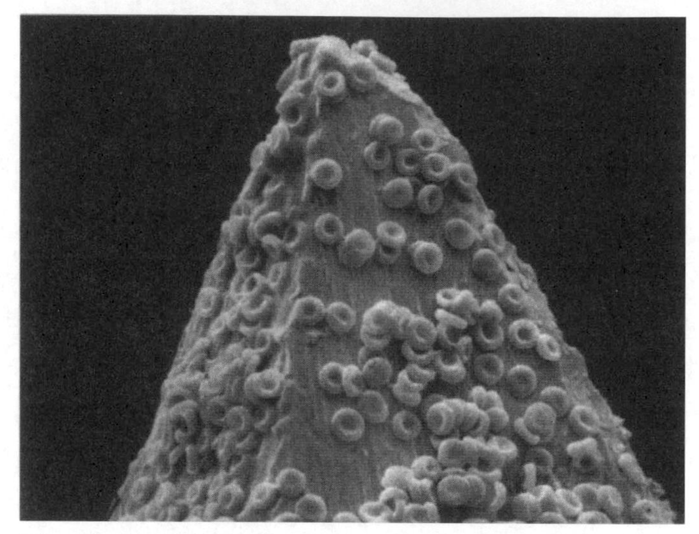

圖 1-2　在尖針上看似甜甜圈的紅血球。紅血球細胞在人類細胞中算是比較小的，其直徑只有典型細胞大小的十分之一（約為 0.0001 公分）。它們的功能是從肺臟攜帶新鮮的氧氣，運至身體所有部位。
照片來源：美國細胞生物學會（American Society for Cell Biology）。

而言，有如滄海一粟，但很多現代醫學的進展，都歸因於一個驚人的事實，即：許多種類的細胞均可從人體中移出，並獨立生存！這是使細胞培養能夠在美國細胞培養暨儲存中心（ATCC）及世上其他實驗室裡進行的原因。

我們對細胞具有潛在獨立性的發現，也驗證了許萊登早期的推測，他宣稱細胞具有「雙重生命」，即細胞自己的生命、以及它們所屬生物個體的生命。

如果從身體的任一部位，吸出一小塊組織，例如一小片皮膚，大約就像這個 0 一樣大。用蛋白質分解酵素處理一會兒，以除去連結於細胞間的蛋白質。將這些細胞（大約數千個）滴入一茶匙的營養液中，這些原本忠誠、勤勞、與其他數兆個同伴共同組成碩大生物個體的細胞，就會像它們的演化祖先「單細胞原生動物」般的獨立生活。

細胞就像阿米巴蟲

人類細胞仍保留著獨立生存的原始能力，它可以匍匐於培養皿中，像阿米巴蟲爬行於池塘底般，並覓取水中的養分，及以細胞分裂的方式繁殖。當它們潛行於培養基底層時，有些細胞甚至可像阿米巴蟲，伸展出持續變換形狀的偽足（見次頁的圖 1-3）。

即使在人體內，也有細胞以原生動物的方式生活著。例如免疫系統中的某些白血球細胞，可自由漂流於血液中，一旦測知體內有細菌感染，就立即離開循環系統，進入受感染的區域，四處爬行，以捕食侵入者。然後像阿米巴蟲一樣，將細菌整個吞噬、消化。

另一個例子是免疫系統中的一支特種部隊，叫做「自然殺手細胞」。它們通常有數百萬個成員巡邏於人體各處，尋找癌化細胞。一旦殺手細胞偵察到獵物，便會向獵物迫近，並釋出某種物質殺死它。最近對於殺手細胞的新瞭解，連帶啟發了我們對於癌症的新觀念，包括如何預防、治療癌症及瞭解癌症的成因。腫瘤形成的原因之一，可能肇因於殺手細胞不足；因此有些研究人員正在尋找刺激體內殺手細胞數量增加，以治癒癌症的方法。

還有另一類阿米巴蟲狀的細胞，居住在人體的骨骼中。當骨骼發育或從骨折復原時，這些細胞會爬行於骨骼的空隙間，好像蝸牛般在背後留下黏質的爬痕——這種細胞的黏跡可硬化成礦物質，以逐漸增加骨骼的厚度。其他可移動的骨骼細胞則反其道而行，它們會在爬行過程中，溶解原本沉積的骨質，並吸收起來。這兩種細胞和諧運作，宛如雕塑家般的加加這兒、減減那兒，將嬰兒細小的骨骼塑造為成人的骨骼。

骨折時，這些細胞會接收到特別的訊息，刺激它們將斷裂的骨骼癒合。即使兩根斷骨已彎曲變形，這些骨骼雕塑家也有辦法重塑受傷的區域，直到再度恢復正常。

為了癒合傷口，皮膚細胞也可變為機動部隊。以指頭的切口或膝蓋的擦傷為例，新皮膚不只在傷口邊緣生長，然後逐漸修補到傷口中心。有一種皮膚原細胞（proto-skin cell）會從皮膚底層爬至傷口的表面，在那裡迅速繁殖，並鋪展成一薄層，將整個受傷部位覆蓋。一旦細胞薄層形成之後，細胞分裂將朝新方向進展。新生細胞將改變形態，並重建正常皮膚的多層結構。

當然，在人體細胞中，活動得最厲害的，非精子莫屬。就像許多生活在池塘中的原始祖先一樣，精子藉由拍動尾狀鞭毛，在水中游動。

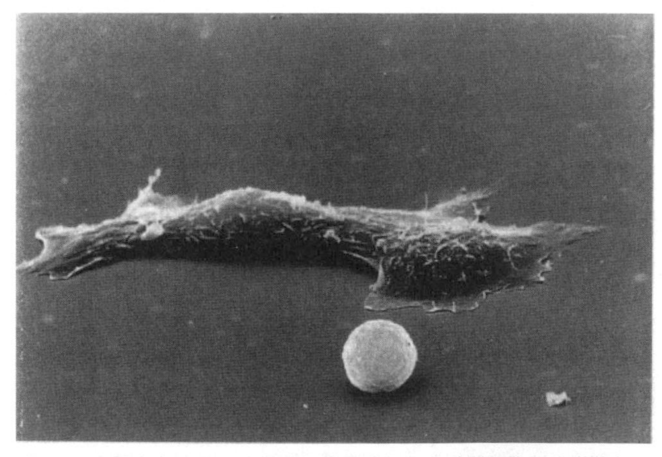

圖1-3　分離出來的前列腺細胞，像其演化祖先（單細胞原生動物）一般，匍匐於培養基底層。圖中圓球狀的物體是準備分裂中的細胞，當細胞分裂為二後，子細胞又會重新伸展開來。

由於每個細胞都有成為獨立生命的潛能，許多生物學家至今仍堅信許萊登和許旺的觀點，認為包括人類在內的多細胞生物，實際上是由眾多生命體所組成的群落。在這群落中的細胞成員，都像無私的公民，為團體的福祉而捐棄個體獨立存在的利益。

例如，腎細胞很有耐心的幽居於自己的領域，以執行清除血液廢物的特別任務；皮膚細胞緊緊抓住相鄰的細胞，以保護身體免於感染或脫水，它們盡忠職守，除非有傷口需要它們啟動癒合的能力，才會變換崗位。人體就像是一個細胞的共和國，是每個生命體犧牲自由以求整體利益的社會。

細胞的程式化死亡

細胞的犧牲徹底到甚至會簽下自己的死亡委託書，並交予鄰居細胞。萬一一個細胞的繼續存在，將對其所在的社會造成威脅，則鄰居細胞將義無反顧的執行委託書，使該細胞毫無退路，選擇自殺一途。依據其他細胞的指令，這個不幸的細胞將啟動某基因程式，精準完成自殺動作，猶如儀式一般。

雖然科學家觀察到細胞這種特別的自然死亡方式，已有數十年之久，但直至1990年代初期，細胞生物學家才累積足夠的證據，顯示「程式化的細胞死亡」（programmed cell death），是多細胞生物不可或缺的一環。

這種有時稱為「凋亡」（apoptosis，源於希臘字，原意指秋天的落葉）的細胞死亡現象，正是殺手細胞用以殲滅癌細胞的方法。「凋亡」現象在胚胎發育時，也扮演了舉足輕重的角色，執行有如建築完工後，拆除鷹架的工作。

以人類的胚胎為例，在第五週的時候，手並沒有明顯的手指，而是呈扁平槳狀；然而在第六週，四波「程式化的細胞死亡」席捲手「槳」，移去手指間的細胞。即使在成人的生命中，死亡程式仍持續進行著，每分鐘有數百萬個細胞自我摧毀。在第 8 章，我們將更詳盡的討論這驚心動魄的過程。

當然，細胞也可透過合作關係，而獲得一些利益。經由團結互助，它們為每個成員創造出較外界更穩定及有營養的環境。體內的各種細胞一方面發揮所長，一方面分工合作，將人體構築成巨大的系統，以維持理想的體溫，防止脫水，並提供充足的氧和養分。

無論各種特化細胞之間有多麼顯著的差異，從近代細胞生物學裡崛起的精闢道理之一就是，所有的細胞都以一模一樣的方式，來完成相同的基本家務瑣事，即使像酵母菌和人類這樣差異很大的細胞，也不例外。譬如，人類的腦細胞並不比寄居池塘浮渣中的單細胞生物來得複雜。事實上，從阿米巴蟲到人類細胞，維續生命的基本結構都是相同的。這就有如轎車和旅行車，基本結構相同，差別只在附加配備和外觀的不同。

展開細胞培養

自從數十億年前單細胞生物演化為多細胞生物之後，動物細胞就一直局限在「細胞公社」中，直到 1885 年，另一名獨霸早期基礎細胞生物學的德國科學家盧威廉（Wilhelm Roux, 1850-1924），才將細胞從禁錮中解放出來。盧威廉從雞胚中取出一小群細胞，並發現這些細胞能在食鹽水中存活數天。

至於細胞培養的進一步成就，則是在 1907 年，由美國耶魯大學的生物學家哈里遜（Ross G. Harrison, 1870-1959）所發展出維持青蛙神經細胞的方法。在培養皿中，這些分離出來的神經細胞甚至長出細小的纖維，試圖接觸、聯絡其他神經細胞，彷彿嘗試要形成原始的神經系統般。

然而，當研究人員把研究重心轉向探求細胞生存和複製所需的環境和養分時，細胞培養技術的進一步發展便逐漸緩慢下來。一直到 1950 年代，細胞培養才成為常見的例行事項。科學家也大約是在這時期，從拉克斯女士身上採得癌細胞，並建立細胞株。

培養細胞的關鍵，是將細胞浸泡在富含醣類、礦物鹽類、某些維生素及胺基酸（蛋白質的基本組成）的營養液中，這液體同時也必須具備補充氧、以及移除代謝廢物二氧化碳的功能。當這樣的液體維持在溫暖的環境下，這一小撮生命將開始繁盛的生長，攝取養分，執行特化功能，並排除代謝廢物。為了避免「程式化的細胞死亡」，還必須在液體中提供由其他細胞所分泌的「生長因子」。

獨行俠或是呼朋引伴？

當細胞匍匐於塑膠培養皿時，它們伸出寬而皺摺的邊緣，探索前方的信號，以決定何去何從。細胞部分的前緣將黏緊皿底，以拖曳主體的後半部。當兩個細胞相撞時，彼此會畏縮的收回前緣，並悄悄往新方向滑走。

細胞也會定期暫停四處爬行，並收回所有與皿底的接觸，形成一圓球，然後展開細胞分裂。這恐怕是諸多神奇的生命現象中，最戲劇化的一個。此時細胞會分解部分的舊有結構，並回收分解所得的成分，以重建新結構。細胞的遺傳資產，也就是由 DNA 構成的物質，將複製成兩套完全相同的基因。接下來，舊細胞會從中間凹陷，揑出兩個年輕的新細胞。雖然有絲分裂的程序一成不變，但想想許多細胞無需經歷死亡，即可獲得重生，實在令人讚嘆！

經過了數代分裂與繁殖後，細胞在實驗室的培養皿中將擁擠起來。此時，人類管理員必須從旁協助，將部分細胞移至新鮮的培養基中，建立新的聚落。移植的細胞數目在這過程中將是關鍵，因為不同的細胞有不同的要求。有的細胞喜歡當獨行俠，只需少數細胞即可在新培養皿中建立新族群。有的細胞則必須呼朋引伴，否則細胞會因孤寂而死。

開發皮膚農場

許多培養皿中的細胞，仍記得它們在生物組織中的生活（請參考圖 1-4 的四張照片）。例如皮膚細胞會不斷複製，直到覆滿整個容器底部，就像在原居地製造皮膚一般。在某種情況下，單層皮膚細胞甚至可發展出正常的多層皮膚，一塊人類正常的組織竟然就在培養皿中形成了。科學家如今正學習調控這過程，期待有一天能在實驗室建立「皮膚農場」，以供失去皮膚的燒傷病人移植之需。

除此之外，培養的細胞仍保有其特化的功能，這種例子不勝枚舉。譬如，分泌「膠原蛋白」（collagen）以給予皮膚或其他組織一定強度的「纖維母細胞」（fibroblast），在培養皿中仍繼續分泌這種有韌性的纖維蛋白質；來自女性乳房的細胞，會持續製造及分泌乳蛋白；肌肉細胞會彼此結合成巨大的纖維，並開始自動收縮；如果是心肌細胞，則會產生有節律的跳動呢！分離的神經細胞就像哈里遜當年（1907 年）所發現的，會生長出細長的纖維直達培養皿邊緣，彷彿在尋找其他細胞，以傳遞電化學訊息。1990 年，研究人員還發現，人類的大腦細胞可以在培養皿中經過誘發而開始複製，並且長出彼此傳遞訊息所需的「突觸」（synapse）。這些大腦細胞表現得好像要在培養皿中組成原始大腦一樣。

在盧威廉實驗之後的數十年間，培養細胞的唯一方法是將細胞保持於恆溫的培養器中，並將溫度固定在人類的體溫（攝氏三十七度）。然而，取自發育完全的人類或動物的細胞，在歷經數回合複製後，就會神祕的死亡，似乎失去了繼續分裂的能力。

但癌細胞卻具有持續生存、分裂的不朽本領，這種造成癌症病人死亡的特性，卻是細胞生物學家的無價之寶（因為這使他們可繼續培養細胞）。

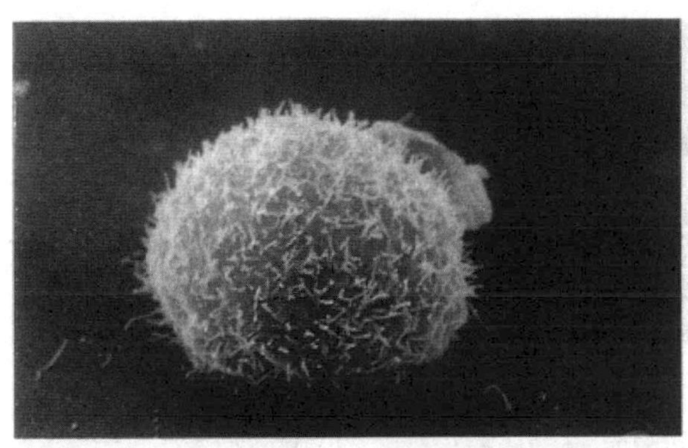

圖1-4(a)

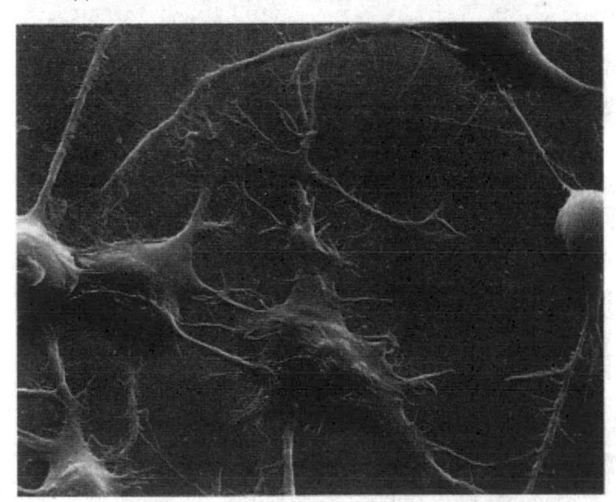

圖1-4(b)

圖1-4　培養中的細胞，有各種不同的形狀外觀：（a）正要分裂的人類前列腺細胞，圓球狀的外表覆滿了突出的纖毛狀構造。（b）神經細胞會向鄰居延伸、溝通，形成基本的神經系統。次頁（c）上皮細胞彼此伸展連接，形成皮膚狀的薄層。（d）逐漸擁擠的前列腺細胞群。
（圖b,c,d由西北大學醫學院Guenter Albrecht-Buehler提供。）

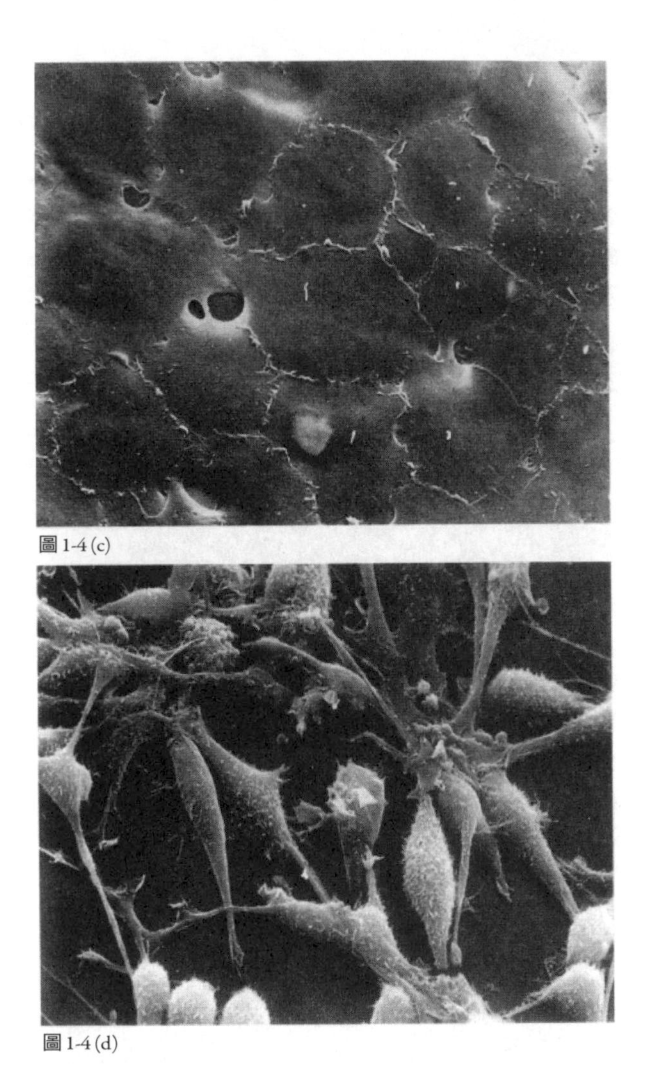

圖 1-4(c)

圖 1-4(d)

如何冷凍細胞？

直到 1949 時，才由英國生物學家帕克斯爵士（Sir Alan Parkes, 1900-1990）發展出一套全新保持細胞的方法——冷凍細胞。許多研究人員已為此嘗試有數十年之久，特別是如何保存得獎公牛的精子，這樣即使在公牛死後，依然能利用人工受精的方法維持優良品種。可是研究人員發現，冷凍過程會殺死細胞，即使有少數細胞在解凍後還存活，但卻已奄奄一息；直到帕克斯發現：在營養液中加入一些抗凍劑，並以非常緩慢的方式冷卻細胞，就可使細胞進入休止期，且在回溫後仍能恢復活力。

使帕克斯成功的，是也被用於汽車抗凍劑的無色糖漿狀液體：甘油。現今更好的替代品是二甲亞碸（DMSO, dimethyl sulfoxide），這是一種無色液體，為製造紙漿的副產品，可用來除去油漆，或做為抗炎藥品。

但無論是甘油或 DMSO，抗凍劑對細胞仍是有毒的，所以一旦在培養液中加入抗凍劑後，就必須儘速冰凍起來，以避免細胞受損。這些細胞就在含有百分之五抗凍劑的營養液中，分裝到各小瓶內——在 ATCC，這些細胞瓶會先安置在特別的冷凍庫中，在一小時之內由室溫逐漸冷卻至攝氏零下八十度，因為太過急速的冷凍會殺死細胞；在其他許多實驗室中，細胞瓶則先放在保麗龍盒中（保麗龍可延緩溫度流失，使細胞在適當的速度下降溫），再存入冰凍庫。

在這過程中，細胞內發生了什麼變化呢？由於存在細胞中的分子會降低水的凝固點，在緩慢降溫的情況下，細胞外的水分將較細胞內的水分早凝固，而抗凍劑可使細胞外形成的水結晶不至於過大而刺破細胞膜。然而，當細胞外的水分逐漸結晶時，細胞內的液體也會透過細胞膜而滲透流失，細胞因失水而萎縮成扁平狀，如果冷凍條件正確，細胞內的水分在冷到足以形成大結晶而刺破細胞內膜之前，都已離開了細胞。

隨著小瓶溫度的下降，所有構成生命現象的代謝作用也將變得愈來愈緩慢。當溫度低到一定程度時，數百種生化反應都將全部停止。這時細胞的情形就好比一隻進入冬眠期的超級小熊（只不過熊在冬眠時仍有緩慢的代謝反應進行）；如今在冰凍的情況下，細胞已逐漸喪失一般教科書定義生命的條件。

冷凍細胞是活是死？

這些冷凍細胞死了嗎？它們不吃、不動，也沒有進行任何代謝作用，依據一般對生命的定義，這些細胞可說是「無生命」。然而當細胞回溫時，它們又可重續所有生命現象。當這一切發生時，可以說我們創造了生命嗎？生命可從無生命物質中自動生成嗎？這算是一種復活嗎？

許多生物學家認為：這只是語言邏輯上的陷阱，冷凍細胞既不算存活，也不算死亡，而是處在生命暫停的狀態。只要殘留在冷凍細胞內的物質，從細胞膜到內部分子結構，均保持完整性，我們就可說它是活的。從這觀點來看，生命可以持續，而無需發生任何事件，就像車子即使引擎沒有在運轉，仍是可動的交通工具。無論細胞或車子，關鍵因素都在於組成結構是否存在，以及其間是否有正確的連結，因而在給予適當條件時，即可再度發生作用。

對於從 1925 年就開始提供科學家各式各樣收藏，包括細菌、真菌、原生動物及植物的 ATCC 來說，冷凍儲存是相當便利的。現在的 ATCC 可說是一棟建築在冰上的細胞銀行，更正確說，是建築在液態氮這種無色無臭的透明液體上。當氮氣在工廠中冷凍凝結至攝氏零下一百九十六度之後，只要保持在隔熱狀態下，就可一直維持低溫，無需馬達或壓縮機。

這些不鏽鋼槽內的液態氮，正是 ATCC 用來冷凍保存珍貴的細胞收藏品於休止狀態下的介質。在每一個鋼槽中，都裝有半滿的液態氮，而儲存細胞的小瓶則有些夾在金屬夾上，懸掛於浸泡在液態氮的架子上；有些小瓶則懸在液態氮上方，雖然此處沒那麼冷，但也有攝氏零下一百三十五度呢！

在 ATCC 的一樓，有一間被研究人員稱為「儲存槽農場」的房間裡面，擺滿了四十多個不鏽鋼槽。其中有三十二個鋼槽專門放置冷凍細胞，其餘的鋼槽則儲存了微生物和原生動物。如果某大學實驗室中的研究人員需要和某類疾病相關的細胞，而 ATCC 恰巧也有這類細胞，研究人員就可向 ATCC 訂購。在收到訂單後，除非樓上已有適當解凍細胞生長於培養箱中，否則 ATCC 的助理就會來到這間「農場」，將冰凍細胞取出解凍。

用物理與化學看生命

從這些可能有數十年都靜止不動、也未遭打擾的細胞中，我們又可再度找到壓抑已久的生命脈動。這種簡單的「復活」過程，每天都在全世界的實驗室上演數百次，這對於古代視生命為神祕現象的觀點而言，是一種嚴厲的挑戰。但是換個角度想想，這些使細胞「復活」的程序，完全符合現代分子與細胞生物學的觀點：生命只是機械過程，基本上並不比汽車或電腦還難理解。

現代生物學證實「所有建構生命的現象，均可用物理或化學的詞彙來解釋」，而這樣的觀點，取代了一百五十年前盛行的「生命力」學說。

冰凍細胞的化學物組合及結構安排，仍然保持在生存所需的適當條件下，低溫只是單純隔絕了細胞進行化學反應所需的熱能，就像汽車電池，在明尼蘇達州冰天雪地的一月，化學反應就是無法發生，但只要加上一點熱能，化學反應就一觸即發。

雖然要以科學來解釋「生命如何運作」的所有細節，尚有一段長路要走，但近幾年來，基礎生物實驗室源源不絕的發掘各種驚人的新知識，和華森（James Watson, 1928-）、克里克（Francis Crick, 1916-2004）的年代比較起來（兩人因發現遺傳物質DNA的雙股螺旋結構，而榮獲1962年的諾貝爾生理醫學獎），現代生物學界正以數倍速度飛快進展，幾乎每天都有關於「生命機械」的新細節給揭露出來。

分子與細胞生物學家如今可用無生命的原子和分子之間的交互作用，來解釋生命的根本運作。這些交互作用不再那麼神祕，雖然它們要比水分子結晶成雪花來得複雜。但以雪花為例，其美麗的結構有著數學上的精準及可預測性，它的形成絕不是奇蹟所造成的。水分子結晶的過程已被瞭解透徹，而且可在實驗室、甚至家裡廚房的冰箱中製造。

結晶的形成是因為某些特定分子的本質，使它們無需借外力，即可自我組織成一定結構。除了水分子之外，許多原子和分子在適當的條件下，都會結合成一定模式，以形成結晶──有些形成立方晶體，有些形成六方晶體，或其他不同的晶體結構。特定分子會組合成特定結構，是因為它們的形狀及物理、化學特性，只允許它們形成那些形式。換句話說，結晶的形成無需外界力量來指導，因為真正的指導方針就藏在分子本身。

自行裝配的本領

這種「自組裝」（self-assembly）的概念，已成為今日分子與細胞生物學的基礎。在適當條件下，原子或小分子就像水分子組合成雪花般，自動連結成一定形狀的大結構。生命的化學常牽涉到像蛋白質之類龐大而複雜的分子，它們還可進一步組裝成更大的結構。

也許蛋白質對許多人來說，只是好吃營養的食物，但對分子與細胞生物學家而言，卻是許多五花八門的分子的總稱。有些蛋白質在細胞內像小型機器般運轉著，具有特殊的功能；有些蛋白質則像磚瓦、鋼筋，是建構細胞結構的基本單元。一個典型的細胞，通常含有數千種不同的蛋白質。

基因可促使大量蛋白質分子在細胞內合成，然而蛋白質不需要進一步的調控，即可自動組合裝更大的結構。這好比將一堆鋼筋丟在建築工地，就可自動組建成房子的鋼筋骨架一樣神奇。細胞內這些原本被認為非常神祕的現象，如今已可用「自組裝」的概念來解釋，因為組裝最終成品的藍圖，就隱藏在蛋白質分子的內部結構中（見次頁的圖 1-5）。

實驗室中有些「自組裝」的實驗結果，更是令人嘆為觀止。如果將好幾批不同種類的次單元，混合成含有數百種成分的雜燴湯，這些分子仍能毫無差池的區別彼此，並完美重組。這種神奇又好比將一堆鋼筋、磚瓦、水管、木板、塑膠、釘子和瓷磚等不同的建材混在一起，鋼筋仍能從一堆雜物中區別出來而形成鋼筋骨架，其他的建材也在同時自動組建成一棟完整的建築物！

洛布曾在二十世紀初預言，類似的現象存在所有生命的核心。這些有特定形狀和組成的分子，不僅有自組裝成較大結構的能力，還可作用於其他完全不同的分子，造成其他分子以特定方式分裂或結合。這些細胞內可作用於其他分子的工程師，就是所謂的酵素。酵素就像化學反應中的觸媒，促成化學反應，但置身於反應結果之外，並可重複施展其效用。每一個一般細胞中，均帶有數百種不同的酵素，各有專司。酵素蛋白質與結構蛋白質一樣，會因組成的形狀及潛在的化學特性，而自動自發執行它們的任務。

分子「自組裝」及酵素潛在力量的重要性，幾乎怎麼強調都不為過，因為這些反應都蘊藏了深奧的哲學含意。如同法國分子生物學家、諾貝爾獎得主莫諾（Jacques Monod, 1910-1976，）在他的著作《機遇與必然》一書中所述：「一種內在、自發的調控機制，保證生物可形成非常複雜的結構。」

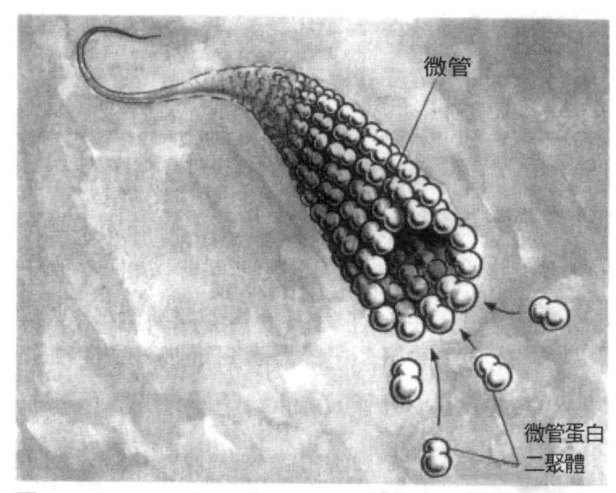

圖 1-5 (a)

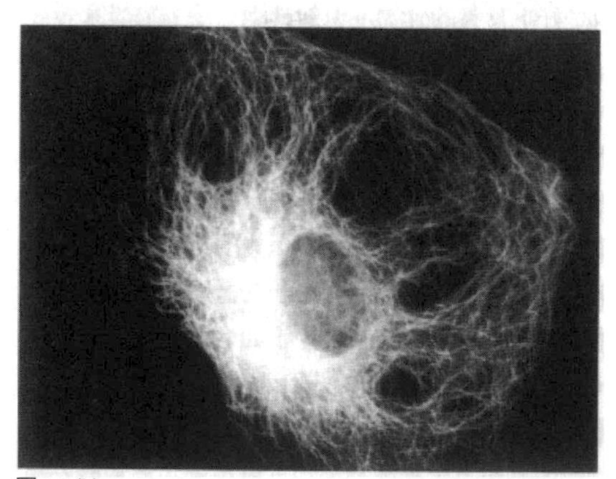

圖 1-5 (b)

圖 1-5 （a）就像有魔法的磚頭自我組合成牆一樣，微管蛋白在適當的條件下可自動連接成細長管子，這種稱為微管的構造，在所有的細胞中均有合成，是細胞中的馬達分子運送「貨物」時所走的軌道。（b）一個細胞中的微管網路。

雖然《機遇與必然》是在1970年付梓，而當時分子生物學尚處於「舊石器時代」，也僅有極少數「自組裝」的例子被發現，但莫諾的看法，及洛布在早半個世紀前所發表的類似聲明，都禁得起時間的考驗。莫諾的著作採用了生命的機械觀，並為機械作用所繁榮的地球生命而歡呼，這傑出的哲思至今仍受到分子與細胞生物學家的讚揚。

先成與後成之爭

莫諾同時也看出「內在、自發」的觀點，或許可以平息兩大思想學派關於生物內鑄力量的古老論戰。其中一派稱為「先成說」（preformation）派，他們所信奉的古老教條認為：每一個人在創世紀時即已形成，只是在等待適當的時機盛開、綻放而已。更早期的「先成說」甚至認為：每個精子內，都有一個迷你小人，而在迷你小人的精子內，還有更小的人，如此無限推衍下去。

另一派則主張「後成說」（epigenesis），這個較新的學派承認基因所扮演的角色（因為在二十世紀初，基因的存在已經是明顯的事實，但其作用尚未被充分瞭解），卻堅持基因只能影響特定分子的結構，分子在組成細胞或整個生物之前，仍需要外來的指引；而這外來的力量，常被視為超自然的力量。

「自組裝」現象的發現，可終止兩派的爭論，因為它顯示兩派在某些層面而言，都是對的；但兩派均無需扯入一些尚無法用科學來解釋的現象。莫諾曾寫到：「預先形成的完整結構並不存在，但結構的藍圖卻早已存在每個組成單元內，因此無需外界的幫助或注入額外的訊息，即可自動自發的形成。必要的訊息隱而不顯的藏在組成分子中，因此一個結構的漸次形成，並不是無中生有的創造，而是這份訊息的展現。」

生命不再神祕

莫諾的書惹惱了許多人，因為他主張在細胞甚或整個人體的生命歷程中，都沒有任何超自然力量摻雜其中。雖然截至今日，已知的化學反應尚未能解釋發生在細胞內的每一現象，但生物學的進展一日千里，使我們很難找到有哪一位細胞生物學家，不認為遲早有一天，我們必能徹底瞭解這些尚未能解釋的現象。

「生命已不再是祕密了！」就像杜克大學細胞生物學家艾瑞克森（Harold Erickson）所說的：「這幾十年來我們已經瞭解，生命與構築生命的化學反應比起來，並沒有神祕多少。生命所牽涉的化學反應異常複雜，但它們都有一定的邏輯可循，都是可以理解的。雖然我們尚未明瞭全部的反應，但也已熟知了大部分；不難預見總有一天，我們可以解開所有的謎題。」

另一位曾主持著名的沙克生物研究中心（Salk Institute）的波拉德（Thomas Pollard, 1942-）則懷疑不熟悉科學的民眾能否接受「生命不過是物理和化學」的概念。波拉德說：「雖然『生命完全只是物理和化學作用的產物』，已被分子生物學家視為不容置疑的觀念，但我懷疑一般社會大眾是否已準備接受這樣的想法？」

古代對生命的神祕觀點，窒礙了人類表達最精采思維的能力；但若將這份智力用於理性思考細胞生物學上，將可領悟到驚人且令人振奮的事實：人體或其他所有的生命形式，是許多像小機器的細胞所達成最精緻、最神妙的組合。雖然一些宗教人士會抱怨，這樣的生命觀點完全排除超自然創造者所扮演的任何角色；但他們無需如此想，就像世界上大部分有規模的宗教，都能接受演化是他們聖靈創造世界的必經過程，或許他們也可重新將分子與細胞生物學視為「揭發創造者如何使生命萬物一一出現」所憑藉的機制。

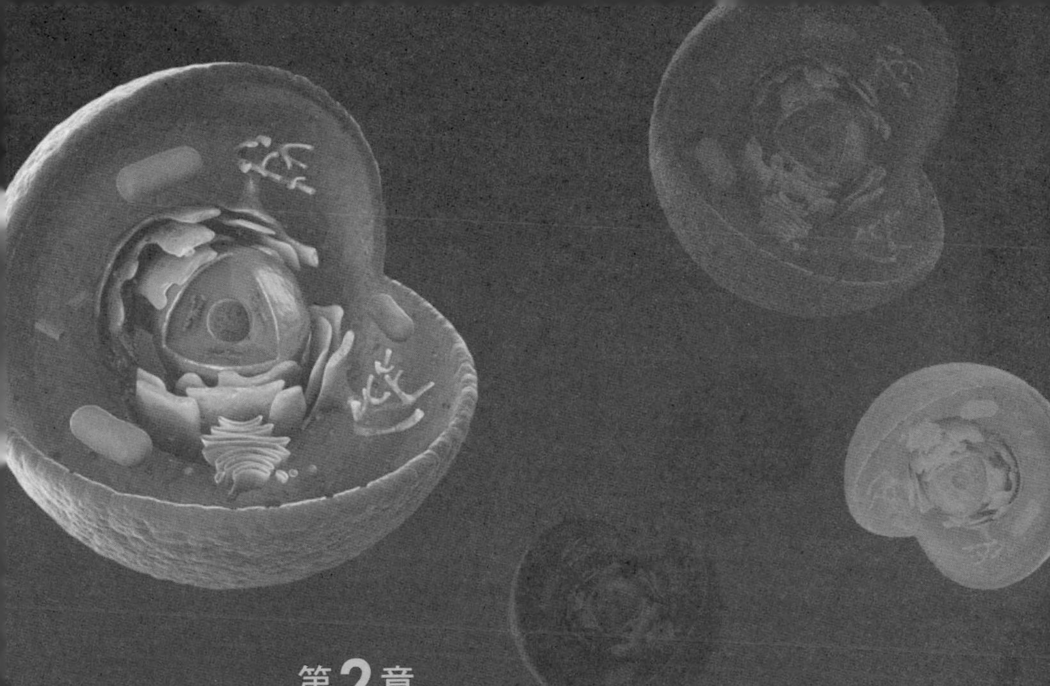

第2章 分子馬達

數千個裝滿化學物質的囊泡，

在馬達分子的協助下，

穿梭於千絲萬縷的纖維

所織成的三維空間地下鐵系統。

當一個活生生的細胞，例如人類表皮細胞，置於高倍顯微鏡下時，鏡頭中所呈現的影像，相信每位生物學家都曾目睹、讚嘆過，有些科學家甚至為此著迷，目不轉睛的觀察數小時以上。這些影像和數十年前高中生物課程所教的語焉不詳的「原生質」，或是「像果凍般的生命物質」，有著天壤之別。

「鏡頭下有一個完整的世界正忙碌運轉著。」西北大學醫學院（位於芝加哥市區）的高德曼（Robert D. Goldman）形容：「你可以從顯微鏡下看到各式各樣的東西，有些在原地輕輕晃動，但大多數的物質正四處匆忙游走。」

一談起細胞和顯微鏡就不禁眉飛色舞、興奮之情溢於言表的高德曼，常利用顯微鏡和一種特別的攝影機，來觀察細胞內部構造。這種攝影機在透過顯微鏡的接目鏡觀察細胞時，可敏感的偵測出肉眼無法區別的光線差，並將影像傳送到一組相連的電子儀器，強化原本細微的差距，再將強化過的影像呈現在螢幕上。這種強化影像的光學顯微鏡，不像電子顯微鏡需要先殺死細胞（圖 2-1），它可觀察細胞內部精采生動的運作。

細胞內部極其繁忙

這些影像和一般只畫出少數物件，孤伶伶飄浮在空洞細胞內的結構圖大相逕庭。真實的細胞內部，有數千種各具功能、忙碌運轉的特化結構，甚至可能比電腦內部或引擎蓋下的組件，還要擁擠複雜。如果說人體是由各式不同功能和行為的器官所組合而成，那麼細胞就是由許多同樣有獨特形狀及功能的微小器官所組成，這些細胞內的小器官，稱為「胞器」（organelle）。

呈現在螢幕上的是數千個微小的「囊泡」（vesicle），相互推擠竄動著。許多囊泡沿著直線或曲線平順滑行，有些則走走停停；有些囊泡或原地輕擺，或踉蹌前行。還有些像香腸一般深黑色的物質，朦朧隱約的浮現出來，轉一個彎，又滑出顯微鏡的聚焦面。更有一些像蠕蟲一般的構造，以蠕動方式橫越視野範圍。

所有胞器中最明顯的，就是盤踞在細胞一角、外形有如巨蛋般的細胞核，核內藏有主宰細胞形態及功能的遺傳藍圖，並有形形色色、大小不一的分子，正忙進忙出，穿梭於細胞核膜上特殊的關口（不過這是即使在強化影像的顯微鏡下也看不到的）。在由細胞核所送出的分子中，有一種長鏈分子，功能有如國王的使者，攜帶著由核內染色體所頒布的「御旨」至胞外，在短短數分鐘之內，這些命令就在數百個胞器中執行起來。

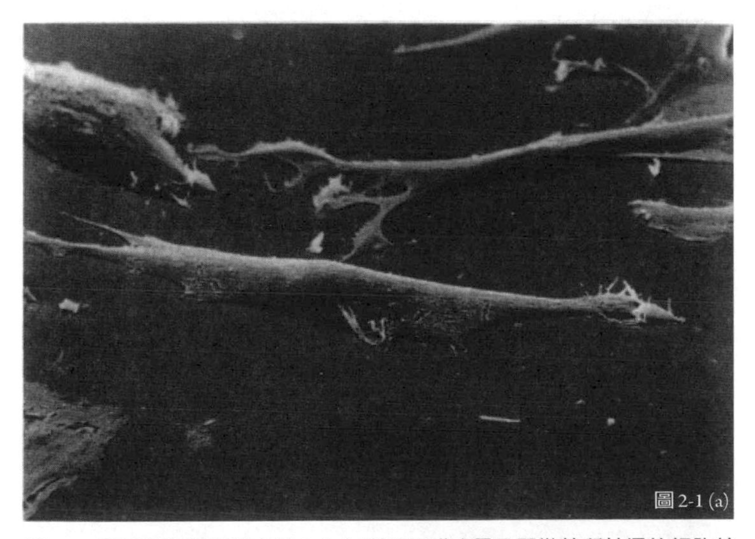

圖2-1　三種觀察細胞的方法：（a）利用掃瞄式電子顯微鏡所拍攝的細胞輪廓。次頁（b）在光學顯微鏡下，細胞內部構造清晰可見，圖中最大的橢圓形即為細胞核。而在正文中所提到的攝影畫面，大致就與此照片相似。（c）穿透式電子顯微鏡最能巨細靡遺的顯示細胞的內部結構，但在此放大倍數下，只能見到細胞核的一角（照片中由左下方向右上方延伸的線條即為核膜），其他還可見到的胞器有高基氏體、內質網、核糖體和溶體。

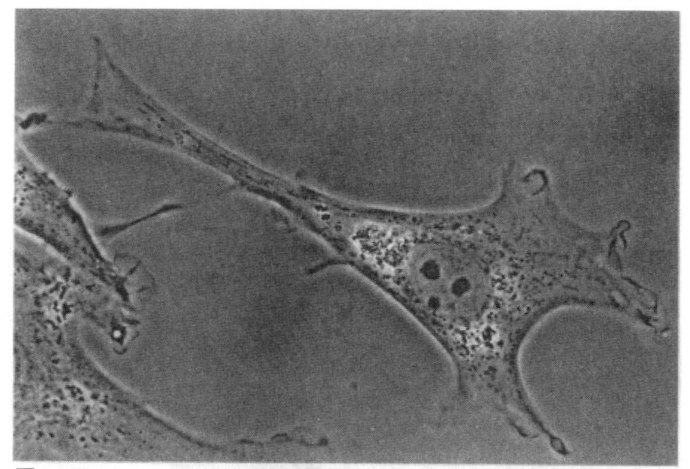
圖 2-1 (b)

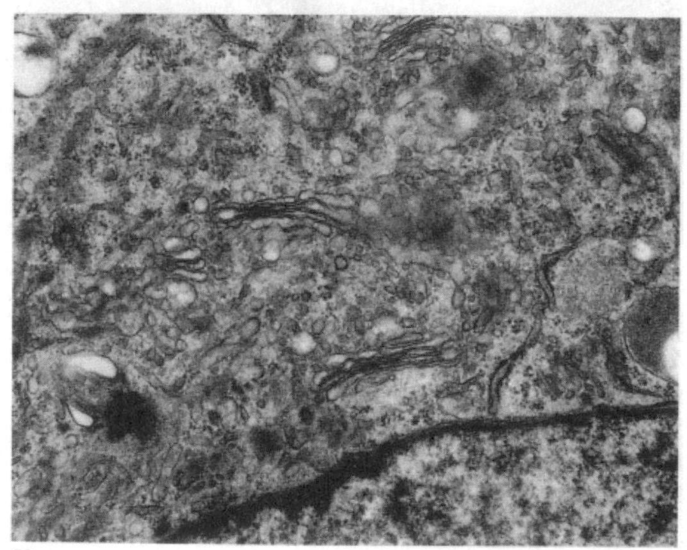
圖 2-1 (c)

生命的最根本特質就是處在動態。即使如固定一方的珊瑚或樹木，在它們的細胞中也都充滿了運動。人體內大約六十兆個細胞，從堅固連結的皮膚細胞，到隱匿於肝臟的細胞，以及血流內自由漂移的細胞，都能展示：生命永不歇止的運動著。

事實上，自主性運動在傳統上，一直被視為是構成生命的要素之一。一群物質可自行展開有目標的移動，使得古代哲學家頗受感動，認為這其中必定有深奧的意義，想必是由某種超凡的力量造成的。可惜古人無法窺見細胞內部，否則他們將會發現更多令人興奮的運動，和數千種正和諧配合著的物理與化學反應。

任何欣賞過這壯觀景象的人，都認為細胞內部就像蜂巢一般忙碌混雜；然而，就像經由觀察蜂王、工蜂及雄蜂的角色，即可得知蜂巢的組織架構井然有序，生命的現象亦可透過分析細胞內部胞器的運作，而得以清晰明朗。

細胞的第一個特質：膜上有受體

分子與細胞生物學家如今已證實，生命並不是由細胞內那一池無序的生物濃湯所造就，也不是那神祕、無特定形狀的原生質的產物。事實上，生物學家早已摒棄不具任何意義的「原生質」一詞。說細胞是由原生質構成的，就像說汽車是由一堆機械組成的一樣，令人摸不著頭緒。我們唯有透過追查各組成分子內所發生的種種細節，才能得到較清晰的概念。

就在最近幾十年來，古老的觀點已被徹底推翻了，如今，新的生命觀點已清楚闡明：生命的特質可歸因於兩個絕非偶然的因素。這兩種特質，使每一個細胞內的物理和化學反應，得以井然有序的進行；也是這兩種特質，使多細胞生物較細菌更為先進；喪失了任何一項特質，細胞都將死亡，倘若生物體內有太多細胞死亡，最後將導致整個生物個體罹病和死亡。

換句話說，由於這兩種特質的完整無缺，使我們得以存活。（細菌是目前所知最原始的物種，缺乏下面將談到的這兩種特質，或許因為如此，細菌無法演化出多細胞生物。）

細胞的第一種特質，是具有一些內部間隔的胞器，能將不同組的化學反應，區隔在不同的胞器裡進行。所有的人類細胞，事實上是所有比細菌複雜的細胞，都擁有兩層由特殊脂肪分子所構成的薄膜，像化學實驗室裡的試管或燒杯，畫分出胞內的間隔；然而有別於玻璃器皿的是，大部分的膜都可將內部完全密封起來，只容許特定分子在接受膜上「門房分子」的盤查後，進出胞器。這些門房分子或稱「受體」，或稱「接泊蛋白」（docking protein），包埋在雙層脂肪膜中，微微探出一小部分，等待正確的分子路過時，就抓住它們。或是你也可以想像：受體有船塢碼頭的形狀，當有可吻合及套入受體的特定分子來到時，兩分子間的物理作用力使得受體改變自身形狀，因而使受體突出於胞器內的結構引發某些特別的反應。

有些受體會將外來分子整個送入胞器內，有些受體則讓外來分子滯留在胞器外，但卻啟動胞器內某些化學反應。這樣的受體機制不僅只運用在胞器上，整個細胞膜也都利用相同的機制，將養分送至細胞內，或傳達荷爾蒙之類的訊息至細胞內。

「受體」的觀念最早是由傑出的德國生物學家艾利希（Paul Ehrlich, 1854-1915）在1900年提出的。艾利希是細胞生物學的奠基人之一，1908年諾貝爾生理醫學獎得主。後來，隨著生物學家的研究，一再證明許多生命的運作都是透過受體與特別分子（訊息分子）結合後，引發的反應來達成。

受體與訊息分子之間的作用，常被想像為鑰匙與鎖的關係，唯有以正確形狀的鑰匙（訊息分子），才能插入受體分子的鎖孔，打開大門（圖2-2）。當兩分子互相靠近、而且有部分結構吻合時，原子之間的吸引力會使它們結合，但這種作用力非常微弱，僅在原子表面才有效果，因此兩分子間結合的力量取決於分子間的距離，以及接觸面積的大小。

這種情形又好像在家具店試坐椅子，椅子的形狀愈吻合顧客的體形，兩者間的結合力就愈強。如果顧客試坐的是張小凳子，那麼只有他身體的一小部分感到舒適；換了一張有靠背和扶手的躺椅，感覺就更舒適了，因為這張椅子可提供較合適與強烈的結合。有些椅子可完美契合某些顧客的體形，體形不合者就無法感到舒適；有些椅子如小凳子，則人人可坐，但不一定能提供最大的舒適度。那種專為某些體形提供最佳契合的椅子（指受體），分子生物學家稱為「具有高度的專一性」。

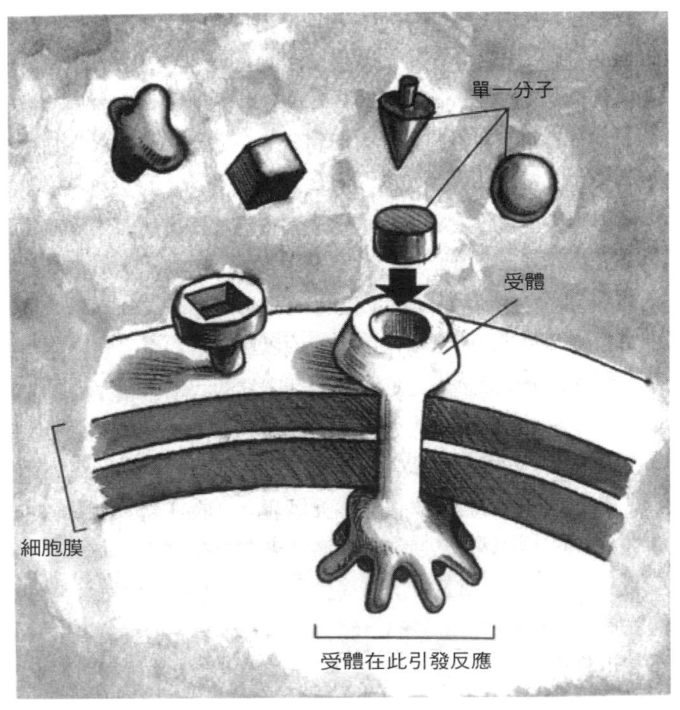

圖2-2　在所有細胞的生命現象中，訊息分子與受體的結合可算是最重要的。細胞膜和胞器的膜上都鑲有受體蛋白，當具有形狀相吻合的訊息分子和受體結合時，受體便會改變形狀而活化細胞內的一些反應。

胞器與胞器之間也需要彼此傳送物質，這些物質被包裹在同樣由雙層脂肪膜所構成的囊泡中，在傳送至目標胞器後，若囊泡的膜上所配備的受體與胞器膜上的受體形狀吻合，就可融入胞器中，囊泡內的物質也就自動傾倒在胞器內了。

這樣的設計使胞器只取所需的物質，讓這些進口貨物在胞器中加工處理後，再將新合成的反應產物輸出。在高德曼的影像強化顯微鏡下所看到的那些在原地輕擺或踉蹌前行的小球，即為往來胞器間的囊泡。那些較大的囊泡，即為各種胞器。

細胞的第二個特質：千絲萬縷的運輸網路

對於較細菌複雜的生物而言，細胞的第二種必要的特質是：具有使囊泡在不同胞器間移動的運輸網路，使細胞內部得以進行一連串的化學反應。

這方面的細胞結構一直到 1980 年代才為人所知。這系統包括了四通八達的精密軌道，以及如馬達般可沿著軌道拖運貨物的「馬達分子」(motor molecule，馬達蛋白)。細胞內隨時都有數千個裝滿化學物質的囊泡，在馬達分子的協助下，穿梭於千絲萬縷的纖維所織成的三維空間地下鐵系統，送達細胞的每個角落。

有研究人員懷疑，像阿茲海默氏症、漸凍症（肌肉萎縮性脊髓側索硬化症）等重大惡疾，可能即肇因於細胞內運輸系統的缺陷。進一步瞭解運輸網路系統，或許可找出較佳的預防和治療方法。

至於這些囊泡內裝載的貨物，有些是由細胞內部製造、欲送往較靠近細胞外緣地帶的分子，也有些是細胞自血管攝取的養分或荷爾蒙，由細胞表面送至細胞內部。

這些網路有如《格列佛遊記》小人國內的貨運線。細胞內最長的一條公路，位在連接脊髓底部到大腳趾頂端的神經細胞內。對一名成年人而言，這段距離可有一公尺長呢！馬達分子可在三、四天內走完全程。至於最短的軌道則存在所有種類的細胞之中，只需短短數秒鐘，馬達分子即可完成任務。

微管是很緻密的纖維網路

這些馬達分子運作方法的發現，或是生命自主性運動基本機制的發現，並不是由一名獨行天才靈光一閃所想出來的，而是科學家群策群力，針對長久以來的疑惑努力研究，所獲得的結果。

生物學家很早就注意到細胞內川流不息的運動，許多利用顯微鏡來觀察細胞的科學家，都曾看過細胞內的物質似乎隨波逐流著。長久以來，這被視為是生命的一項神祕特質，他們想像細胞內有一些果膠狀的物質（因此將其命名為原生質），擁有超自然的力量。

例如十九世紀時，達爾文的忠實信徒赫胥黎（Thomas Henry Huxley, 1825-1895），就常以〈原生質——生命之物質〉為題，發表演說。甚至連劇作家吉伯特（W. S. Gilbert）和薩列文（Arthur Sullivan），在他們名為《日本天皇》的小型歌劇中，都曾提及「原生質狀的小球」一詞，使原生質聲名大噪。原生質中顆粒的飄動，更被認為是由不可探知的生命力所推動。

然而隨著科學的進展，實驗一點一滴的揭露出原本被視為原生質之神祕特質，其實皆為自然現象，「生命力」學說也逐漸被推翻瓦解。在這次革命性的活動中，最偉大的領導者是匈牙利裔的美國科學家聖捷爾吉（他因為維生素C的研究，而榮獲1937年諾貝爾生理醫學獎）。

聖捷爾吉曾談到，在他漫長的科學研究生涯中，最令他熱血沸騰的時刻，並不是贏得諾貝爾獎，而是當他親眼目睹實驗室製備的一些無生命物質，竟然產生自主性的運動！這是發生在1934年的事，當時聖捷爾吉從兔子的肌肉細胞中，抽出一些由「肌凝蛋白」（myosin，粗肌絲）及「肌動蛋白」（actin，細肌絲）所組成的膠狀長纖維。（其作用將在第 3 章及第 9 章詳述。）

在另一個燒杯中，聖捷爾吉準備了從磨碎的兔子肌肉細胞，所萃取出來不明成分的混合物。萃取的方法很像泡茶時提煉茶葉中味道的方法。聖捷爾吉將剁碎的肌肉和熱水混合後，過濾掉固態黏稠物，只保留那些可溶於熱水的成分。

當聖捷爾吉將外表好似剛由雞腿上撕下、黏稠多筋的纖維，浸泡在萃取液裡時，纖維開始收縮，變得又粗又短。數年後聖捷爾吉回憶寫到「第一次看到古老的生命跡象——運動，竟可在試管中重現，真是我學術生涯中最興奮的事。」

聖捷爾吉當時並不知道，萃取液中含有一種成分：腺苷三磷酸（ATP, adenosine triphosphate）。ATP 的功能有如蓄電池，可以儲存及釋放能量，以推動生命活動所需。ATP 存在所有細胞之中，可算是細胞最重要的分子。

另一個使細胞內的運輸系統得以被發現的因素，來自神經細胞的研究。許多年來，生物學家已觀察到：在神經細胞那根長長的軸突中，總是有些東西在流動，而烏賊的軸突特別粗大（大約有你現在所看到的「o」這麼粗，且有十幾公分長），正適合用來研究這種現象。當研究人員在軸突的一端注射入一些放射性物質，最後這些物質也會出現在軸突的另一端。研究人員還發現，中間的運輸過程需要有「微管」（microtubule）的存在。

微管是很緻密的纖維網路，以細胞核為中心，向細胞各角落輻射（圖 2-3）。這些纖維都是由「微管蛋白」（tubulin）聚合而成，當化學條件正確時，細胞內的微管蛋白可自動組合出管狀的微管。

然而，科學家注射某些化學藥劑以阻斷微管蛋白的聚合時，放射性物質就會留在注射原處不動。這類實驗使我們瞭解到，微管對軸突內物質流動的重要，但卻無法解釋運動是如何產生的。看來一定有些機械力量，推動物質沿著微管運行，但當時沒有人知道那力量究竟從何而來。

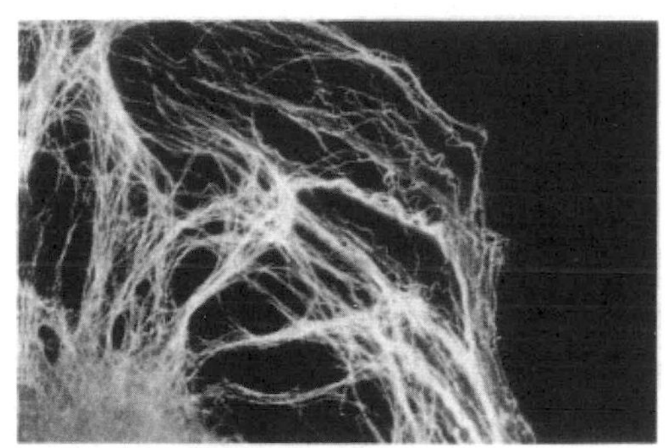

圖2-3 (a)

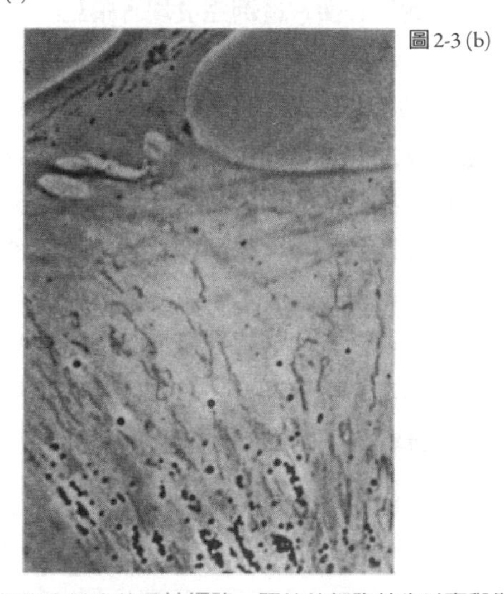

圖2-3 (b)

圖2-3 （a）細胞內緻密的運輸網路。照片的細胞曾先以專與微管蛋白結合的螢光染劑處理，在一定波長的光線照射下，這些螢光分子會發出光亮而可被拍攝或觀察，細胞其他部位則維持黑暗。（b）正常光線下的細胞。由於微管非常細小，無法由本圖中觀察到，但卻可看見穿梭於微管上的物質，包括香腸形的粒線體。

探究細胞內的囊泡運動

這問題的答案，一直要到 1980 年代，才由位於鱈角的海洋生物研究所（也就是洛布當年讓海膽卵成功進行人工受精的所在地）兩組相互競爭的科學家提出。

由於座落在伍茲霍爾的海濱，極易取得包括烏賊在內的上千種海洋生物，以供研究，這使得海洋生物研究所成為炎炎夏日中，科學家的最愛。他們在此聚首研究討論，盛況達一世紀之久。海洋生物研究所其中一棟建築物就是以洛布之名命名的，而諾貝爾獎得主聖捷爾吉的學術生涯，也有大部分的時間在這兒度過。事實上，共有三十三位榮獲諾貝爾獎桂冠的科學家，曾在此工作過。他們有些是來此從事暑期研究，有些最初是以學生身分，參與專為基礎生物醫學界的菁英所策劃的密集課程。

研究軸突內的運輸系統，不僅可以讓我們瞭解神經細胞內的運動，同時也為瞭解所有生物細胞內的各式運動，開啟一扇門。這項突破起始於亞倫（Robert D. Allen）一次意外的發現。每年夏天，亞倫都會從新罕布夏州的達特茅斯學院到海洋生物研究所，從事暑期研究。亞倫當時對烏賊神經細胞內的囊泡運動，已研究多年，他發現這些囊泡的移動有一定的規則，都是沿著他稱為「線性元素」的路線走。

1981 年的夏天，亞倫在教授課程時，為了使全班能同時看到細胞內的運動，亞倫將攝影機對準顯微鏡的鏡頭，使影像可呈現在螢幕上（這就是高德曼現代標準配備的前身）。就在亞倫調整著螢幕的對比及亮度時，突然為前所未見的影像震懾住。在攝影機的協助下，烏賊軸突裡的運動現象突然變得異常清晰。彷若交通觀測員由直升機上鳥瞰綿長的多線道高速公路般，軸突中的許多小圓球，沿著纖維表面（而非微管中）穿梭往來於軸突兩端。由於攝影機可放大增進光線的對比，使原本太小、顯微鏡無法觀測到的物質，都可因此呈現出來，將傳統顯微鏡的解析度再增十倍（可觀測到大約百萬分之一公分的物質）。雖然電子顯微鏡可輕易看到如此小的物質，但由於必須先殺死及乾燥標本，而扼殺了觀察細胞內熱鬧繁忙的活動的機會。

亞倫的觀察不僅強烈證實細胞內運動的存在，而且這些運動都遵循一定的路線前進，井然有序。不久，亞倫發現這樣的運動並不需要完整的細胞，當亞倫和他的同事將軸突切下，像擠香腸般的擠出軸突中的物質到載玻片上，再加一小滴含有 ATP 的溶液，也就是聖捷爾吉當年使肌肉收縮所用的萃取液，細胞囊泡就會繼續在這一小塊膠狀物質中巡航。

原本整齊排列於軸突的微管，在這樣的製備下，變得像麵線般糾結雜纏，導引囊泡沿著曲線或圓弧前進。當遇到微管交錯的地方時，囊泡有時左轉，有時右彎，看起來真可和洛杉磯那複雜的高速公路相比。

發現「致動蛋白」

接連的幾個暑假，伍茲霍爾海洋生物研究所的氣氛愈來愈熱絡了，有時為了解釋囊泡移動機制的細節，不同的研究小組之間甚至還會出現激烈競爭的情形。

問題的解答，終於在四年後，由定期自美國國家衛生研究院（NIH，位於馬里蘭州貝什斯達市）造訪的里斯（Tom Reese），與康乃狄克大學的希茨（Michael P. Sheetz）提出來。他們發現了一種名為「致動蛋白」（kinesin，源於希臘字 kinesis，為運動之意）的蛋白質，不僅負責神經細胞內的運輸工作，可能在所有的細胞中，也擔負了同樣的功能。

致動蛋白在運輸過程中，本身會不斷彎曲扭轉，藉以推動其他物質的移動。對於那些把分子想像成由一些小球或木棒組成的僵硬模型的人，可能對分子居然可改變形狀，感到怪異難解。的確，有些分子就如同模型般僵硬，但大部分賦予生命獨特性質的分子，都是可彎曲的，或至少是可像鉗子般改變形狀的。這些分子就像大部分的機械一樣，由可彎曲的承軸連接較堅硬的部分；然而也像一般的機械，必須提供能量才可改變形狀。對簡單的機械，能量的來源就是人類的手；而細胞內辛勤工作的蛋白質則靠 ATP 提供能量。

致動蛋白是細胞的馬達，它一端抓著細胞囊泡，一端緊扣在微管上，當致動蛋白彎曲時，就會拖曳囊泡沿著微管向前行。有時致動蛋白會被描述成有如背上馱負包袱、一面蠕動前進的蠕蟲（圖 2-4）。

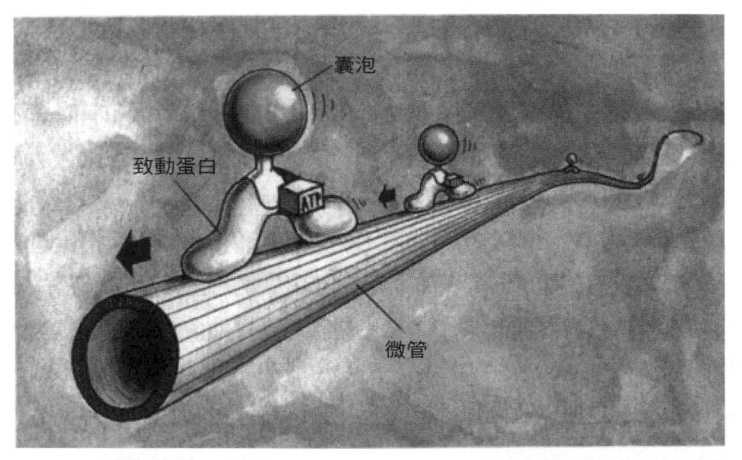

圖2-4　像致動蛋白之類的馬達分子，常在圖片中被畫成蠕蟲般的模樣，載運著囊泡，穿梭在細胞的各個角落。囊泡上則有受體可黏附在致動蛋白上，使致動蛋白能背著貨物行走在微管軌道上，運送過程中需消耗ATP，那是各種細胞內通用的能量分子。

有時，致動蛋白的運作方式，也可想像成：坐在一艘小艇上的人，伸出雙手抓住碼頭邊緣，在左右手的交互使力下，使小艇沿著碼頭前進。在此情景下，碼頭就有如微管，小艇就有如裝載了貨物的細胞囊泡，而船上出力的人，則代表致動蛋白。當艇上的人手臂彎曲使力時，小艇也因此向前滑行。

希茨、里斯以及同僚還計算出致動蛋白在運送細胞囊泡時，每天大約可走四十公分。若以人類的眼光來看，這樣的速度有如老牛拖車般的遲緩；但在放大一萬倍的顯微鏡下看，它們在螢幕上的移動卻絕對可稱得上迅速敏捷。在一個正常大小的細胞中，致動蛋白只需數秒，就可將貨物送達細胞任一角落，只有在神經細胞那特長的軸突中，才需花上數天的時間。然而在軸突中，致動蛋白只負責向外駛出的部分，也就是由神經細胞本體經軸突運往突觸的貨物。

突觸是神經細胞末端所形成的特殊結構，在此可將訊息傳遞給其他的神經細胞。因此這些外送的囊泡，裝載的常是「神經傳遞物質」（neurotransmitter）之類的分子。但穿梭在微管上的，不僅有向外運送的囊泡，另外還可見到向內運輸的囊泡。如果說致動蛋白負責的是出城的列車，那麼進城的列車顯然另有其他馬達分子負責。而這負責向內運輸工作的馬達分子，也在同年夏天，由伍茲霍爾海洋生物研究所的另一支研究團隊找到。

「動力蛋白」帶動纖毛與鞭毛

這一支研究團隊是由伍斯特實驗生物學基金會的瓦利（Richard B. Vallee）領軍，他們所發現的分子，竟是早已在其他文獻中出現多次的「動力蛋白」（dynein，源於希臘字 dynamis，為力量之意）。「伍斯特實驗生物學基金會」（Worcester Foundation for Experimental Biology）位於麻州的士魯斯柏立市，該基金會在 1950 年代，以開發避孕藥而聞名於世。

動力蛋白因為可在纖毛或鞭毛中產生特殊的運動，而被生物學家研究多年。許多細胞都具有這種毛髮狀的突出物，例如在我們的呼吸氣管中，就覆蓋了一層纖毛。當有灰塵粒子吸入時，為了保護肺部，粒子會先給黏附在氣管的黏膜上，再由管壁上的纖毛進行協同一致的波動，將灰塵掃至口腔，在此灰塵粒子就可安全無害的由食道吞下去。

鞭毛的結構類似纖毛，但裡面的纖維較長，它是許多單細胞生物和精子運動時的推進器。纖毛與鞭毛之所以可以產生運動，是因為在纖毛與鞭毛中，有許多平行排列的微管束，而連接在微管之間的，正是動力蛋白。就像致動蛋白沿著微管運送囊泡時的方式，動力蛋白也藉由本身的扭轉力量，帶動微管的滑動和彎曲；由於微管是纖毛或鞭毛的骨架，骨架彎曲，纖毛自然也跟著彎曲。

要想知道動力蛋白使微管彎曲的細節，或許可以試想如下的景象：想像有一人站立於一根塑膠旗桿旁，舉起手臂握住旗桿。人與塑膠旗桿都代表微管，而伸展的手臂則是動力蛋白。當手臂一邊握住旗桿的同時，一邊努力伸向旗桿更高的地方，旗桿會因拉力而彎曲；如果人體夠柔軟的話，身軀也會因而彎曲。

瓦利及同僚發現：動力蛋白不僅存在纖毛及鞭毛內，它也存在細胞本體。當瓦利將動力蛋白滴入自烏賊軸突擠出的微管中時，囊泡會沿著微管，朝致動蛋白所走的相反方向行進。

發現更多種馬達分子

到了 1990 年，瓦利又發現了第三種馬達分子，他命名為「發動蛋白」(dynamin)。在接下來的數月、數年間，還有更多不同種類的馬達分子，如雨後春筍般陸續被挖掘出來。如今我們可以確定的是，細胞內有眾多的馬達分子存在，每一種都專門負責某一類的運動。例如有些分子專門運送特別的貨物至細胞某一特別的區域，有些分子則負責細胞分裂時產生的各項運動（詳見第5章）。

自從致動蛋白的發現，細胞生物學家得以深入探討馬達分子的運作機制。就以致動蛋白為例，當科學家透過電子顯微鏡觀察單一分子的結構時，他們發現致動蛋白的構造非常簡單，在分子的一端有兩個球體，這是分子與微管連接的地方，也是分子與能量來源ATP作用的區域。分子的另一頭，則有個分岔的結構，用以連接拖載貨品（例如囊泡）。連接分子兩端的則是中間的柱狀樞紐。致動蛋白在運動時，可將儲存於ATP的能量釋放出來，用於分子的扭轉彎曲，使其得以行走於微管之上。

科學家甚至還測量一個致動蛋白在運送貨物時，究竟可產生多大的力。他們利用一種儀器，可發射一小束雷射光，並將雷射光轉化為量子機械作用力，以握住一顆非常微小的橡膠球，再讓致動蛋白搬動小橡膠球。根據致動蛋白與量子機械作用力拔河的結果，計算出單一的致動蛋白，可產生大約兆分之五到兆分之七牛頓的力。這力量粗略等於背負五百分之一的米粒，在一秒鐘之內行走一公分所需的力。對於這麼小的分子而言，能產生這樣的力量，可算是力蓋山河呢！更別提細胞內的距離短，物質又輕，單單一個致動蛋白分子就可負載許多貨物。

馬達分子能辨識方向

馬達分子的發現，讓我們可作出一個有趣且必然的結論：這些分子一定有辨識方向的機制，倘若致動蛋白向南走，動力蛋白一定向北行。雖然我們並不清楚馬達分子辨別方向的詳細機制，但科學家已瞭解微管本身是具有頭、尾端的區別的。那些微管次單元（微管蛋白）在組成微管時，就像以樂高積木堆疊樂高塔一般，必須依循一定的方向建構。這無異等於一個方向指示箭頭，而馬達分子似乎可以讀懂指示牌，有些順著箭頭走，有些則逆向行駛。

另一個使科學家感到神祕難解的是：細胞的囊泡如何標識它的目的地？如何使欲向外運送的貨物，連接在向外駛出的致動蛋白列車上，其他要送到細胞內部的囊泡，則避開致動蛋白而選用動力蛋白馬達分子？有講跟沒講一樣的解釋是，囊泡一定有方法區別不同的馬達分子，否則就會陷入致動蛋白與動力蛋白的拔河賽中。

有些研究人員推測，或許外送囊泡表面帶有標識的受體（或接泊蛋白），只與致動蛋白連結，至於內送的囊泡表面，則配備只辨識動力蛋白分子的受體。然而科學家不禁繼續追問，這些蛋白是從何來的呢？囊泡又是如何知道自己該選用哪一種蛋白呢？當我們對細胞與分子生物學所知愈多，我們就愈能推測出系統可能的運作方式，就像我們可嘗試去瞭解汽車引擎的構造和運轉方式一樣。根據目前的研究，受體分子本身可能即為待送的貨物。當這些貨物分子具有一些化學特性，使它們的部分結構可凸出囊泡的膜，做為接泊蛋白，像地址標籤般指出目的地。

早期馬達分子的研究也曾住意到，致動蛋白載運貨物的能力，並不局限於囊泡的運輸，至少在實驗室中，它還可搬運微小的橡膠球，甚至嘗試移動載玻片呢！雖然載玻片太重，使致動蛋白的努力徒勞無功，然而致動蛋白所連接的微管，卻因而在載玻片上滑動起來。

生物學家可以解釋的第三種生命運動

自從致動蛋白發現後，馬達分子的研究可說是一日千里。目前已發現有十多種不同的馬達分子，而且這個數字還在繼續成長。史普迪奇（James A. Spudich, 1942-）是這個研究領域的第一把交椅，他估計至少有五十幾種馬達分子，可沿著微管或肌動蛋白纖維擔任馬達的角色。（肌動蛋白除了在肌肉收縮時扮演關鍵性的角色，它在一般細胞類似變形蟲的爬行運動中，也是不可或缺的元素，我們將在第3章詳述此現象。）史普迪奇並補充，如果考慮細胞內其他需要運動的活動，譬如某些酵素在解讀基因時，會沿著DNA的螺旋鏈前行，細胞內可能有數百種的馬達分子呢！

上述的所有研究發現都顯示：細胞內有運輸系統，囊泡是裝載貨品的貨櫃，馬達分子則是貨櫃車，將囊泡沿著最近的鐵軌，即微管，運往特定的方向。大部分的囊泡外都貼有化學性的地址標籤，一旦遇到可辨識地址標籤的胞器門房（受體）時，就可自運輸線上卸下。

也有些生物學家想像，細胞內可能有類似郵政系統的架構，所有的信件都標有住址，寄出後就隨意放置在貨車或飛機上，每到一間郵局，就有專人檢查住址標籤，倘若是送往該郵區的包裹，郵局就簽收下來，若不是的話，則拋回貨運線上繼續送往別處。一旦囊泡抵達目的地，囊泡與胞器的膜就會融合，使囊泡內裝載的貨品傾倒至胞器中（見次頁的圖2-5）。當然融合的過程是需要嚴格控制的，倘若囊泡可任意與較大的其他囊泡或胞器結合，整個細胞內分隔的秩序將蕩然無存。

科學家在早幾年，即探知肌肉收縮的運動，例如投擲棒球或翻書頁，後來又解開了纖毛和鞭毛拍動的原理（即塑膠旗桿模型），而細胞內的運輸系統則是第三種生物學家可以解釋的生命運動。無疑的，馬達分子的發現提供了強力的證據，使我們得知物質在細胞內如何傳送。雖然這三種運動的格局差異頗大，但都建立在相同的基礎上：透過一些可彎曲的分子，拉扯長纖維，以產生運動。

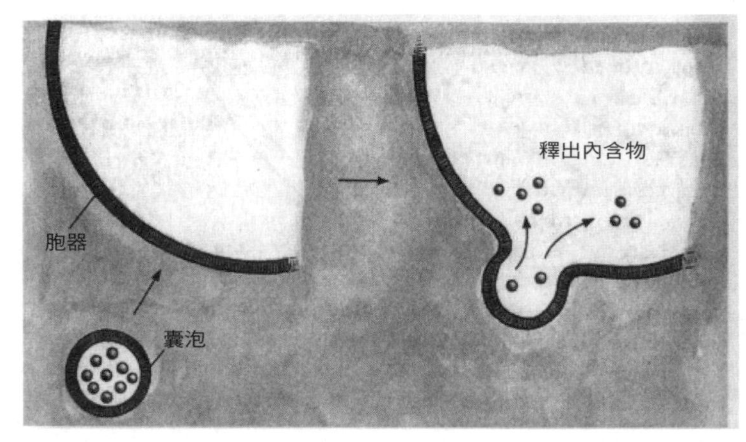

圖2-5　當囊泡抵達目的地時，囊泡膜上的受體與胞器膜上的受體結合，促使雙方的膜相互融合，而將囊泡中的物質釋於胞器中。

這種相似性顯示，三種系統可能演化自同一原始的運動機制。最初在只有單細胞生物盤踞地球的洪荒時代，僅有馬達分子在細胞內推動著物質的流通；隨後馬達分子可能做了些修飾改變，以操作新出現的纖毛或鞭毛；最後多細胞生物誕生了，馬達分子也產生新的變化，使複雜的多細胞生物能藉由肌肉收縮，移動整個個體。

然而也有可能，各種馬達分子是獨立生成，但在類似的環境需求下，趨同演化出表面上相似的結構（例如鯊魚和海豚）。

自然現象的終極展現

無論以上何者為真，馬達分子的發現在科學史上，都占有極重要的一席之地。這自主性的運動，是由移動中的物體本身的力量造成的，而非重力作用造成的結果。最能生動有力的代表生命，也是這種運「動」，賦予「動」物基本的根源。

早期的科學以為，生命力是一切動力的來源。猶太天主教則視運動的來源為上帝藉由靈魂所展現的力量，當身體所有可測得的運動，例如心跳、呼吸等傳統生命跡象都停止時，即可確定此人靈魂業已遠去，死亡就在眼前。

如果說「生命物質」自主性運動的能力，是生命的基本要素之一，是區別無生命與有生命的條件，那麼這生命最奧妙的謎題即將揭曉。如今我們對肌肉運動的機制，已有巨細靡遺的瞭解，我們也大致瞭解纖毛是如何運動的，現在我們正開始瞭解存在於每個細胞內的運輸系統。相信在不久的將來，其他生命中的運動，例如細胞的爬行，也將被我們掌握。到那時，細胞及分子生物學家將推動一場哲學思想的革命，昭顯「生命是自然現象之終極展現」的觀念。遲早有一天，人類的心智將可明瞭生命的奧妙。

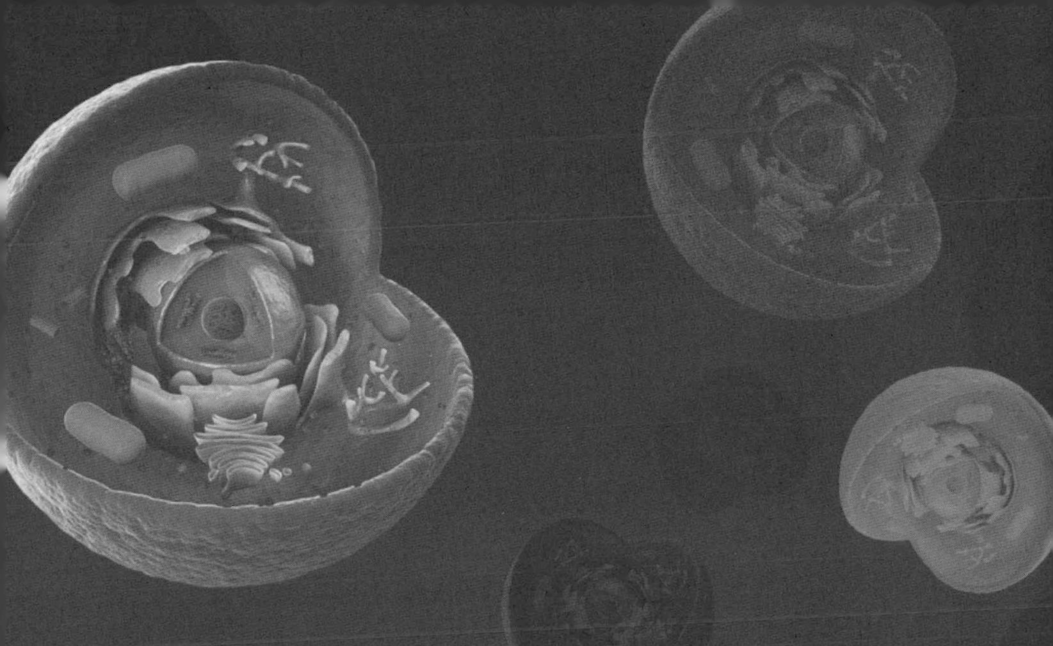

第3章 生命的躍動

這些「煎蛋」真的會移動！
只見它們透明而薄的蛋白外緣，
從培養皿表面伸起，
在空中揮舞著。

顯微鏡下的場景一：龐然怪獸

這隻身軀龐然的怪獸，躲在微弱的燈光下，靜靜等待獵物出現。牠剛流浪了一段漫長的旅程，獵食行動又屢屢失敗，饑腸轆轆的牠，已有多日沒有進食了！

牠看來像是無法決定何去何從，像牠這樣一團形狀不定、沒有任何大腦結構的生物，應該是無法思考該如何做的。但我們由牠的行為卻又可看出牠是多麼「躊躇不決」：首先，牠從那一團身體中伸出膠質舌狀的構造，彷彿想探索前方是否可行，但又隨即縮回，像拉平床單上的皺摺，不留一點痕跡；隨後又從身體的另一端，悄悄突出那奇特的膠質構造，但也很快躲了回去。怪獸就這樣子東探探、西試試，留在原地不動。

牠不動並不是因為牠缺乏人類眼中的手腳構造，事實上，牠有自己獨特的運動方式，只要牠想動，即可迅速組合出類似具有骨骼與肌肉般功能的構造！到底這是什麼樣的怪獸啊？其實牠是從人體中分離出來的巨噬細胞（macrophage），隸屬於免疫系統中白血球的一種，可算是人體最迷人的細胞種類之一。

巨噬細胞平常寄居於血液，但也可鑽過血管壁的小孔，自由漫游於身體其他組織。我們由牠的名字，就可看出牠是個貪吃的大食客！當牠進食時，會像牠的祖先「原生動物」般，在棲息地四處爬行獵食，一旦發現細菌或病毒，便像阿米巴蟲般，慢慢將獵物包圍起來，再整個吞入。除此之外，巨噬細胞在人體內也擔任清道夫、甚至於殯葬業者的角色，它會吃掉年老或嚴重受損的細胞，尤其是衰老的紅血球。在一般人體內，巨噬細胞群一天大約可清除一千億顆紅血球呢！

我們正以顯微鏡觀察這隻怪獸，如果我們將一些細菌放入牠所住的小方格中，原本猶豫不決的巨噬細胞似乎感覺到佳餚當前，竟迅速果決的伸出一些膜囊構造，把目標對著它的細菌大餐，開始在方格中滑行起來。

巨噬細胞不僅外表酷似阿米巴蟲，兩者的運動方式也極類似；巨噬細胞的細胞膜長滿了疙瘩與皺摺，當它行進時，原本靠在地面上的皺摺，便伸展成突出的疙瘩狀巨足，細胞學家稱之為「偽足」（pseudopod，這名詞原用於形容阿米巴蟲似的不規則突出物），而在偽足的細胞膜下，則有一些分子抓住地表，拖曳偽足後方的細胞本體前行，宛如背著重殼的蝸牛，緩緩向毫無警覺的細菌爬來。當巨噬細胞碰到它的獵物後，偽足及細胞本體立刻改變形狀，將形如香腸般的細菌，包圍在身體所形成的死亡之鉗中。細菌竟沒有半點掙扎，整個迅速沒入巨噬細胞內。大快朵頤之後的巨噬細胞，終於可以飽足的歇息了。

顯微鏡下的場景二：匆匆下車的旅客

這個才從受精卵中解剖出來兩天大的雞胚，躺在顯微鏡下小小的塑膠培養皿中，胚胎似乎還沒查覺到已離開了原本的蛋殼，仍持續進行發育成小雞的工程。然而這「未來小雞」現在還只是一根由許多細胞所形成的管子，甚至比才長了一天的鬍渣還短還小，這根稱為「神經管」的小管，卻是形成未來脊椎動物特有結構（即包裹於脊椎骨中的脊髓）的基石，也是包括人類在內的脊椎動物胚胎發育時，最早形成的結構之一。

雖然最初我們能見到的只有小小的神經管，但接下來的幾個小時，許多重大的改變開始出現。神經管依然長在原處，但數百個原本構成管子的細胞都逃跑似的，離開了管子，在塑膠培養皿上，向四面八方的目標爬行。鳥瞰這個景象，好似旅客匆匆離開甫停下來的列車。胚胎學家稱這些剛下車的旅客為「神經脊細胞」，這些細胞在早期胚胎發育時，由神經管的頂端（或稱背端）長出，向四方滑行，開展它們各自複雜多變的命運：有些細胞發展成神經系統中的各式結構，有些則生產構成頭蓋骨所需的軟骨及硬骨，還有些細胞會住在皮膚中，成為製造黑色素（也就是人體膚色來源）的黑色素細胞。然而由於胚胎的養分來源（卵黃）已遭切除，胚胎無法存活太久，我們無法親眼見到上述種種現象的完成，但是在這短短數小時內，接近神經管的細胞已聚攏形成神經系統的基本組成——神經節（ganglion）了。

顯微鏡下的場景三：煎鍋上的荷包蛋

另一盤培養中的細胞，也放置在連接了攝影機的顯微鏡下，這回聚光燈下的主角是人類的表皮細胞。從螢幕上看來，這些細胞頗像黏在煎鍋上的荷包蛋，位於蛋黃位置的灰色塊狀物是細胞核，圍在核旁幾近透明的蛋白外緣，則用力伸展在培養皿表面，像是釘在那裡不會動——即使細胞真的移動起來，想必也不會太快。

由於攝影機與電腦及光碟記錄器相連，因此可用數位化方式處理影像並儲存於光碟片。每隔六秒，攝影機就自動獵取一次畫面，然後以一種類似使花朵在五秒內綻放的縮時攝影手法，將十小時的錄影畫面，在半分鐘內快速重播。此時，我們將不再懷疑生命的力量，這些「煎蛋」真的會移動！只見它們透明而薄的蛋白外緣，從培養皿表面伸起，在空中（實際上是培養液中）揮舞著，它們皺起細胞前緣，彷若探索著前方，然後就這樣一縮一縮的，朝某一方向爬過去。

從影像紀錄中，我們會看見有些細胞似乎很猶疑的搖擺著，朝某一方向揚起皺摺前緣試探著，但又隨即收回；有些細胞看起來頗為果斷，大搖大擺的橫越過攝影鏡頭，它們的皺摺在前方起伏波動著，後方則拖曳著一條長尾巴。這是由於細胞在向前爬行時，細胞下方仍有許多部位黏著在培養皿上，前進的力量將其拉扯成細長的纖維；當細胞與地面的黏著終於被拉斷時，尾巴又會迅速抽回細胞本體。有時黏著太強，甚至可能將長尾扯斷，然而細胞膜會在瞬間修補好傷口，留下一小團生物組織在後方（圖 3-1）。

這些激烈移動的部分，也會發生擦撞事件。此時它們像受到驚嚇般，蜷縮起來，接著向後退開，悄悄伸出皺摺，朝新方向試探，再各往相反方向滑開。每隔一陣子，這些細胞也會暫停移動，鬆開黏附在培養皿上的皺摺突起，收縮成一小圓球。經過一些推擠碰撞後，球的兩端膨漲起來，噗！細胞竟蹦成兩個小圓球。原來是細胞分裂了！兩個新生細胞很快又攤平在培養皿上，各自分道揚鑣。

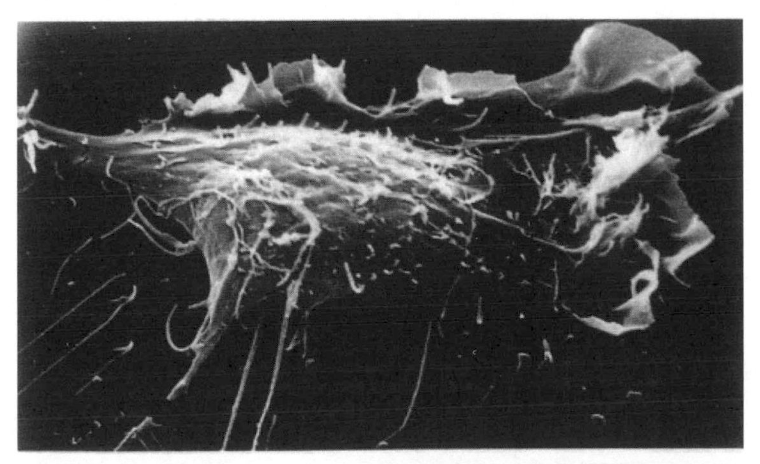

圖3-1　這是一個腎臟細胞，它正伸展著皺摺前緣，爬行在培養皿的底部。雖然皺摺的功能目前尚未確定，但它很可能是細胞探索環境中的化學訊息或行進路線的方法。和平坦的培養皿底部相較下，體內細胞的環境十分不同，體內細胞被其他細胞或結構環繞，且彼此交互作用。圖中留在細胞後端的纖維是細胞移動時，部分細胞膜結構不肯鬆開與培養皿底部表面的連結，而拉扯出來的東西。（照片由西北大學醫學院Guenter Albrecht-Buehler提供。）

以上描述的各種情節，在世界各地的細胞生物實驗室裡不斷上演。這一團名為細胞的化學物質小囊，似乎可以憑藉自己的力量，旅行到新的地點。這現象正由學者不斷探討著，期望能回答現代生物學中最具挑戰性的問題：單細胞是如何決定何去何從的？又是如何產生推動的力量？

雖然古代的生機論者，可將一切歸究於超自然因素的介入，但今日的生物學家知道，這些運動都是自然現象，是透過某些特殊分子的內在結構，以特定方式傳達出來的物理、化學和機械的力量。

肌凝蛋白與肌動蛋白同心協力

1980 年代中葉，科學家目睹了致動蛋白之類的馬達分子，不僅在細胞內可載送貨物，當馬達分子從細胞中分離出來、置於顯微鏡下時，裸露的馬達分子仍努力想牽動連接其上的物質。就傳統的思維，沒有人會認為載玻片上那一抹化學物質是有生命的，然而集合起這些分子竟可造成運動，顯示生命的活動力就存在分子之內。

更早之前，聖捷爾吉還曾觀察過：肌肉纖維浸泡在含有 ATP 的溶液裡時，會展開自主性的收縮現象。生物學家隨後也瞭解肌肉收縮的機制，非常類似致動蛋白牽扯微管時的情形。肌肉的收縮是一種名為「肌凝蛋白」的分子，拉扯肌動蛋白絲所造成的結果。

在肌肉中，肌凝蛋白與肌動蛋白各被編織成互相平行的纖維束絲，而在肌凝蛋白的一端，也有像致動蛋白分子一樣突出的小球，可握住肌動蛋白加以使力。當然，今日生物學家對肌肉細胞中的分子，如何彼此合作、如何產生整塊肌肉及肢體的運動，已有更深入的認識。這些將在第 9 章詳盡介紹。

「肌肉運動機制的研究已有一段時日了，因此我們在研究非肌肉細胞的運動時，自然會聯想它們是否也具有類似的分子結構？」

美國國家衛生研究院轄下的心肺血管研究所的所長寇恩（Edward Korn）如此推測。致力研究肌凝蛋白在非肌肉細胞中的分布後，寇恩回答道：「結果確實如此，看來似乎所有的細胞都能製造肌凝蛋白及肌動蛋白，而且當我們觀察運動中的細胞時，這兩種蛋白也恰巧位在它們的工作崗位上。」

肌凝蛋白及肌動蛋白所在的位置，是細胞膜內緣一些較厚的構造。細胞生物學家發現，肌動蛋白絲在那兒織就了一層密密實實的網路，構成「細胞骨架」（cytoskeleton）的一部分。事實上，細胞內有三種不同的纖維網路，共同組成細胞骨架，分別是：致動蛋白運送貨物時所走的微管，主控細胞形狀及行動能力的肌動蛋白，以及直徑介於兩種纖維之間的「中間絲」（intermediate filament）。

然而，細胞的骨架不像人體的骨架那般僵硬，例如肌動蛋白所形成的細胞骨架，就可持續變換形狀，尤其當細胞需要伸縮偽足或皺摺等特殊結構時，即可當場架設出骨架（肌動蛋白）和肌肉（肌凝蛋白）。細胞內緣那短小密實的肌動蛋白絲，以特殊的方式彼此交叉連結，彷彿一棟建築物中的梁柱結構——利用精密且複雜的方法架設支柱及橫梁，規劃出整個結構的外觀。雖然細胞的骨架不呈完美的幾何對稱，但卻靠這些肌動蛋白絲的強度支撐住細胞膜，而決定了細胞的形狀。

除此之外，由於肌動蛋白絲都是由肌動蛋白分子聚合而成，因此有如孫悟空的金箍棒，可隨意伸長或縮短，不似鋼梁的長度是固定的。細胞內儲存了大量的肌動蛋白分子，它們有些以「單體」（monomer）存在，有些則長短不一的串連在一起。細胞似乎具有調控機制，可透過某些連結在肌動蛋白上的分子，來防止肌動蛋白間的相互聚合。

至於那些不動的細胞，則傾向平趴在培養皿上，有些呈現如荷包蛋的外形，或是像海星的形狀，有些甚至還呈半月形。當這些細胞攤平時，它們的肌動蛋白聚合成綿長的纖維絲，而且許多平行排列的長纖維，還會進一步聚攏成橫亙細胞兩端的粗大「應力纖維」（stress fiber，又稱「應激纖維」）。細胞生物學家經常從顯微鏡中觀察到這樣的結構，如果再利用一些可穿過細胞膜、並專門與肌動蛋白結合的螢光化學物質來染細胞，就可更清楚看到這些粗大的應力纖維，在紫外線照射下閃閃發光的情形（圖 3-2）。

當細胞準備遠行時

科學家還發現，這些應力纖維的末端，常連接在細胞緊黏於培養皿的固定點，這是作用類似固定帳篷用的樁腳結構，而細胞的「樁腳」是由許多特別的蛋白質，將肌動蛋白絲與突出細胞膜外的抓附分子（gripping molecule），緊緊連接在一起所形成的。

然而，許多細胞內都帶著一個生物時鐘，每當細胞分裂的時間一到，細胞便鬆開黏附於培養皿的樁腳，粗大的應力纖維也跟著瓦解了。細胞在膜的表面張力作用下，形成一圓球。倘若此時還有頑固的抓附分子不肯鬆手，就會形成一根尖針頂著一個圓球的有趣模樣。一待細胞完成分裂後，子細胞在各自分開後，又會重新平趴在培養皿上，兩個新細胞也會重新組合綿長、粗大的肌動蛋白應力纖維，並重建緊緊抓附培養皿的樁腳結構。

當細胞準備遠行時，大部分粗大的肌動蛋白絲也會解散開來，重新規劃機動性較高的細胞骨架。許多肌動蛋白以單體型式在一旁待命，以備需要之時能馬上架構出新骨架。至於那些抓附分子也必須暫時鬆開與培養皿的接觸，如果細胞移動時，它們仍頑強黏附不放，很可能會自細胞本體中撕裂開來。所幸細胞膜擁有流動及自我黏合的特質，因此很快就治癒好這暫時性的傷口。

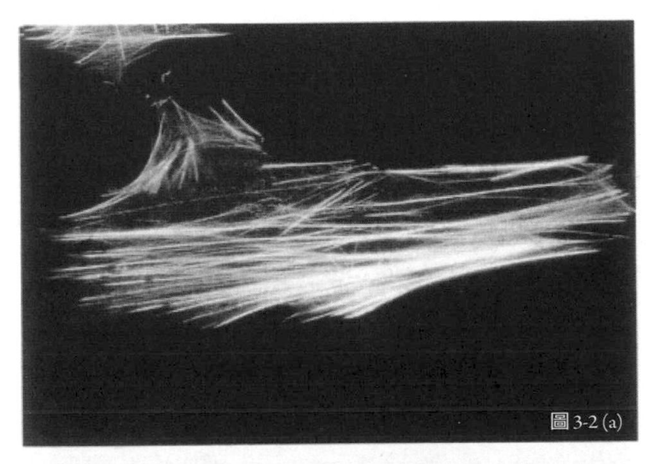

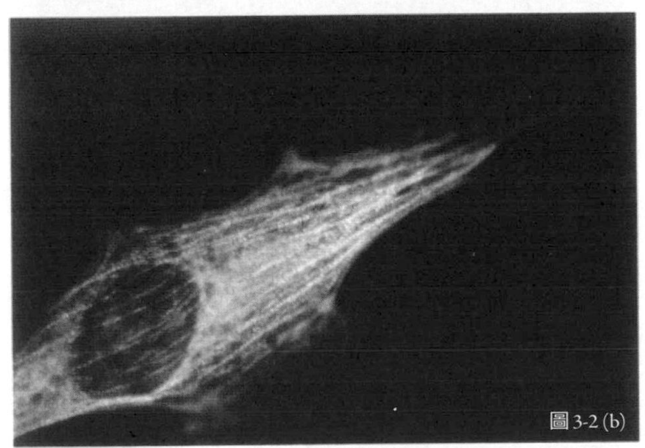

圖 3-2 （a）當細胞以專與肌動蛋白結合的螢光染劑處理後，在特別波長的光線下，可見到肌動蛋白所形成相互平行的長絲。許多細胞類型在不移動時，都會形成這樣的構造。（b）同樣也是靜止的細胞，但以專與肌凝蛋白結合的藥物染色時，可見到肌凝蛋白點狀散布在肌動蛋白絲上的情形。

然而光有骨架是不足以產生運動的，還必須要有肌肉的配合，而在細胞運動中，肌凝蛋白就是細胞的肌肉。雖然目前細胞運動的詳細機制尚未完全釐清，但一般認為肌凝蛋白會像其他的馬達分子一樣，拉扯肌動蛋白絲，就像肌肉拉扯骨頭一樣。然而由於肌動蛋白絲所架構的網路並不是釘死的，而是由一些短小桿狀的蛋白質，將纖維絲的尾端連接在一起，當肌凝蛋白抓著一條肌動蛋白絲使力時，將改變整個細胞外表的形狀，因而使肌動蛋白所支撐的細胞膜向外突出，形成細胞行動時所用的偽足或皺摺。同樣的，細胞也可改變骨架形狀，使偽足皺摺縮回。

任教於杜克大學的希茨（也就是當年發現致動蛋白馬達分子的學者之一），同樣利用縮時攝影手法來觀察、研究神經細胞特殊的運動形式。希茨發現：神經細胞嘗試與遠方細胞接觸時，會伸展出長長的觸手（tentacle）進行試探。在這過程中也需要肌凝蛋白或某種不明的類似分子參與，或推或拉著肌動蛋白絲，以延展觸手。

在螢幕的左下角，顯示時間的數字正跳動著，希茨一邊注視著螢幕上細胞的移動，一邊說：「我可以一直坐在這裡，觀看細胞的運動。漸漸的，有一種感覺浮上心頭，開始瞭解細胞內可能發生的事。這真是奇妙！這是我們從前無法研究的細胞行為。」

伸出絲狀偽足探索四周

在希茨拍攝的影片中的天王巨星，是位在神經觸手前端的神經生長錐（growth cone）。在人體或其他具有一定大小的多細胞生物體內，為了能將訊息傳遞給遠方的細胞，神經細胞都會持續伸展出一些細長且分叉的觸手，穿越長長的距離去尋找、探訪其他細胞。一旦神經細胞（神經元）發現位於遠方的細胞，便會伸出許多絲狀偽足（filopodium）的結構。

在胚胎發育時期，這是建立身體傳訊系統的必要工程；即使到了成人期，神經元仍會繼續生長出絲狀偽足，尋求新連結，這或許是和學習及技巧的改進有關。曾有研究顯示，如果我們重複使用某一神經迴路，迴路中的神經元將建立更多更強的連結；反之，如果某些連結久久不用，絲狀偽足就會收回，造成腦細胞解剖構造上的實質變化，這可能就是健忘的根源吧！所以從這兒我們得知：「要多多使用你的神經系統，否則你就會失去它。」

細胞能夠四處移動是一回事，而神經細胞能夠保持細胞本體固定在某處，卻伸出長觸手影響其他細胞，又是另一回事。它再次彰顯出生命是如何自發的產生動力，並朝新領域擴展其生化影響力。正因為神經細胞具備這種能力，才能集合一群神經元，發展出智慧中樞——腦的構造，而在這結構中的每個神經元，都與其他上千個神經元，保持密切頻繁的連結。

前面所提的神經生長錐，正是位於絲狀偽足的頂端，是延伸神經細胞觸手的施工區。從影片中，只見到它正冒出許多新且直的絲狀偽足，每條絲狀偽足彷彿都有根桿子在裡面加長，將它們的細胞膜撐向更遠的地方。有一、二隻絲狀偽足還冒出了分支，與原本的主幹恰成直角。此外，你還會發現，距離細胞本體較近的絲狀偽足顯得較僵直，而距離細胞本體較遠的絲狀偽足，則可輕柔的搖擺。

希茨認為在絲狀偽足內加長的桿子，正是肌動蛋白所架構的骨架，希茨同時還看出肌凝蛋白類的肌肉也參與了這項工程。由於絲狀偽足每隔一段距離，就會形成固定於培養皿的樁腳結構，然而細胞有時一不小心，竟將絲狀偽足的頂端也固定住了。這時，原本如槍桿般挺直的絲狀偽足，在兩個固定點間開始彎曲起來，且隨著時間一分一秒過去，彎曲的角度也愈來愈尖銳，彷彿絲狀偽足想努力增長，但因兩端被釘死而受阻。

希茨一面倒帶重播絲狀偽足彎曲的畫面，一面小心謹慎的向我說明：「雖然這並不能證明什麼，但當你觀察這些景象時，會強烈感覺到細胞內可能即將發生的事。」

從影片中看來，絲狀偽足內的肌動蛋白絲仍持續生長著，產生力量的肌肉也繼續推動肌動蛋白骨架，想使絲狀偽足變長，但因頂端已被固定住，這股原本應將絲狀偽足推向新領域的強大力量，因受到阻礙而失去控制，竟使絲狀偽足彎曲起來。

影響細胞外觀的血影蛋白

希茨進一步擬思了以下的機制：位在神經生長錐內緣的，是一種類似肌動蛋白、但材質更為強固的「血影蛋白」(spectrin)。這些血影蛋白所構成的網狀組織，有多處固定在細胞膜上，使柔軟的細胞膜受到牽扯，而形成和血影蛋白網狀組織相符的外形，進而決定了細胞的形狀。紅血球因中間凹陷所形成的圓盤構造，正是這種血影蛋白造成的。

絲狀偽足細長的內部，仍是由肌動蛋白所形成的細索為主幹。希茨猜測，將肌動蛋白絲和強固的血影蛋白連接在一起的，可能就是許多肌凝蛋白分子。如果將這樣的安排與運作，以擬人化的方式描述，就好比有十二個人排成兩邊，一起握著一根長竹竿，一邊站六人。這些人象徵肌凝蛋白，他們的腳被固定在血影蛋白及細胞膜上，而他們所握的竹竿代表肌動蛋白絲。當十二個人在一聲號令下將竹竿往前推時，會帶動絲狀偽足的細胞膜向前伸展，這正是絲狀偽足平常移動的方式。但若竹竿的前端被固定在地上，十二個肌凝蛋白人仍將竹竿用力往前推，竹竿可能就因此彎曲，甚至折斷。

希茨再次強調，這純粹是從影片得到的靈感而做出的臆測，這部影片恰巧展現了照片不能表現的精采生動的細胞行為。照片的缺點在於定格，而無法窺見事件如何發展的全貌。這就好像如果有火星人來到地球，想瞭解地球人的足球比賽，倘若他們只檢查幾張從不同球賽中拍攝下來的照片，可能對比賽的規則和進展仍是一頭霧水，只有拍攝一場完整的足球賽，才能真正獲知球賽所含的意義。

科學家根據十六釐米攝影機盛行時所發展的縮時攝影手法，改進成今日細胞生物學家所仰賴且配備了精密電子影像處理軟體的顯微鏡，才使得我們得以窺探細胞前所未見的活動詳情。

細胞行為有目的、有組織

除了產生力量的方法，物理基本定律還主宰其他關於細胞移動的行為。細胞必須要有某種形式的拖曳、牽引，才能在其他物質的表面移動。細胞必須先抓住物質表面，才能驅動它的馬達分子向前推。嘗試在沒有抓住物質表面的情況下爬行，就像行走於滑溜的冰上一樣。因此，當細胞在重塑細胞骨架以伸展偽足或皺摺時，也必須抓附培養皿底層，或是生物體內的任何介面。

由於細胞太過輕小，一般的摩擦力不足以使它們抓住物質表面而不滑溜，但某些特殊物質卻可提供細胞行走時所需的抓附力。在每個細胞的表面，都有一些橫跨細胞膜的分子，可與排列在細胞間隙的「胞外基質」（extracellular matrix）連結。胞外基質是由一些特殊的蛋白質分子混合組成，包括了「層黏蛋白」（laminin）、「纖網蛋白」（fibronectin）、以及被化妝品和洗髮精業者渲染為神奇成分的膠原蛋白。這些蛋白質由細胞製造分泌至胞外後，以一定的方式排列黏附在任何可得的材質上，讓細胞得以抓附。

至於那些貫穿細胞膜的抓附分子，是鑲嵌在細胞膜上——位在細胞膜外的一端，與胞外基質相聯，而位在細胞膜內的另一端，則與肌動蛋白絲或血影蛋白等網狀組織相連，所以這種抓附分子就稱為「整聯蛋白」（integrin，又稱「整合素」）。細胞內有許多種類的整聯蛋白，它們和受體一樣，具有特殊的結構與專一性，以辨識胞外基質蛋白，每種整聯蛋白只能抓附一種或少數幾種的胞外基質。

細胞生物學家一般相信，細胞如果要移動，必須辦到以下兩件事：首先，細胞得黏附在胞外固定的物質表面，接著驅動內在馬達分子，以重塑肌動蛋白網，進而推動細胞向前移。藉著抓附分子的支撐力量，細胞前緣向前伸展一段距離後，才與抓附的表面接觸，待整聯蛋白在此抓附好物質表面之後，馬達分子即再度推動重新塑形的肌動蛋白網，向更前方邁進（圖 3-3）。位於細胞後端的受體，在細胞移動時則必須鬆開與物質表面的連結，或自細胞脫離。

沒人確切知道細胞是如何割捨舊連結的，或許就像前文所述，倘若連結太強、無法鬆開時，就會造成細胞拖曳的細長尾巴。也有些培養皿中的細胞會硬生生的切除抓附分子，而在移動的路徑上，留下爬行的痕跡，在此情況下，細胞必須不斷製造新的整聯蛋白，以補足正常所需的量。

從所有觀察細胞運動的研究，都可注意到一項明顯但意義深遠的現象，即細胞的運動是有協調性的。例如「顯微鏡下的場景一」的巨噬細胞，絕不會毫無目標的漫游，它們從容尋找獵物，狼吞虎嚥飽餐一頓；「顯微鏡下的場景二」的胚胎細胞，則是有計畫的自新生生物個體的一角，邁向未來將擔負重責大任的部位；還有皮膚細胞，為了傷口的癒合爬到裸露的表皮，形成新皮膚層。

無論是以上哪一種情境，細胞的行為都是有組織、有目的，能適切反映外界環境所給予的訊息。顯然肌凝蛋白及肌動蛋白可同心協力將細胞推往新方向。如果細胞內沒有任何協調的機制存在，如果細胞無法預防各部位各行其事，這樣的細胞最後將因同時要朝不同的方向前進，而將自己撕成碎片。

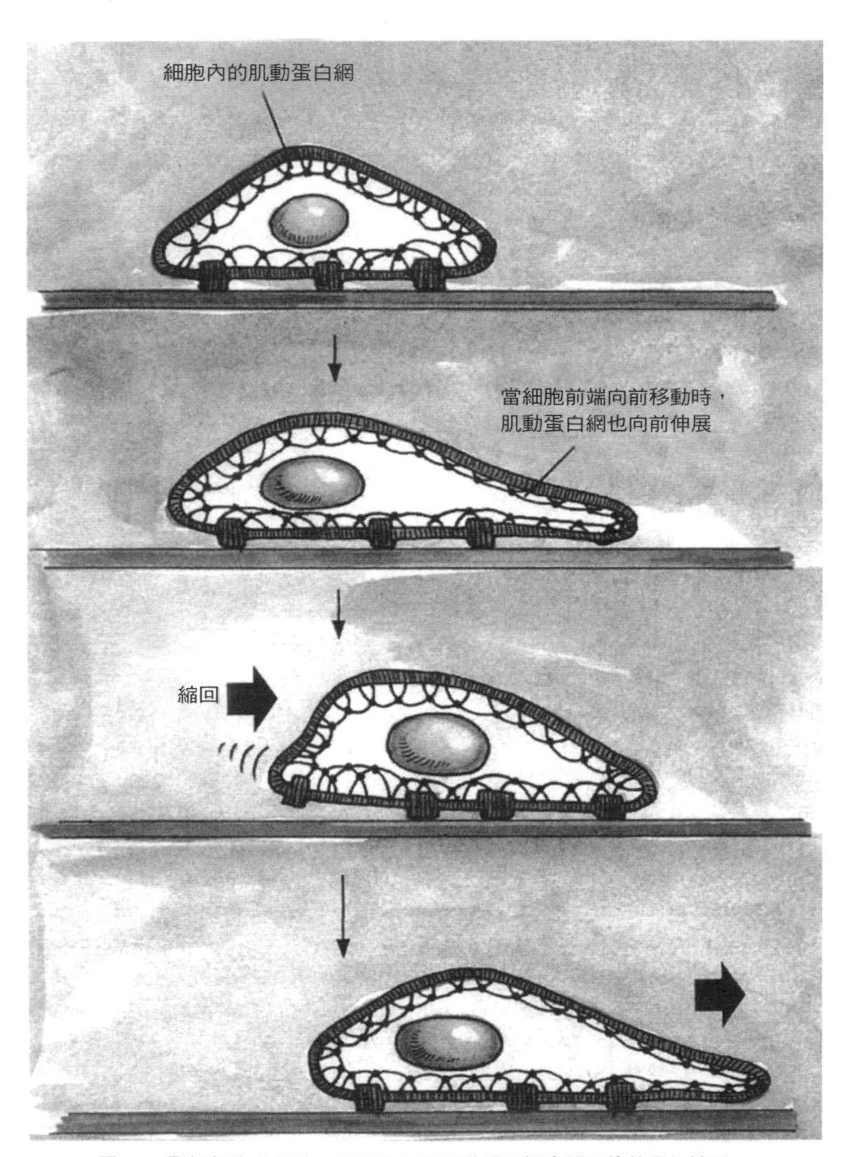

圖3-3　圖解細胞爬行時，肌凝蛋白與肌動蛋白網之間可能的運作情形。

細胞擁有某種智慧？

這樣的觀察和推測雖然簡單，但所蘊含的意義卻相當深遠。它顯示每個細胞可吸收外界環境的訊息，並反應在整個細胞協調的爬行能力上。

「我覺得這相當於某種形式的智慧，因此，細胞內必定有一個控制中樞，一個類似腦的結構，」西北大學醫學院的艾伯瑞胥比勒（Guenter Albrecht-Buehler）說道。艾伯瑞胥比勒是一名醫師，卻在數年前對細胞生物學興起了濃厚的興趣，並引進一些實驗方法，來探索那些主流派細胞生物學家視為是旁支末節、頗具煽動性、甚至鄙視為空想的生命問題。

艾伯瑞胥比勒辯解：「大部分的細胞生物學家只關心他們能在顯微鏡下觀察到的細胞結構，但在我認為那並不是最重要的。相反的，細胞能處理外界訊息，並產生整體連貫行為，才是最重要的研究課題。」這情形就好像想要瞭解電腦的運作，光是檢查硬體是不夠的，僅僅從電腦的晶片、鍵盤或磁碟機的外觀，無法得知整個機器的功能。要瞭解電腦，首先必須知道輸入電腦的訊息是什麼，這些訊息又是如何在電腦中傳遞，最後我們又可獲得什麼樣的結果。

於是艾伯瑞胥比勒對培養皿細胞的運動行為，做了許多觀察與實驗，以瞭解細胞是如何獲取周圍環境的訊息，又是如何反應。他發現，細胞的行為居然類似整個生物個體的行為。例如在一次實驗中，他將分離出來的小鼠細胞放入一個微小的迷宮，這迷宮是由鍍了一層薄金粉的載玻片所製成，這些黃金顆粒都遠小於細胞。然後艾伯瑞胥比勒在載玻片上，輕輕掃出一條條沒有黃金顆粒的路徑，製造出類似街道的圖案。當細胞被放置在這鍍金的迷宮時，它們沿著一條街道直直前行，直到遇到交叉路口，才停下來探索其他三條可能的路徑，接著細胞可能選擇轉彎，或是繼續沿著直線走。

細胞會展現出這種行走於街道的習性，並不是因為它們無法爬行在黃金顆粒上。這些黃金顆粒都是惰性無毒的，它們和細胞的大小相較起來，猶如沙粒對人之渺小。事實上，如果細胞被放置在鋪滿金粒而無街道圖案的載玻片上，在沒有其他的選擇下，細胞也會在金粒上爬行，甚至一邊移動一邊吞噬金粒，而在背後留下一條乾淨的路徑。

艾伯瑞胥比勒認為：「這並不是單純的自主行為，細胞正運用某種智慧形式，在探測過各種可能後，才展開行動。細胞似乎可從環境中獲取訊息，並消化處理這些訊息，細胞不會想同時往所有的方向移動。」如果你將細胞撕成碎片，許多支離的碎片仍會繼續四處爬行，宛如它們是一個小而完整的細胞。這些碎片雖可自主獨立的行動，但當它們是完整細胞的一部分時，卻會臣服在某種控制中樞之下，而艾伯瑞胥比勒稱這種控制中樞為「細胞的腦」——這使艾伯瑞胥比勒的同僚大為驚恐。

中心體——細胞的大腦？

艾伯瑞胥比勒認為細胞的腦既不是細胞核，亦非核內的基因。雖然所有的生物學家都承認，基因是所有細胞資訊的儲存中心，控制了細胞的化學反應和行為，但在細胞瞬時的反應中，基因卻完全是被動的角色。你可以將細胞核自細胞中取出，無核的細胞仍可繼續正常的行為，對外界環境做出適當的反應，直到用盡原有的蛋白質，而製造新蛋白所需的基因藍圖又已不在，此時，失去細胞核的細胞才會就此殞逝。

至於艾伯瑞胥比勒臆測的「細胞的腦」，則是一個目前科學家稱為「中心體」（centrosome）的複雜結構。中心體位於細胞核旁，是微管所形成的細胞骨架的聚集點，緻密的微管纖維就從中心體處延展至細胞邊緣的每一角落，艾伯瑞胥比勒喜歡將這些微管纖維比喻成「細胞的神經系統」。

如果艾伯瑞胥比勒的推論是真的，那麼接下來最大的謎題將是細胞自外界獲得訊息的形式。細胞的感覺器官是什麼？細胞有眼、耳或其他感覺器官嗎？當細胞接受這些外界訊息時，又是如何傳遞到中心體呢？細胞如何分析處理這些訊息？在細胞做了決定之後，又是如何執行這些決定？細胞如何通知肌動蛋白所架設的細胞骨架進行重新塑形的工程？顯然，細胞若想前後一致的運動，必定要有整合協調的能力。

大部分的生物學家猜測，這問題是由細胞內上千、甚至上百萬個大致上獨立進行的化學反應，所共同負責的。他們會說，由於細胞內的化學環境大致相同，使驅動細胞行為的化學反應自動朝相同的方向進行，造成有中樞控制的假象。這些專家還說細胞的智慧，散布在所有的分子身上，完全蘊藏在分子的形狀及化學特性中。

即使連艾伯瑞胥比勒也坦承，他還無法證實細胞是否真有中樞機制在控制行為，但他已找到一些初步且引人深思的線索，顯示在中心體裡的兩個造型奇特的圓筒狀構造，可能扮演了重要的角色。在所有動物細胞的中心體內（除了卵和沒有細胞核的細胞之外），都具有兩根稱為「中心粒」（centriole）的圓筒結構。所有的植物細胞則無此結構，除非是某些植物的精子，必須像人類的精子揮動尾巴，或如阿米巴蟲般、爬向它們授精的對象時，才會形成中心粒。中心粒的外觀像是由許多鉛管焊接而成，每根鉛管的結構事實上正和致動蛋白所走的微管軌道是相同的，但在這兒，生命將微管排列成不同的形式，其幾何結構精準得就像是有生命的東西一般。

中心粒實際上是由二十七根微管所組成，這些微管每三根連成一組，共分九組，平行排列著，沿著每組「微管三聯體」之間，則有一些小分子，將它們連接在一起，形成一個中空管。從橫切面看來，微管三聯體有如花瓣一般，管中隱約還有其他構造，但由於太小而無法在顯微鏡下看清楚，似乎像是由微管三聯體延伸出來，用以固定管中一些結構的軸輻。同時由於三聯體略為彎曲扭轉，當整個結構自側面看時，頗像理髮店前旋轉的霓虹燈。兩個中心粒則互相垂直，呈L型排列（圖3-4）。「這種共通的構造，絕不可能只是演化過程中意外造成的，」艾伯瑞胥比勒強調：「這種特殊的排列一定是為了某種目的，才形成的。」

圖3-4　細胞內最具神祕色彩的中心粒。外觀像是機械工廠製造出來的產品，主要是由一些短小的微管所組成的圓柱構造，而「微管三聯體」以稍微扭轉的方式彼此連接在一起。中心粒最為人所知的功能是協助「複製染色體」的分離。

中心粒——細胞的眼睛？

於是，艾伯瑞胥比勒作了細胞生物學界最大膽的假設，他認為中心粒可能就是細胞的眼睛。根據他計算的結果，每組中心粒都有絕佳的幾何方位，去感受來自任何一點的電磁輻射，例如由其他細胞散發的微弱紅外線訊息（也就是熱源）。三聯體間的空隙和些微傾斜的角度，還有兩個中心粒互相垂直的排列方式，在在都符合做為一個探查其他細胞方位的偵測器的條件。除此之外，還有一項或許與這想法相關的現象，就是每當細胞移動時，中心粒一定被安置在細胞核前，正對細胞行進的方向。

艾伯瑞胥比勒承認，他對細胞可能如何處理這些訊息，毫無概念。但他提到細胞生物學家在觀察細胞爬行時，發現當兩個路過的細胞接近至一定距離時，通常會變更行程，而改朝對方前進，並迅速向對方伸出偽足或皺摺。細胞似乎可感應到對方的存在，它們會互相試探一番，然後經常是各自後退，再分道揚鑣。

中心粒以及由中心粒輻射出來的微管，還曾被更大膽的與生命最複雜難解的現象——意識，扯上關聯。例如特立獨行的克里克（雙螺旋的發現者之一）及研究黑洞與相對論的英國物理學家潘若斯（Roger Penrose, 1931-），都曾論及中心粒可能為意識之媒介的觀點。他們同樣也無法提出直接的證據，也同樣引用「細胞協調性的運動，即是它們具備訊息處理能力的最佳證據」為論點。他們注意到中心粒獨特的性質，並大膽假設從中心粒輻射出來的微管，有如腦細胞內的迷你神經系統。

如果微管真有此能力，將使原本就已錯綜複雜的神經組織，更加撲朔迷離。

微管——意識的基礎？

雖然克里克及潘若斯都不曾企圖去瞭解微管如何可產生意識，但他們曾引述這些長纖維的一些有趣特性，顯示微管可做為細胞內的訊息傳遞者，有著類似電腦線路的功能。由於微管是由許多次單元次單元（subunit，即微管蛋白）組成的聚合物，每一個微管蛋白都受其分子結構上一個極易脫離的電子所影響，而可在兩種不同的形狀中變換。

至於微管蛋白傾向哪一種形狀，又會受到相鄰分子的影響。因此如果有一個微管蛋白轉變成另一形狀，相鄰分子也會跟著改變，於是一連串的形變就在微管中蔓延開來，造成一自由電子，自纖維的此端傳到彼端。這正是一種電，這和電線中的電子流動很類似。微管蛋白裡的自由電子與電線中的電子，行為都遵守量子力學的原理，因此使科學家認為渺小的微管，即是意識的基礎。毫無疑問，如果有一天人類真可解釋意識這現象，恐怕也是在很遠的將來。在那之前，像「細胞是如何產生協調機制」這種較能夠立即去探索的問題，將繼續是細胞生物學中的熱門研究領域。

因為細胞運動的能力，攸關人類的健康或疾病。從胚胎發育開始，細胞就翻山越嶺、鑽岩走壁似的，爬越整個胚胎，直到抵達它們未來將發展成特化組織的目的地。我們一生當中，體內都有若干種細胞不停穿梭來往。例如四處巡邏、吞噬入侵細菌或老死細胞的巨噬細胞；還有爬行在骨骼中，清除舊沉積、重建新結構的骨骼雕塑家；當我們在學習新事務、新技巧時，則有神經細胞不斷伸出觸手，以連結大腦和神經系統網路。

細胞移動的能力更是癌症最根本的問題所在。只要癌細胞仍待在其祖先開始繁殖的地方，此時腫瘤尚稱良性；最怕的是癌細胞一旦獲得移動的能力，就可自相鄰的腫瘤細胞間逃脫，隨意在人體內漫游、散播，並在其他器官種下新的惡性腫瘤。如果醫師能找到根除腫瘤細胞轉移的方法，將可掌握對抗這種人類惡疾的超強武器（我們將在第 12 章詳細探討癌症）。

還有一個使細胞生物學家汲汲於探索細胞運動之謎的原因，正如前一章所述，自主性的運動傳統以來，一直被視為生命的標記之一，是使細胞有別於宇宙萬物的特質。只有活細胞才有能力旅行到新地方。

若從更深的角度來看，這些現象顯示細胞不僅是行為的基本單位，也是意志的基本單位。它能對周遭環境有所反應，並以具體行動表現出來。

當巨噬細胞捕食細菌時、當胚胎細胞循著一些化學訊息遷移至其他部位時、當癌細胞轉移時，它們全都不過是一群分子的集合，遵循著物理和化學的基本定律。然而正是這些基本定律，給予了細胞移動能力，也賦予了細胞生命。

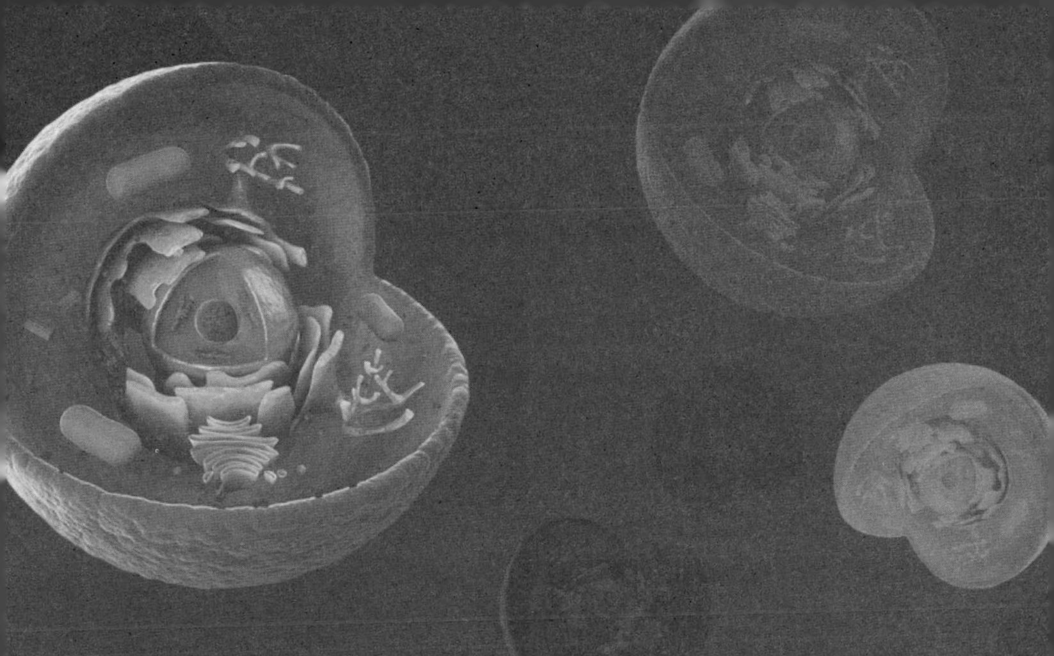

第4章 假如細胞像客廳

在這間想像中的細胞客廳內，

從左牆到右牆，

從地板到天花板，

都塞滿了各式各樣的胞器。

想像你現在所在的房間是一個超級巨大的細胞，你正安閒舒適的坐在椅中，輕鬆環視著細胞的內部。如果你現在正位於一間大小適中的客廳，那麼儲存著遺傳藍圖的細胞核，大約就如一輛金龜車的大小，讓我們假設它正停在你左手邊的牆角吧。

繽紛的細胞客廳

把細胞想像成客廳，這樣的場景將在本章及下一章出現數次，這有助於我們能在較熟悉的尺度下，瞭解細胞內部繁複的結構和運作情況。畢竟，真正的人類細胞實在非常微小，以你現在所見的這個小點・為例，就可容納二百五十個細胞，肩並肩的排列在一起。

讓我們仔細看看手指上那細小的指紋，每一條溝紋大約是二十個細胞的寬度。一塊一平方英寸（2.54 公分 × 2.54 公分）大小的皮膚，光是表層就有一百萬個以上的細胞。然而並不是所有的細胞都這麼微小，例如細胞大小的紀錄保持者——鴕鳥蛋，單單一個卵細胞就比葡萄柚還大。人體內也有一些相當大型的細胞，例如肌肉細胞，纖維可伸展三、四公分長，比這更大的還有自脊髓延伸到手指或腳趾的神經細胞呢！

然而絕大多數的細胞，包括人體內大部分的細胞，都是非常微小的，使我們很難去想像在這超級小人國尺度下，細胞內部真實的情形。細胞生物學家利用放大倍率極高的顯微鏡來解決這個問題，並可照出宛如拍攝客廳景物般清晰詳細的畫面。

為了解釋細胞內各種物質之間的作用，常需以繁瑣的文字來描述，事實上，細胞內部的運作和堆砌樂高積木是一樣的，如果你能親眼目睹，那要比閱讀一串冗長的描述容易多了。且讓我們把細胞放大約三十萬倍，想像一個如客廳般大的細胞——在這樣的視覺比擬下，或許可使我們較容易瞭解生命是如何運作的。

就像所有的細胞，在這一間想像中的細胞客廳裡，從左牆到右牆、從地板到天花板，都塞滿了各式各樣的胞器。這間細胞客廳也和真實的細胞一樣，幾乎可以忽略重力的影響，許多物質像是處在失重的太空中飄浮著；有些物質則黏附在胞器或膜的表面，並隨之漂移；在金龜車大小的細胞核旁，大約有半打的懶骨頭靠椅，疊成一堆，並輕柔的在空中波動。當然，所謂的空中，其實是指細胞內的液體，由於液體內充滿了分子及各種結構，使它感覺起來有些濃密、黏稠，像果凍一般。

充斥著繩索、熱氣球、彈珠

每隔一段時間，就會有一些大約高爾夫球大小的氣泡，自那疊懶骨頭靠椅中冒出，緩慢漂浮，直到撞上延伸至牆端的繩索，氣泡才突然開始飛快的在繩索上滑行起來，直朝著牆壁前進。這些氣泡正是我們在第2章認識的細胞囊泡，而負責載送囊泡的可能是致動蛋白馬達分子。在這間客廳裡織滿了密密麻麻的繩網，有些繩索直直延伸，有些則像樹枝般長出分枝，還有些細繩在纏繞細胞核一番後，延伸到牆上的固定點，也有些繩索像電話線一般沿著牆壁走，每隔一段距離就被釘住。

在細胞客廳中，還可見到許多香腸狀的物體，有些也連在馬達分子上，沿著繩索滑動。更有許多像漏了氣的熱氣球，鬆散的摺疊著，上面還黏了數千顆彈珠呢！這些熱氣球層層包裹著金龜車般的細胞核，幾乎快把細胞核給隱藏起來。那些纏繞在細胞核外的細繩只好從氣球上的小洞，或層層間隙中鑽出。另外更有數以百計的葡萄柚和一些棒球，盤旋、漂浮在整間客廳。

在真實的細胞中，上述的物體除了細胞核外，生物學家統稱為「細胞質」。裡面的物體擠得密密麻麻，使生物學家在檢視細胞內部時，無法看得太仔細。幸好這個想像中的場景，容許我們先跳過一些結構，待適當時機再回頭造訪它們。

細胞膜——最活躍的胞器

首先讓我們將焦點瞄準象徵最外圍牆壁的細胞膜。細胞膜有時又稱為「原生質膜」(plasma membrane)，就像皮膚包裹著人體一樣，細胞膜環繞著整個細胞，形成細胞對外的疆界。即使在這樣放大來觀看的尺度下，細胞膜並不比皮鞋的皮革還厚，但它卻是細胞最重要、也最活躍的胞器。

細胞膜上有數千個門房分子，包括受體、小孔、或離子通道(channel)等結構，每個門房負責迎接或送走特定的分子進出細胞(圖 4-1)。例如排列在小腸壁上的細胞，它們的門房分子會決定要將哪些消化產物送至血流。又如免疫系統中的某些白血球，會因愛滋病毒玩的一些小把戲，而誤吞這些病毒。(愛滋病毒 HIV 的外套膜蛋白，可與免疫細胞上的受體結合而進入細胞。)

所有細胞的原生質膜，都控制著養分、荷爾蒙、以及其他分子進入細胞。同樣的原生質膜也調節代謝廢物或新合成的物質，由細胞輸出至鄰近區域。例如婦女乳房中的細胞在分泌乳汁到乳腺時，或是胰臟細胞將胰島素釋放至血液時，都需要細胞膜的調控。

細胞膜運作機制的瞭解，促成醫學界數次重大的進展，包括研發治療心臟病的貝他阻斷劑(β-blocker)，或是降低血膽固醇的洛伐他汀(Lovastatin)。還有一種對抗愛滋病的新藥，同樣也是利用細胞膜的特性，將某種可殺死細胞的化學物，連接在專與被感染細胞結合的分子上。

待我們對細胞膜有多一點認識時，再回頭來討論這些醫學界的進展。

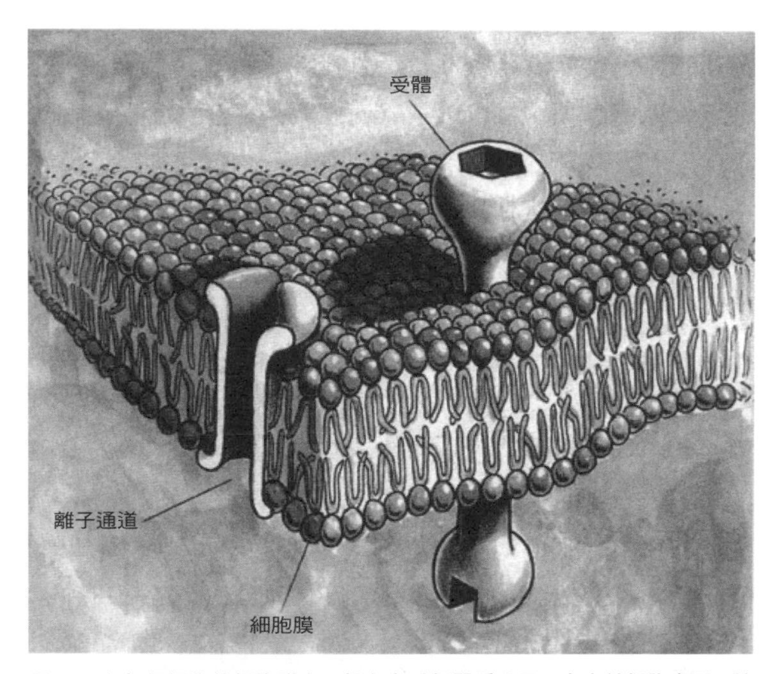

圖4-1　在每個細胞的細胞膜上，都有上千個門房分子，突出於細胞表面，控制特殊分子進出細胞膜。其中有些為受體，在與具有特定形狀的外來分子結合後，會啟動細胞內的一些反應，或將分子拉進細胞。其他的門房分子包括離子通道、離子幫浦之類的蛋白質，它們負責管理小分子的流通。

細胞膜是由無數相當微小且具有頭尾端結構的分子——磷脂質（phospholipid）組成的。位在分子頭端的是親水性的磷酸分子，而尾端則由疏水性的脂質構成（油就是由脂質構成的，難怪它與水不相容）。如果沒有磷脂質這種獨特的化學性質，生命幾乎不可能存在。若將一團磷脂質丟入水中，你將會看到很有趣的現象：這些分子自動組織成雙層薄膜，讓親水性的頭部向外接觸水分子，而使排斥水的脂肪部分，以尾巴對尾巴的方式包埋在內部（圖 4-2）。

雙層薄膜還會進一步彎曲成球形，球心則充滿了水，使疏水性的尾部不會有任何一角被沾濕。雖然磷脂膜非常薄，但由於磷酸之間的吸引力極強，使得整個結構不會輕易破裂。

除此之外，細胞膜中還添加了膽固醇，也就是營養專家建議我們少吃一點的東西，更增加了細胞膜的堅固性。雖然血液中過高的膽固醇對健康不是什麼好事，但它卻是所有細胞的生存必需品。膽固醇的結構也具有一端親水性和一端疏水性的兩極特性，但由於親水性的頭部很小，使它可輕易在雙層膜中翻轉。細胞膜內的膽固醇含量愈高，細胞膜就愈強固。

當科學家在注射細胞時，常可見到尖銳的玻璃針頭造成細胞膜深深凹陷的景象，有如以手指壓按漲大的氣球一樣。然而當針頭刺進細胞的一剎那，細胞並不會像氣球「砰」的一聲爆開，而會在針

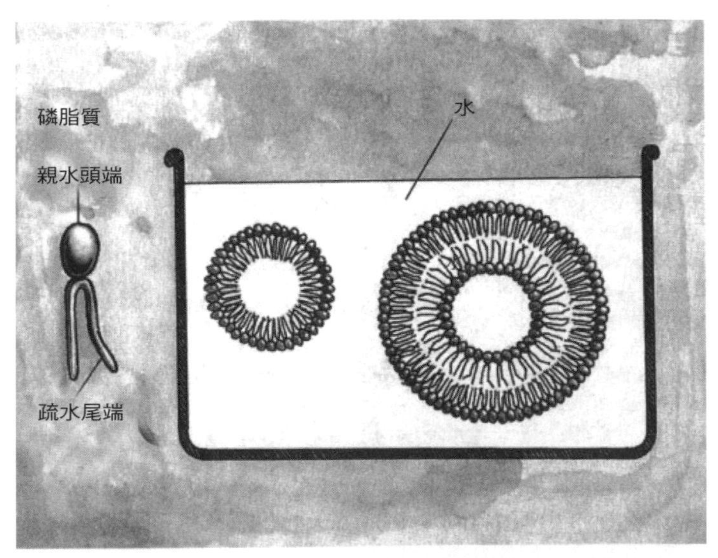

圖 4-2　所有的生物膜都是由無數磷脂質所形成的雙層膜，由於磷脂質分子的化學特性，使它們在被放入水中時有一定的行為：磷脂質分子會聚集形成一層油脂，或閉合成球體構造，使親水性的磷酸頭端可接觸水分子，而疏水性的脂質尾端則遠離水分子。

頭離開後馬上密合，恢復原本的完整性。細胞膜這種顯著的特性，使生物學家得以從事各種實驗，例如注射不同的物質，以改變細胞內部的結構或行為，也可讓特定的胞器染色，使它們在顯微鏡下易於追蹤（科學家甚至可注射 DNA 來改造基因）。

生活在地球上的所有細胞，以及細胞內的胞器，均包裹在這雙層磷脂膜中。就連細菌這種簡單的生命形式，雖然沒有胞器內膜，但外緣同樣環繞著相同的結構。

細胞膜上的門房分子

許多在生命過程中扮演重要角色的物質，都無法隨意穿透細胞膜，而需靠膜上特殊門房分子的幫助。這些門房分子透過不同的作用機制，控制細胞膜內外的物質流通。在這些門房結構中，有些是由蛋白質構成的簡單通道，可以讓包括水分子在內的小分子滲入細胞；其他較複雜的，則有負責養分攝取的載入口，或將帶電離子如鈉離子、鉀離子和鈣離子，載入或送出細胞的幫浦。

當然，還有許多愈來愈受重視的受體。有些受體會將經過的分子猛然拉入，以供細胞之需。還有些受體會將遠道而來的分子，無情的拒絕於細胞外，但自身卻產生結構變化，以釋放或活化細胞內部的「次級傳訊物質」（second messenger）。因此，那些遠道而來的分子就扮演外來訊息的角色，而細胞膜上的受體則將外來訊息轉換成另一種形式，就好像麥克風一樣，將聲波放大轉換成電波訊息。

細胞內次級傳訊系統的研究，已使我們瞭解流行於第三世界的霍亂的成因。當人們因誤飲汙染的髒水而遭霍亂弧菌感染後，霍亂弧菌所製造的某種毒素，在進入小腸壁細胞後，會激起小腸壁細胞一連串的化學反應，細胞內某種次級傳訊物質將會維持在異常的高濃度狀態，最後使小腸壁細胞膜上某一受體，鎖定在「打開」的狀況，促使細胞將水分泌到小腸中。當霍亂病人的消化道細胞都同時排水時，會造成嚴重腹瀉。病人將因血液中大量液體及溶解物質的流失，引發電解質（例如鈉離子和鉀離子）過度失衡及脫水，最後導致死亡。

這些簡單的通道在厚約零點六公分的細胞客廳的牆上，比釘孔還小呢！就算是較複雜的受體或其他結構，也不及一個釘頭大。這些受體、離子通道、或養分載入口的數目，則會依細胞的特別需要而有所不同。

大部分細胞的膜上都有數萬個、有時數十萬個受體，埋在細胞膜中。這些蛋白質能嵌於膜上，是因為它們的結構同樣也有親水性及疏水性的區隔。雖然蛋白質外形呈不規則狀，但一旦置於細胞膜旁，彼此之間的作用力就會像磁鐵吸附釘子般，將蛋白質疏水性的部位，固定包埋在磷脂質的疏水區域中，而親水性的部分則從膜的內外兩側伸出。有些受體的疏水性及親水性區域，則是交替出現，使它們能穿梭於細胞膜數次。

細胞膜另一個有趣的特性是：它不像客廳的牆是固定不動的，細胞膜上大部分的區域都是可流動的。如果你在牆上釘一根釘子，釘子會一直留在原處；但若將受體插入細胞膜中，受體卻會如池塘中的浮木般四處漂流。生物學家稱細胞膜為「流動的馬賽克」。換句話說，磷脂質分子就像馬賽克磁磚，總是維持在同一平面，但彼此卻可相互移動。任何包埋在膜中的物質亦可滑動，就像一名急著赴約的行人，在摩肩接踵的人群中，仍可腳不離地的向前行走。

因應受體特性而開發藥物

瞭解了細胞膜的特性之後，現在就可回顧一下醫學界如何運用這些知識，增進人類的福祉。在心肌細胞的細胞膜上，有一種專門辨識腎上腺素的受體，這是一種稱為「非戰即逃」(fight-or-flight) 的激素（荷爾蒙），每當人體處在有壓力的狀況下，體內便會製造這種激素，以調整各器官的運作。腎上腺素的效能之一，是加快心搏速率，然而對罹患心臟病的人來說，加快心跳卻是一件相當危險的事。

於是，研究人員開發了一種化學結構類似腎上腺素的分子，它可以霸占受體，使之無法與真正的腎上腺素結合，但卻不會啟動受體的次級傳訊系統。由於這種分子的作用對象為貝他腎上腺素受體（腎上腺素受體因胺基酸序列及化學特性的不同，可再細分成許多亞型，貝他即為其中一種），因此這藥劑就稱為「貝他阻斷劑」。

目前有上百萬人服用此種藥劑，除了心臟病人之外，也有些健康的音樂家、演說家、或其他表演者，當他們在臺上時，可能會因分泌過多的腎上腺素而引發嚴重的怯場。若能用藥物阻斷腎上腺素受體的反應，表演者就可從容鎮定的完成演出。

另外，降低血膽固醇的洛伐他汀，也與細胞膜上的受體有關。細胞所需的膽固醇主要有兩個來源：細胞可經過一連串化學反應，自行合成膽固醇，也可吸收食物中的膽固醇，經由血流運送，再透過細胞膜上的受體進入細胞。

洛伐他汀則可阻礙細胞合成膽固醇的化學反應。當細胞感到自己所製造的膽固醇不敷使用時，便轉而生產較多可攝取膽固醇的受體，以抓取血流中的膽固醇，彌補細胞所需的量。如此一來，也就減少了血膽固醇堆積在動脈壁的機會。

這項發現為兩名德州大學遺傳學家——布朗（Michael Brown, 1941-）及古德斯坦（Joseph Goldstein, 1940-），贏得了 1985 年的諾貝爾生理醫學獎。他們在 1970 年代早期，雙雙對罕見的家族性高膽固醇血症（familial hypercholesterolemia）發生興趣，而進一步展開了合作研究的關係。

高膽固醇血症是一種遺傳疾病，病人可分兩種不同的形式：較輕微型的病人大約在四、五十歲時，會因心臟病發而身亡；嚴重的一型則在病人青少年期，甚至更早時，就襲擊受害者。曾有一名孩童在六歲時就心臟病發作。

問題的根源在於病人血液中膽固醇含量出奇的高，這些多餘的膽固醇便堆積在動脈壁上，造成血管逐漸變窄，直到最後，一塊該死的血塊堵塞了狹窄的通道，阻斷了所有的血流。如果阻塞的現象是發生在運送氧至心肌的冠狀動脈，將導致心肌梗塞，受影響的心肌因缺氧而窒息死亡，將嚴重威脅病人的生命。

這類現象同樣也可能發生在正常人身上，尤其是老年期。不幸遺傳到高膽固醇血症的人，年紀輕輕就發病。根據統計，全世界每五百個人當中，就有一名罹患輕微的高膽固醇血症，嚴重型的較為少見，平均每一百萬人當中會有一名受害者。

細胞如何攝取膽固醇？

布朗及古德斯坦兩人發現，細胞攝取膽固醇所用的受體，並不是針對膽固醇分子，而是辨識血液中負責運送膽固醇的低密度脂蛋白（LDL, low density lipoprotein）。LDL 常被描述成「不好的膽固醇」，其實它並不是膽固醇，而是膽固醇的載運者。LDL 之所以如此惡名昭彰，是因為它除了載送膽固醇至細胞，還會將膽固醇堆積在動脈壁，任其蓄積、阻塞血管。

相對於 LDL，則有所謂的「好膽固醇」，它是可將膽固醇由動脈壁上移除的高密度脂蛋白（HDL）。

布朗及古德斯坦不僅發現細胞具有 LDL 受體，還進一步鑽研出 LDL 受體獨特的運作方式。再次顯示毫無意識的分子，其實具備了完成複雜任務所需的一切訊息和能力。LDL 受體就像所有的受體一樣具有專一性，其位於胞外的結構，恰可與 LDL 的形狀吻合。當受體胞外結構與攜帶膽固醇的 LDL 分子結合時，受體因而改變本身的形狀，使突出胞內的結構可與漂浮在細胞內的另一種蛋白質結合。

在細胞內部，可與 LDL 受體結合的蛋白質，稱為「網格蛋白」（clathrin），外形酷似賓士轎車的三星標誌。在適當的條件下，這些分散的三星結構可自動相接，以正確的角度組合成網格構造。當愈多三星狀的單元加入網格構造時，將使整個結構彎曲，最後形成球體，很像美國建築師富勒（Buckminster Fuller, 1895-1983）所設計的多面體球頂建築（geodesic dome）。這種圓球結構非常堅固。

然而網格蛋白這一連串相接的現象，卻僅在網格蛋白與受體分子尾端結合時，才可發生。受體與網格蛋白的結合，又必須先有受體的胞外結構抓住 LDL 分子，並改變受體形狀。當受體抓住了胞外的 LDL，胞內的尾巴也就連上了三星結構的網格蛋白，接著這些受體開始在細胞膜上聚攏（還記得，生物學家稱細胞膜為「流動的馬賽克」吧），並將網格蛋白相互拉近連接，開始形成特有的網格球體。由於網格蛋白之間的鍵結實在太強了，將不斷拉扯細胞膜，使得細胞膜向內凹陷，形成「網格蛋白被覆小窪」（clathrin-coated pit）。

如果從細胞客廳的角度來看，彷彿是有人嘗試從房外，將一只高爾夫球推進細胞中，而使細胞膜由起初的一個微陷的小窪，逐漸形成半球形的凹坑，並繼續深陷成球形，最後高爾夫球以被細胞膜包裹的方式，進入細胞，形成囊泡，開始自由的在細胞內飄蕩，而細胞膜也完好如初的癒合了。

但這高爾夫球是虛擬的，只是為了幫助你瞭解被覆小窪和「網格蛋白被覆囊泡」(clathrin-coated vesicle)的形成過程。如前面說過的，形成被覆小窪的力量不是來自細胞膜外面，而是受到細胞膜裡面的網格蛋白的拉扯。所以，網格蛋白被覆囊泡的最外層是網格蛋白所形成的網格構造，向內一點則是剛自細胞表面撕下的膜，膜上還鑲嵌有 LDL 受體，球心則裝載著攜帶了膽固醇的 LDL。這些一度位在細胞外的分子，如今都落入了細胞內部的網格蛋白被覆囊泡中，等待細胞進一步的處理(圖 4-3)。

然而，布朗及古德斯坦之所以能贏得諾貝爾獎殊榮，並不僅是因為他們發現了細胞攝取膽固醇的方法，同時還因為他們解釋了這些機制如何影響家族性高膽固醇血症。由於高膽固醇血症病人的 LDL 受體帶有缺損，使他們的細胞幾乎無法攝取膽固醇，血液中殘留了太多膽固醇，使病人年紀輕輕即已動脈阻塞。至於病人的 LDL 受體為什麼會有缺損，則是因為遺傳到缺陷基因所致。(在下一章，將專題討論基因是如何主宰生命的現象。)

許多細胞生物學家推測，網格蛋白的作用機制可能是細胞進口胞外分子的主要方法。目前已知像胰島素或促進細胞繁殖的生長因子，都是透過相同的機制進入細胞。

細胞就像生物一樣，需要進食，以維持生命。擔任「細胞的嘴巴」是細胞膜重要的工作項目之一。例如第 3 章提到的巨噬細胞，在人體內的主要任務就是吞食細菌和壞死的細胞、或其他入侵者。當巨噬細胞欲吞下眼前的美饌時，會將獵物逐漸包攏在細胞膜中，然後閉合形成一小囊，稱為「胞內體」(endosome)。接著胞內體自細胞膜上裂開，向細胞內部移動，細胞膜則在瞬間癒合。這就好像當你手指與手掌中握有一枚硬幣，假設此時兩者融合在一起，那麼硬幣便自然進入了你的體內。

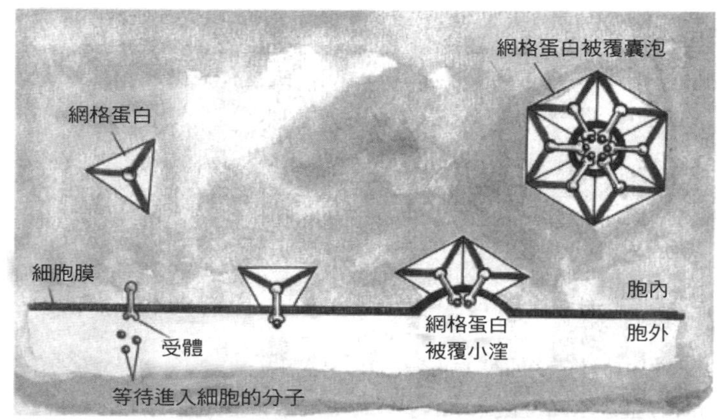

圖4-3 (a)

圖4-3 (b)

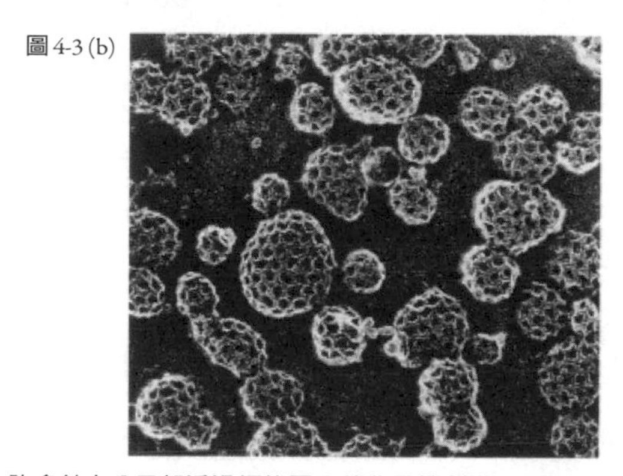

圖4-3 （a）許多外來分子都透過網格蛋白的作用機制進入細胞。當外來分子與受體結合時，會改變受體細胞內端的結構，使網格蛋白可與之結合。由於網格蛋白相互鍵結的力量，使細胞向內凹陷，最後細胞膜閉合成囊泡，而包裹在囊泡中的外來分子也隨之進入細胞。（b）顯微鏡下的網格蛋白被覆小窪。（照片摘自1980年細胞生物學期刊84卷第560頁，經Rockefeller大學出版社授權使用。照片由John Heuser教授提供。）

細胞的胃——溶體

當巨噬細胞將食物整個包裹在胞內體後，向內移動的小囊便在細胞內部漂流，直到遇上「細胞的胃」——溶體（lysosome）。溶體同樣也是由雙層磷脂膜環繞而成，球體內則裝有五十幾種消化酵素。有些酵素可分解蛋白質，有些酵素專門攻擊脂肪，還有些酵素將構成 DNA 和 RNA 的核酸大卸八塊。如果這些腐蝕性甚強的酵素湯不慎外洩，後果將不堪設想，甚至連細胞都會被分解殆盡呢！

所幸細胞在正常狀況下能避免這種情形發生，因為溶體的酵素必須在酸性環境下，才可作用（酸鹼度大約和番茄汁的酸度相同，pH 值為 4.8），而細胞質的酸鹼度則和自來水接近，呈中性或略偏鹼性（pH 值 7.0 到 7.3）。但細胞這層防護措施有可能失效，例如窒息或溺水時。當細胞處在缺氧狀況下，細胞質會轉變為酸性，一旦酸鹼度降低至一定程度時，包裹溶體的膜便會破裂，釋出酵素摧毀細胞。

腦細胞在缺氧時，尤其首當其衝，一連串破壞性的化學反應在呼吸停止四到五分鐘之內，就已展開，使得窒息者或溺水者很快斃命。然而就像所有化學反應一樣，反應速率與溫度是息息相關的，溫度愈低，反應愈慢。而且低溫還可降低代謝速率，因而降低氧的消耗，這就是為什麼落入冰水中的人，可能在呼吸停止了半小時之後，仍有生還的機會。

假設你正坐在那剛飽餐一頓的巨噬細胞內，你將會看到大約有一百個從葡萄柚到籃球般大小不一的溶體，還會看到形如義大利臘腸的胞內體，裡面躺著那隻不幸的細菌。胞內體自客廳的牆邊往房內移動，直到撞上溶體。由於兩個胞器的膜上都配備有辨識對方的接泊蛋白，因此就像兩滴水珠一樣，很快融合成更大的囊泡。而細菌也就被丟入溶體的消化液中，肢解成分子單元。

細胞的消化過程其實就是將長鏈之間的鏈結解開。許多生命的基本分子，像蛋白質或 DNA，都是由更小的次單元或單體重複串連而成的聚合物。例如蛋白質是由胺基酸所組成；攜帶遺傳訊息的 DNA 和 RNA 分子是由核苷酸所組成；其他還有澱粉之類的碳水化合物，則是由單糖連結而成。即使脂肪並不屬於聚合物，溶體仍有酵素可將它分解成更小的脂肪酸。不消多時，剛接收下細菌的溶體就成了一池富含次單元的雜燴湯。細胞再利用這些次單元為基本建材，合成自己所需的新分子。

至於內含膽固醇和LDL分子、外裹網格蛋白的被覆囊泡，同樣交由溶體消化處理。當被覆囊泡進入細胞後，最外層的網格蛋白首先從囊泡上移除，將三星結構回收使用，以形成新的被覆囊泡。LDL受體則聚集在囊泡的一角，很快從囊泡中脫離，送回細胞表面，重新鑲嵌回細胞膜上執行任務。最後只殘留LDL和膽固醇的囊泡，才與溶體結合，將LDL分解成胺基酸，而膽固醇分子則可直接用來建構細胞膜。

但溶體的運作並非永遠保持在良好狀態，一旦它的營運失常，對人體將造成嚴重的災害。例如戴—薩克斯症（Tay-Sachs disease，又稱家族性黑矇失智症）的病人，就是因為遺傳到帶有缺陷的酵素基因，使溶體內的分解酵素無法正常運作，或根本不含有酵素，造成大量未分解的分子囤積於溶體中，使溶體變得愈來愈腫脹，直到腦細胞被噎死。遺傳到戴—薩克斯症病人，最後就由於太多的腦細胞死亡，腦部嚴重受損，而在嬰幼兒時期就夭折了。除此之外，其他至少還有二十多種疾病，與溶體的囤積現象有關。

養分運輸系統

人體內大多數的細胞，都無法像巨噬細胞一樣追蹤獵物，也從不曾享用過細菌這種珍饈美饌。它們必須仰賴養分運輸系統，將消化道所攝取的豐盛食物，由血液運送至細胞。它們的溶體比較像是資源回收中心，將細胞內損壞、老舊的胞器，或自血液吸收而來的養分，重新分解利用。

由於消化道具有可分解蛋白質、碳水化合物、脂肪等大分子的酵素，因此細胞可直接攝入已分解完全的胺基酸、葡萄糖和脂肪酸。血液則將這些養分，透過分支再分支的密布血管網路，盡其可能的靠近每個細胞。人體內最細的血管——微血管，非常緻密的散布在身體組織的每個角落，使細胞距離血流不超過三、四個細胞的厚度，養分即可由微血管中滲出，擴散至鄰近的細胞間隙，為細胞吸收利用。

不過，細胞還有更積極的運送方式。試想像你所處的細胞客廳是構成微血管壁的細胞，在你左手邊的牆（細胞膜）外，就是潺潺的血流，而右手邊則有個無法直接獲得血液補給的飢餓細胞，你所處的細胞必須做為中介者。只見鄰近血流的左牆，突然向內凹陷，造成了一個葡萄柚大小的囊泡，細胞膜繼續向內膨脹，直到囊泡自細胞膜上裂開，脫離形成了胞內體；在胞內體的小球中，則裝載了血液中的豐富養分。胞內體開始向你右手邊的牆面移動，與細胞客廳內的溶體擦肩而過，最後融入右牆中，將胞內體中的養料一股腦兒傾倒在細胞間隙中，讓那些遠離血流的細胞也能獲得滋養。

離子幫浦與通道

這些由血液送來的養分，則透過鑲嵌在細胞膜上的門房分子或載入口，進入細胞。以葡萄糖載入口為例，這是一種蛋白質，其突出於細胞外的部分，具有能與一個鈉及一個葡萄糖結合的部位。在此，鈉離子扮演重要的角色：一旦鈉與此部位結合後，會驅動載入口蛋白質結構的變化，使蛋白質在扭轉之下將葡萄糖拉進細胞中，順便也將鈉拖進去，於是細胞同時吃下了葡萄糖和鈉離子。

細胞膜上也具有胺基酸載入口，而且不同的胺基酸分子會有自己專用的載入口。它們運作的方式與葡萄糖載入口類似，每回細胞攝入一個胺基酸分子，也會有一個鈉離子伴隨進入。

進入細胞內的葡萄糖和胺基酸，可提供細胞生長所需的建材，或成為細胞的能量來源。但尾隨進入的鈉離子，卻是細胞一項棘手的問題，倘若有過量的鈉離子堆積在細胞中，將會危害細胞。細胞必須利用鈉離子幫浦，將剛進入細胞的鈉離子，盡快再丟出細胞。鈉離子幫浦的作用，不僅舒緩了細胞內鈉離子堆積的麻煩，還一舉兩得，解決了細胞的另一個難題：鉀離子的流失。由於細胞內鉀離子濃度高於胞外（鈉離子恰好相反），細胞膜上又有鉀離子通道，於是就像水往低處流的道理一樣，鉀離子很容易就從細胞中流失。

鈉離子幫浦運作時，每丟出三個鈉離子到胞外的同時，就會引進兩個鉀離子至胞內，將細胞流失的鉀離子補充回來。細胞就這樣巧妙結合了養分的載入及離子的平衡：葡萄糖或胺基酸分子利用鈉離子有往細胞內移動的趨勢，順勢進入細胞，再靠鈉—鉀幫浦的作用，使細胞內的離子濃度恢復正常。由於鈉—鉀幫浦在運送離子時，是逆著離子濃度的趨勢，有如逆水推舟般，因此必須消耗細胞的能量，也因而被稱為幫浦。（細胞膜在運送分子時，不需消耗能量的，一般稱為「通道」，會耗能的則稱「幫浦」。）

鈉—鉀幫浦除了可幫助細胞攝取養分之外，它和類似的鈣離子幫浦還擔負了細胞的另一重任：維持細胞正常的電位。所有的細胞都帶有一定的電荷，並利用這些電荷來達成不同的任務。例如神經細胞在傳遞訊息時、肌肉細胞在收縮時、刺激腺體細胞分泌時，甚至精子與卵結合時，都需靠電荷快速的改變來完成。而神經學家所利用的腦波圖（electroencephalogram），就是利用類似雷達接收器的裝置，來記錄大腦中數兆個細胞在傳遞電脈衝時所產生的電磁波。心臟學家則有心電圖（electrocardiogram）來記錄心臟的活動。當細胞運作失常時，器官的帶電特性也會因而改變，透過這些儀器的記錄，可幫助臨床診斷相關器官的疾病。

心臟的跳動更是依賴電荷的傳導。當心臟細胞失去調節電荷的能力，而心跳又微弱不規則時，即為所謂的「心律不整」。這種心臟的毛病已殺死許多人，甚至一些健康情況看來良好的運動員。如果他們的鈉—鉀幫浦運作得較好的話，或許可以避免這樣的危險。

然而鈉—鉀離子幫浦所需的能量從何而來呢？當養分在進入細胞後，又是如何轉換成細胞可用的能量？由於葡萄糖是細胞主要的能量來源，就讓我們以葡萄糖為例，看看細胞產生能量的機制吧！

細胞的發電廠——粒線體

葡萄糖的能量儲存在連接原子與原子之間的化學鍵中，當原子間的鍵結存在時，能量就妥善的保存在內。當化學鍵遭打斷時，能量也就自然釋出。

葡萄糖所富含的高能化學鍵，來自植物的光合作用。在光合作用過程中，二氧化碳（含碳和氧）和水（含氫和氧）在太陽能的驅動下，進行拆解、重組，形成葡萄糖（含碳、氫、氧），其中有一部分太陽能被儲存到葡萄糖的化學鍵中。光合作用同時還會釋放反應的副產物——氧氣，而造福了所有生物。人類細胞和所有的動植物細胞在需要能量時，會逆轉光合作用的反應，將葡萄糖分解為二氧化碳和水。當然，分解反應還需要氧氣的參與。動物利用肺部吸進來的氧氣，經血液將氧氣擴散至全身細胞。

然而，細胞無法直接利用儲存在葡萄糖中的能量，細胞需先將能量萃取出來，轉換成細胞可用的能量形式。反應的第一部分發生在開放的細胞質區域（胞器之外的液態部分）。

從細胞客廳中，你大概很難看清細如灰塵般的葡萄糖分子，你倒是可以看見一些從 BB 彈到沙粒般大小不一的酵素顆粒，這些酵素就像化學反應中的觸媒，可促使反應進行，但本身並不因反應而改變。葡萄糖（由六個碳原子串連成的環狀結構，環上還連接了六個氧原子和十二個氫原子）在經過九種酵素的作用，進行了九個連續的化學反應之後，被拆解成丙酮酸（由三個碳原子、四個氫原子及三個氧原子組成）。

由於丙酮酸仍蘊藏了豐富的能量，它將被送入粒線體，做進一步的處理。粒線體（mitochondria，希臘文中 mito 為線條之意，chondrion 則為顆粒的意思）一詞是因為從前人們尚不知其功能，只根據顯微鏡下見到的外形而命名的（見次頁的圖 4-4）。如今我們已知：粒線體相當於細胞的發電廠，就像電力公司利用煤、石油或核能，轉換成人人皆可利用的電力，粒線體將食物分解產生的丙酮酸，轉換為細胞內各部位均可使用的能量形式。

雖然在我們所處的細胞客廳中，只能見到大約數百個粒線體，但在較需耗能的細胞中，例如肌肉細胞，則可能配備了上千個粒線體發電廠。而承擔沉重工作負荷的心肌細胞，更有一半的體積都是用來容納粒線體，以應付巨額的能量需求。

細胞的電池——ATP

當我們檢視形如香腸般的粒線體時，將會發現：在環繞粒線體的外膜之下，還有第二層膜狀結構，層層疊疊的摺在胞器內，像是一個大袋子給硬塞在小袋子裡面時，皺縮摺疊的模樣。粒線體這樣奇怪的結構安排，使內膜的表面積增至最大，這些皺摺的內膜正是生產細胞能量的加工區，所有關鍵性的化學反應就在內膜上進行。

這些反應非常複雜，無法在本書中詳盡介紹，但生化學家已熟知反應的每個步驟和細節，這些分解反應最初是由德裔英國生物學家克瑞布斯爵士（Sir Hans Krebs, 1900-1981）在 1930 年代發現的，因此稱為「克氏循環」(Krebs cycle)。簡言之，當丙酮酸進入粒線體之後，能量會以高能電子的形式釋放出來，再經過一連串複雜的化學反應後，電子最後被捕捉回來，用以形成 ATP（腺苷三磷酸）中的高能磷酸鍵。

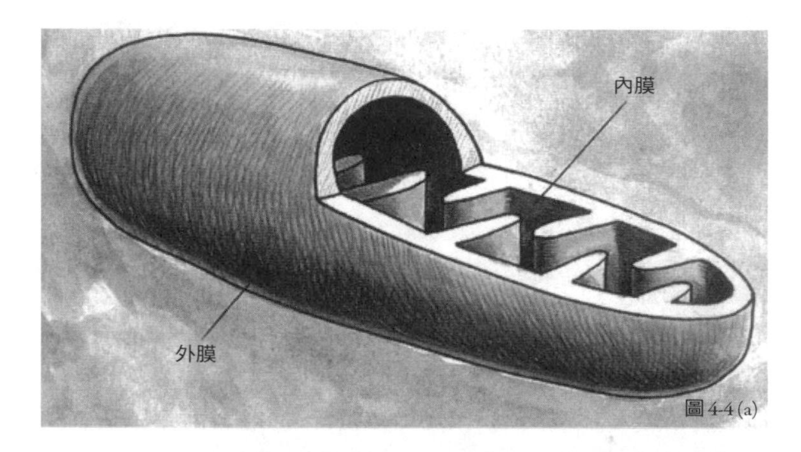

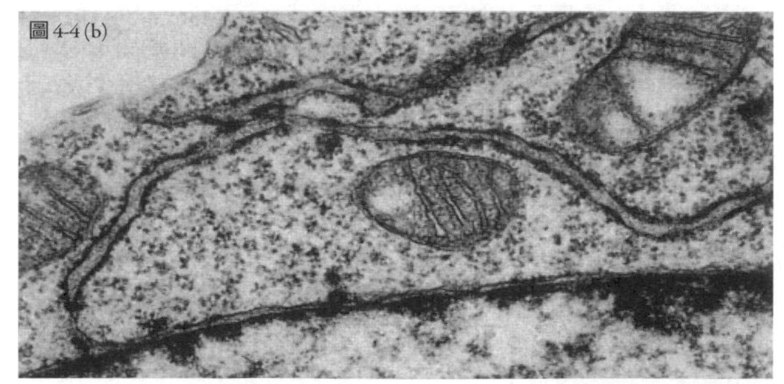

圖4-4　細胞的發電廠—粒線體，可將細胞攝入的各種化學能轉換為細胞各部位都能利用的ATP。(a) 粒線體的剖面圖，圖中顯現粒線體內層層相疊的內膜，大大增加了反應進行時所需的表面積。(b) 電子顯微鏡下的粒線體。真實情況下的粒線體看起來形狀較長，但由於細胞切片的關係，使得有些粒線體看起來較長，有些看起來較寬，照片下方的弧線為細胞核的外膜（裡面含有DNA），而彎曲的雙線則是下一章將介紹的內質網。

ATP 是地球上所有生物的所有細胞，皆可直接使用的能量來源。ATP 驅動了馬達分子的運輸系統，也驅動了肌肉的收縮，使我們的身體得以移動；神經傳遞也仰賴 ATP 提供能量；溫血動物為維持體溫釋放熱能時，也是利用 ATP。

這些生命現象得以進展，是因為細胞將綠色植物行光合作用所吸取的巨量太陽能，以高能電子的形式，儲存在 ATP 的分子中。細胞中有些化學反應可因分子的潛在特性，而自動發生，有些化學反應則像手錶或收音機一樣，需要電池提供能量。ATP 就是細胞的電池，它是由腺苷酸分子連接三個串在一起的磷酸分子所構成，因此稱為腺苷三磷酸，而電池的能量，就儲存在連接於磷酸之間的化學鍵中。

ATP 在粒線體中合成後，便透過門房分子的協助，擴散至細胞各處。在遇到需要能量來進行化學反應的分子時，ATP 立即切下一個磷酸分子，變成腺苷二磷酸（ADP, adenosine diphosphate），釋放出其中的能量。此時，ADP 則飄移回粒線體中重新充電，安裝回一個磷酸分子，又變成 ATP。

當粒線體的運作失常時，將會導致嚴重的肌肉疾病，例如研究人員懷疑心臟衰竭的罪魁禍首，可能就是粒線體，當粒線體無法供給心肌所需的能量時，心臟也就無法送出或納入足量的血液了。

粒線體是細菌後代？

粒線體可算是細胞較為獨特的胞器之一，許多科學家深信：粒線體原本是具有自己的生命的。這些在你我細胞中滑動的上百個粒線體，事實上更像是寄居於複雜細胞中的細菌。它們的大小和細菌相近，也有自己的 DNA（一個小小的環狀染色體），上面攜帶了數個基因（細菌的染色體也是環狀，而人類細胞核內的染色體則為直鏈狀，具有兩個自由端），粒線體中還配備了解讀基因的工具，並像細菌一樣，透過分裂的方式繁殖。換句話說，粒線體和細胞內其他胞器的製造方式極為不同，只要每回細胞分裂時，新生細胞分配到一小群的粒線體，它們就可在細胞內自行繁衍。

這些觀察使得早期的細胞生物學家推測，粒線體可能是細菌的後代，後來因為互利共生，就此定居於一些原始的細胞中；也可能是被細胞吞入，但沒有遭細胞消化分解，而殘留下來。不管當初的情況為何，最後卻成就了最親密的共生形式，使宿主細胞蒙受莫大的利益，並進一步演化出地球上從酵母菌到人類等各種較高等的生命形式。而這些原本獨立的細菌，當然也因利人而利己。

以上的理論曾一度被視為新潮學說，但在麻州大學的馬古利斯（《演化之舞》的作者）撰文倡導，以及其他科學家發現更多支持的證據之後，「內共生」（endosymbiosis）學說近年來已為大部分的生物學家所接受。但是其中仍有許多重要關鍵尚待澄清，例如粒線體所含的 DNA，並不包括所有製造新粒線體所需的基因，有許多基因是儲存在細胞核的染色體裡。如果粒線體真的是源於細菌，那麼在漫漫的演化長河之中，粒線體必定曾將它大部分的基因，送入細胞核中，放棄成為獨立生物的要素，臣服於寄宿生物的控制中心之下。

然而，粒線體仍有一點和自由的生物個體相同，它們同樣也會衰老、損壞、破裂。生物學家並不清楚這是如何發生的，但他們在細胞的溶體（相當於細胞的胃，內含大量消化液）中，找到了一些粒線體的殘骸。看來粒線體死亡之後，就成了宿主細胞的食物，生物學家稱這現象為「自噬」（autophagy）。當粒線體被消化完畢，還原成最基本的原料後，細胞會再度利用這些建材，架構新的分子、新的胞器，使生命得以延續下去。

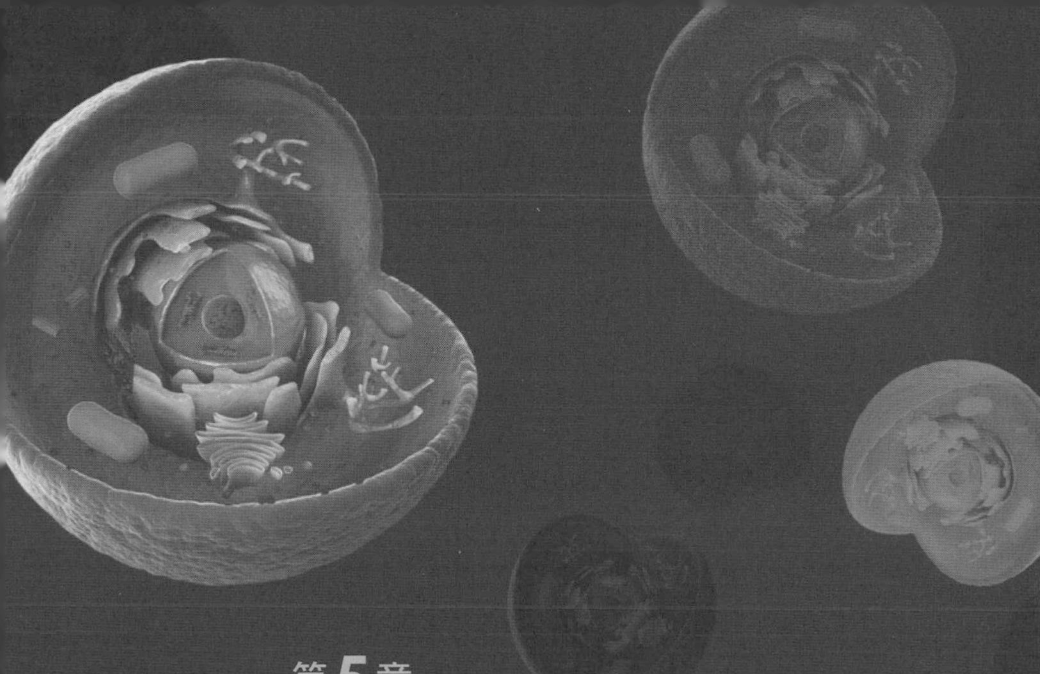

第5章

基因如何運作

大約還有四千二百種疾病，
和鐮形血球性貧血症一樣，
肇因於單一基因的缺失，
使細胞生產了有缺陷的蛋白質。

小男孩正奮力奔馳在足球場上，身手敏捷的將球攔截下來，並使勁踢出……。數分鐘之後，小男孩卻眼眶盈滿淚水，很痛苦的倒在地上，忍受著腿部劇烈的疼痛。小男孩並不知道自己腿部的狀況很可能致命。

鐮形血球性貧血症

激烈的運動已在小男孩體內，引發一些物理和化學的變化，將正常情況下賜予全身細胞生命的紅血球，在瞬間轉變為奪命殺手。原本柔軟、圓盤狀的紅血球，被扭曲成鐮刀形（或新月形），變形的紅血球就像水管中的釘子，很快阻塞了窄小而僅容單一紅血球通過的微血管，切斷了運送氧至組織的血流。由於小男孩腳部肌肉用力最多，缺氧情況最嚴重。在血流不夠快、無法得到足夠氧供給的情形下，首當其衝的腿部肌肉細胞開始窒息而死。

這名小男孩和其他五萬名美國人一樣，都遺傳到一種稱為「鐮形血球性貧血症」的疾病，這是美國最常見的遺傳疾病之一。只因病人基因上的小小錯誤，卻可能造成致命的後果。這項錯誤發生在血紅素基因上（血紅素是紅血球中負責運送氧的蛋白質），在由八百六十一個字母所組成的遺傳密碼中，由於其中一個字母錯誤，使細胞的蛋白質製造工廠在讀取錯誤的基因後，生產出有缺陷的血紅素。

在大部分情況下，這項錯誤並不會嚴重影響病人的健康。但當病人因生理壓力的關係，致使氧的需求量過大，並使過多血紅素將氧悉數繳出時，沒有結合氧的缺陷血紅素，便開始產生些微但異常的形變。形變後的血紅素因前後兩端形狀恰巧吻合，於是在物理及化學定律的作用下，血紅素分子開始像雜貨店中層層相疊的罐頭，逐漸聚集在一起，並牢牢相連，又彷彿是有自我意識的火車廂，將自己串連成長長的列車一樣。

隨著更多異常血紅素加入，這前後相接的聚合物逐漸增長，然後數條長鏈彼此纏繞，形成巨大的粗索，將紅血球的細胞膜撐開，扭曲成鐮刀形，因而堵塞了血流。一旦血流遭阻斷，身體將有更多的組織面臨缺氧危機，造成更多血紅素釋出氧（而氧原本有防止血紅素過度聚合的功能），產生更多的鐮刀形紅血球，更進一步堵塞血管。就在這樣的惡性循環下，擴大了受損的區域。

大部分的危機會因鐮刀形紅血球的自殺而舒緩下來，只要堵塞現象一消除，血流即可恢復正常的氧運送。但偶爾會在危機尚未自動緩和之前，就因重要器官的損傷，而奪去病人的性命。

單一個基因的錯

其他大約還有四千二百種疾病，和鐮形血球性貧血症一樣，肇因於單一基因的缺失，使細胞生產了無法執行任務的缺陷蛋白質，或使細胞根本不含那種蛋白質。在這些遺傳疾病中，有些研究人員已掌握了基因的錯誤，但尚不知基因的功能為何。還有許多疾病，甚至連肇禍基因是誰都不得而知，只能由疾病的生化反應得知某分子缺失或無功能，或由家族代代遺傳的形式推測基因是否涉入。

由於大部分的基因都有兩套，分別來自父親和母親。這兩套基因獨立運作，通常一套基因就足以應付細胞的需求，因此只有在兩套基因都受損時，疾病才會表現出來。

近年來，在遺傳學家深入追蹤這些致病基因，並努力學習如何在病人未感覺任何徵兆前，就偵測出它們的存在。遺傳學家已掌握造成肌肉萎縮症、囊腫纖化症、亨丁頓氏舞蹈症、戴—薩克斯症、高歇氏症等疾病的基因。科學家在讀取基因的遺傳密碼後，發現了錯誤的所在。其他像血友病、神經纖維瘤（俗稱象人症）以及肌肉萎縮性脊髓側索硬化症等疾病，研究人員已找到顯示疾病存在的標記。（肌肉萎縮性脊髓側索硬化症，舊稱「魯蓋瑞氏症」，如今更為人知的名稱為「史蒂芬・霍金症」。霍金為英國知名的天文物理學家，著有《時間簡史》一書。）

影響眾多美國人的鐮形血球性貧血症，可能是研究得最透澈的遺傳疾病。每二千名黑人孩童中，就有三位罹患此病，其他還有一小部分的白人（他們的祖先有很高的機率是來自西班牙、義大利、希臘、土耳其、或印度）。從一名小男孩的病痛，追蹤出孩童的父親或母親的細胞中僅有某單種分子發生變異，使我們對生物學又有了另一番認知：基因深深影響著每一個生命的健康與否。

染色體長度驚人

在細胞客廳中，基因位於如金龜車大小般的細胞核中，以四十六條染色體的形式存在。每條染色體都是由同一種分子串連而成，長度可綿延五公里到三十公里（別忘了，這是放大三十萬倍的細胞客廳）。這些長絲就像織在廢棄農舍中的蜘蛛網，有多處黏附在核的內面。即使在真實的微小細胞中，染色體的長度仍相當驚人。如果將人類的染色體拉直，這四十六條染色體的實際長度各也有二公分到七公分那麼長，若再將這些染色體頭尾相接，它們可綿延二公尺長呢！

你能想像，兩百個細胞加起來也不過如這個驚嘆號「！」下的小圓點那般大，裡面卻塞了四百公尺長的染色體嗎？

順道一提，或許有許多讀者曾見過外形有如「X」的染色體圖片，而誤以為染色體長得就是這般粗短模樣。事實上，X 形的染色體只有在細胞分裂的短暫期間出現。它是由原本長絲狀的染色體經過重重的旋轉、盤繞後，捲縮形成的粗索，而且每個 X 都是由兩條相同的染色體所組成（圖 5-1），它們正準備切開中間的連結，分別往兩個子細胞邁進（詳見第 6 章）。

染色體在這樣濃縮的狀態下，並無法表現其上的基因。當細胞需要基因運作時，染色體必須以綿長的細絲形態存在，即使將細胞核放大到金龜車的大小，染色體也不過像縫衣線一般，來回盤繞在整個金龜車中，全長五百五十公里（見次頁的圖 5-2）。

這些細線均是由去氧核糖核酸所構成，不過這拗口的名詞連分子生物學家都鮮少使用，而簡稱為 DNA，這可能是科學界最有名的縮寫吧！就像許多生物體內的巨分子都是由次單元組成的聚合物，DNA 也是由形狀相近的核苷酸分子，聚合成長度不一的鏈狀結構。至於染色體上的基因，則是由數百到數千個核苷酸所組成的特殊序列，例如血紅素基因是由八百六十一個核苷酸串連而成。

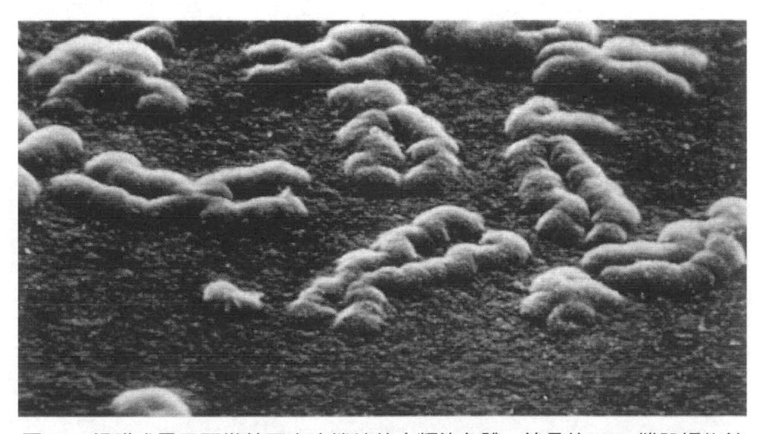

圖5-1　掃瞄式電子顯微鏡下高度捲縮的人類染色體。綿長的DNA雙股螺旋結構在細胞分裂時，會不斷旋轉盤繞而濃縮起來，每一個圖中所見的粗短X形染色體，都是由兩條完全相同的染色體中間相連所形成的，這兩條染色體會在細胞分裂時分開，前往不同的細胞中。（照片由J. B. Rattner提供。）

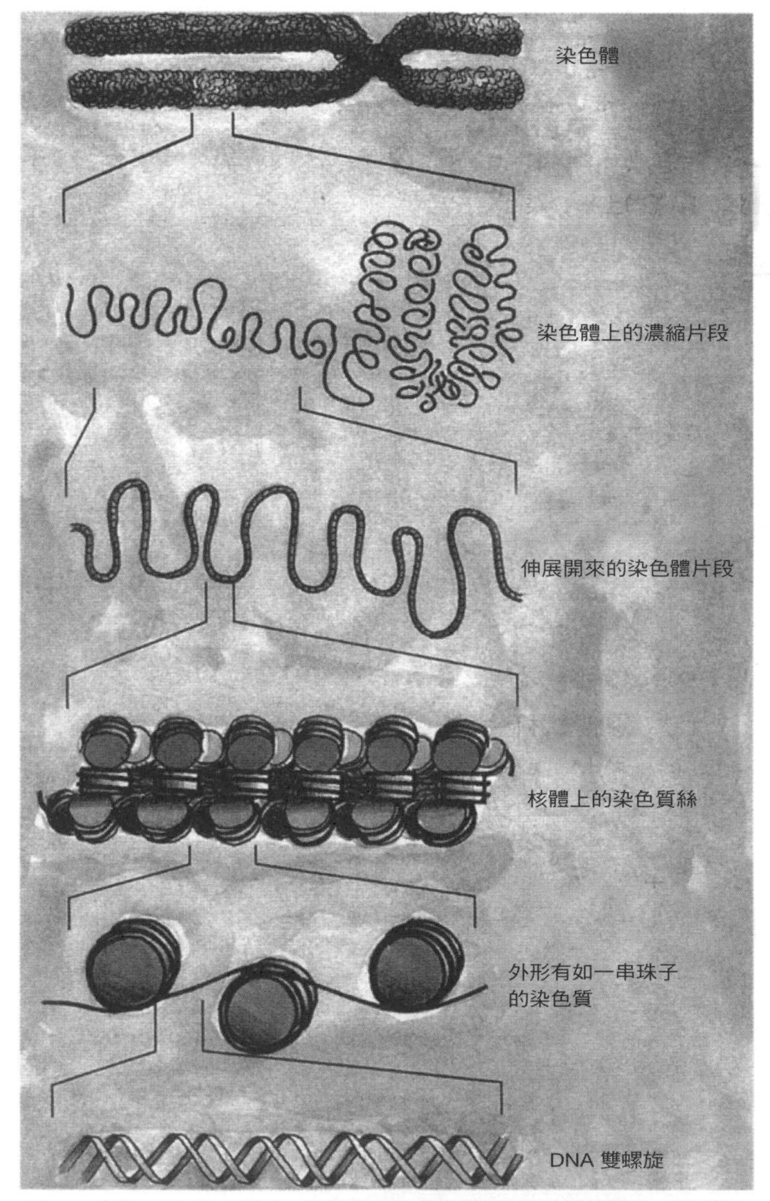

圖5-2　在這一系列的圖解中，顯示出DNA雙股螺旋和染色體的關係。從下往上看起，可發現DNA在纏繞組織蛋白兩次之後，外形有如一串珠子的結構，此結構會進一步盤繞成染色質絲，而染色質絲再重複摺疊、捲縮後，成為最後濃縮的染色體。

一本五十萬頁的巨著

人體整個基因組（genome）更是由數不清個核苷酸組成，如果將這些遺傳密碼編印成書中的字母，將會是一本五十萬頁的巨著，約為一千本厚書疊在一起。雖然我們可大約估計人體細胞內DNA的含量，卻沒有人精確知道上面到底含有多少個基因。這是因為每個基因的長度差異極大，而且很多DNA並不是基因序列，它們可能是用來調控基因何時表現的「調節序列」（regulatory sequence），也可能是基因與基因之間的間隔序列，還有一些我們根本不知道它們的目的何在。

過去估計，人類的基因數大概在五萬到十萬之間，目前的估算是兩萬五千個基因左右。無論正確的數字為何，每個基因都攜帶了一組由核苷酸字母所拼出的序列，指引細胞合成一種蛋白質——此即所謂的「一基因一酵素假說」（one gene one enzyme hypothesis）。這些依據基因指令製造的蛋白質，組合出細胞的各式結構，執行各項化學反應，而賦予了每個細胞特有的形態和功能；結合所有不同形態和功能的細胞，才能造就整個生物個體的形態及功能。

當科學家在介紹基因給一般大眾時，常會以基因是控制眼睛、皮膚顏色、身高或其他外表細節的因子為例。不錯，基因的確影響了這些外表特徵，但基因所扮演的角色其實要更為深遠。基因決定了為什麼人有兩隻腳、為什麼人類可交談；基因保證了我們的頭部一定長在脖子上，而不是其他地方；基因使心臟規律跳動，基因賜予我們可相對於其他四指的拇指，以及巨大的腦；基因還管理了許多我們看不見的事件，例如從食物中攝取養分、神經元迴路儲存記憶、紅血球運送氧等事情。在鐮形血球性貧血症的例子中，則是因為基因的缺陷，造成紅血球有時無法運送氧。換句話說，基因主宰或至少可影響從細胞內的分子，到整個身體結構設計的每一細節。

儘管基因對生命是如此重要，它在細胞中卻可能是最被動的部位。就目前所知，基因從不曾參與任何具體的活動。基因像是一國之君，隱居於細胞核中，遠離核外一切喧囂繁忙的生化反應，淡漠的統治著它的王國。基因又像是電腦軟體，藏身磁碟中，卻控制著龐大自動化的線路。基因只是單純的公布它的指令，而這些由遺傳密碼串連而成的指令，指導著細胞中專事生產的胞器，將胺基酸分子拼裝成各式各樣的蛋白質分子。胺基酸有二十種，理論上它們可串連成數百萬種不同長度、不同序列的蛋白質。

除了少數幾種稍後將會介紹的細胞外，大部分的人類細胞都含有完整且完全相同的基因組。但卻僅有百分之五到二十的基因，會在每個細胞內皆有表現。這些活躍的基因大部分是合成所有細胞都需要的結構蛋白，或是生產所有基礎代謝所需的蛋白質，還有一些是處理細胞日常瑣事的酵素蛋白質。

無核的紅血球

在任何的細胞類型中，只有少數約一百來個基因，是負責合成該細胞類型所特有的蛋白質。以人體代謝醣類所需的胰島素為例，胰島素基因存在人體所有的細胞中，但都保持在蟄伏狀態，僅在特定的胰臟細胞中活動。同樣的，血紅素基因也存在所有細胞中，但除了紅血球之外，其餘都關閉停用。

不過紅血球細胞有一項例外：所有成熟的紅血球細胞都不含細胞核，因此也沒有儲存在核中的基因。當紅血球自某種骨髓細胞分裂生成後，基於某些未知的原因，紅血球會啟動一連串遺傳指令，將細胞核推至胞外，並予以摧毀。由於所有必要的訊息都已事先轉錄成其他形式，因此無核的紅血球仍可完美執行任務達若干個月。

正常紅血球的平均壽命，大約為一百到一百二十天，而罹患鐮形血球性貧血症病人的紅血球，則只有平均壽命的一半，使得每一滴血所含的紅血球數目較少，造成病人貧血的現象。

血小板則是另一種不含細胞核的例子，它是由較大的母細胞破裂後形成的碎片。血小板可幫助止血，這過程將在第 10 章討論。

大部分的基因都至少有兩套，一套來自父親，一套來自母親，有些基因則有更多的複本。然而我們也會遺傳到一些獨一無二的基因，那就是位在決定性別的性染色體上的基因。性染色體常以 X 和 Y 來表示，男性擁有一個 X 和一個 Y 染色體，女性則有兩個 X 染色體（但其中一個是永久不活化的）。

在鐮形血球性貧血症中，孩童是否罹患疾病，取決於父母雙方是否都將不正常的基因傳給子代。在美國大約有百分之八的黑人，遺傳到一個異常的血紅素基因，另一個血紅素基因則是正常的。這些人即所謂的「帶因者」。雖然這兩套基因都會生產血紅素，然而正常的血紅素分子通常可防止不正常血紅素分子的聚合，因此帶因者本身並不會表現出任何疾病的徵兆。

但是當兩名帶因者結婚，他們的小孩就有四分之一的機會，可能同時遺傳到兩個不正常的血紅素基因，因而罹患鐮形血球性貧血症。許多人在幼年或青少年期，就因貧血及血球變形帶來的危機而喪命。

雖然鐮形血球性貧血症使許多人承受著疾病的痛苦，但它對分子生物學的發軔，卻是居功厥偉。在 1956 年，科學家首度可將血紅素結構和功能的變異，追溯至單一胺基酸的錯誤，因此也是第一次成功顯示基因的突變可影響蛋白質的功能。

垃圾 DNA ？

令人好奇的是，人類細胞中所含的 DNA，長度是細胞所需基因的十倍到二十倍；換句話說，每二十公分長的 DNA，可能僅有一或二公分是真正的基因。剩下的有部分具有調節的功能，攜帶著基因活化的訊息，或是扮演其他的角色。但大部分的 DNA 純粹只是一些不知所云、毫無意義的核苷酸序列而已。

關於這些「垃圾 DNA」的存在，有個有趣的理論認為，這些看來毫無意義的序列，其實是曾在我們祖先體內活躍基因的殘骸，就像是陳列在博物館中的舊式步槍，因為遺失了類似撞針的序列，而永遠失去了活性。如果這個理論是真的，那麼我們的體內可能還帶有失去活性的爪子或尖牙的基因，也可能還殘存著覆蓋皮膚的鱗片基因，甚至鰭狀物的古老基因。

雖然人類不再使用這些基因，但它們卻伴隨著其他有用的序列代代相傳下去。或許是因為我們的細胞中，沒有可切除這些廢棄序列的工具，而使它們淪為區隔今日活化基因的填充物。事實上，如果真的去研究這些廢棄的 DNA，將會發現它們的序列與真正的基因非常類似，只是在遺傳密碼中有些奇怪的變異，因此它們有時也稱為「偽基因」（pseudogene）。然而這些廢棄的序列，可能在演化上扮演過重要的角色，稍後我們將再深入探討它們的重要性。

雙螺旋結構

現在讓我們先回到細胞客廳中，並起身走向如金龜車般大的細胞核，拿著放大鏡向核內望去：DNA 的長絲在核內若隱若現。如果你貼得更近來看，可能還會發現這些游絲的結構，正是現代生物學中最著名的雙螺旋呢！這是在 1953 年由華生、克里克兩人一起提出的，並使他們與生物物理學家韋爾金斯（Maurice Wilkins, 1916-2004）榮獲1962年的諾貝爾生理醫學獎。分子生物學的開拓者莫諾（Jacques Monod, 1910-1976），曾評論這項發現為「終於賦予達爾文演化論完整的意義、重量與確定性」。

所謂「雙螺旋」，其實就是兩條螺旋結構交互盤繞，使每個彎曲的弧度都恰巧平行，就像是螺旋梯兩邊的扶手。你也可以把它想像成中間有木製踏板的扭轉繩梯，繩梯的一根粗索即為一股螺旋。但是華生和克里克最重要的結論，並不是DNA的外形，而是DNA的可複製性。這樁重大的發現，使研究人員得以證實達爾文演化論的真確性，也使現代遺傳學的研究更上一層樓。

這兩股由核苷酸串連而成、結構互補的平行長鏈，正是分子遺傳的基礎。這看似簡單卻意義深遠的觀察，立即揭露遺傳密碼是如何複製、如何精準的代代相傳，也使我們很快聯想到，偶發的遺傳錯誤（突變）是如何被導引至DNA中。這些突變，使演化得以進展，卻也可能不幸造成鐮形血球性貧血症之類的遺傳疾病，而由一代傳給一代。

要瞭解DNA最簡單的方法，就是先將兩股螺旋分開來看。想像我們將繩梯從中劈開時，兩條分開的繩索上還懸著許多截成一半的橫木（見次頁的圖5-3）。這兩條繩索中，只有一條帶有真正的遺傳密碼，另外一條繩索純粹只是結構的保持者，與編碼股（coding strand）互補；但在細胞分裂時，互補股（complementary strand）將會扮演重要的角色，這將在下一章討論。

構成繩索的部分，無論是由下往上，或是由上往下看，都是糖和磷酸交替出現的單調組合，但接在糖基上的半截橫木，卻是由四種不同的鹼基組成。它們分別是：腺嘌呤（A, adenine）、鳥糞嘌呤（G, guanine）、胸腺嘧啶（T, thymine）、胞嘧啶（C, cytosine）。核苷酸分子即為一個磷酸、一個五碳糖、和由五碳糖伸出的鹼基所構成。

就像英文是由字母所拼成，遺傳密碼則是由編碼股上的鹼基序列，也就是A、T、G、C的排列所組成。一句遺傳密碼（一個

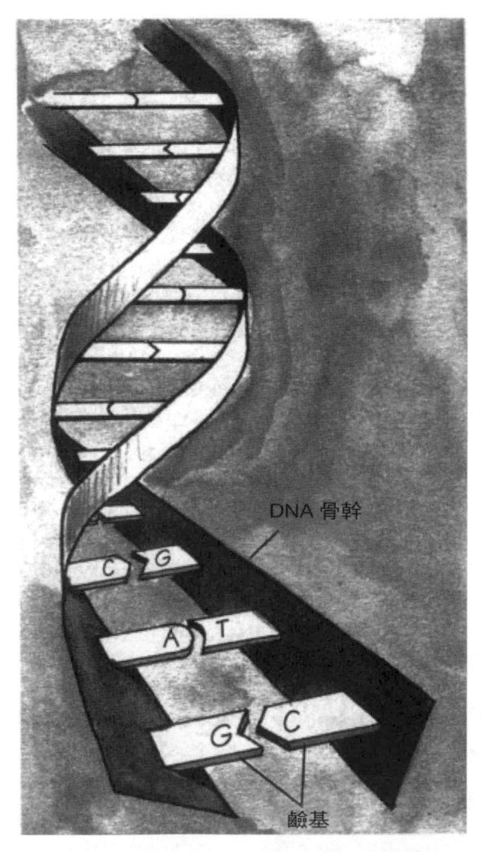

圖5-3　DNA雙股螺旋結構的放大圖，圖片中顯示鹼基突出於DNA的骨幹，並與另一股DNA上的鹼基配對，連接成像是繩梯中的踏板構造。DNA中更有四種不同的鹼基，分別簡寫為A、T、G、C。由於鹼基的形狀和特性，造成A只會與T配對，而G只與C配對的互補特性，這種互補原理是使DNA能複製自己，或合成RNA的重要關鍵。

基因）的起頭可能是 ATCGCGAAT 和接下來數百、甚至數千個字母。而互補股則會以 T 對應 A，以 A 對應 T，以 C 對應 G，以 G 對應 C。於是上述基因的互補股上，將會有 TAGCGCTTA 的序列起頭。至於鹼基的互補性，則是由鹼基的形狀和化學特性所決定。

在遺傳語言中所用的四種鹼基字母，每三個字母就可組成一個有意義的單字，代表了一個相對應的胺基酸，分子生物學家稱這些遺傳語言中的單字為「密碼子」（codon）。事實上，由三個鹼基字母所拼成的字，可以有六十四種組合，然而細胞可用的胺基酸只有二十種，因此有許多密碼子其實是同義字，對應相同的胺基酸。另外還有三個密碼子代表了「停步」符號，以標示基因序列的終點（在每個基因的開頭，也有密碼子標示出「通行」）。

由 T 突變為 A 的後果

至於血紅素基因，實際上包含了兩個基因，合成兩種結構些微不同的蛋白質，分別稱為阿法（alpha）及貝他（beta）。一個完整的血紅素分子，是由兩個阿法蛋白次單元和兩個貝他蛋白次單元，組成類似幸運草的四葉形狀。負責生產阿法蛋白的基因，有四百二十三個鹼基字母，負責合成貝他蛋白的則有四百三十八個鹼基（總共有八百六十一個鹼基）。

正常血紅素與鐮刀形紅血球中的血紅素，差別只在貝他蛋白基因的第十七個字母，由 T 突變為 A。由於細胞只會忠實的遵照基因的指令，即使面對錯誤的訊息仍奉為圭臬，因而將錯誤的胺基酸組裝在相對的位置上。於是原本第六個密碼子為 CTC，應該對應麩胺酸（glutamic acid），在突變為 CAC 後，細胞的蛋白質合成工廠只好以纈胺酸（valine）取代了原本的麩胺酸。纈胺酸雖可嵌入結構中，但卻扭曲了整個蛋白質最終的形狀，使血紅素成為較差的氧運送者，也造成正常或隨時面臨生命危機的天壤之別。麩胺酸和纈胺酸是二十種胺基酸中的兩種，這二十種胺基酸可因不同的排列組合，串連出數千種樣式的蛋白質。

目前所有生物使用的遺傳密碼都是相同的，僅有少數生物在對應特定的胺基酸時，有極小的例外。這現象的背後其實掩藏著深奧的意義，它強力證實了達爾文演化論的觀點：所有地球上的生物都源自相同的祖先！這並不表示地球上不曾有其他的生命形式，只能說即使有其他生命形式出現過，也在未留下任何生還的後代之前，就滅絕了。

所有生物共用的密碼

為什麼 DNA 的某一密碼子會對應這種胺基酸，而不是對應其他十九種呢？其實沒有任何結構上一定得如此的理由。這些密碼子所代表的意義，是由一種名為「轉送核糖核酸」（tRNA, transfer RNA）的分子所決定。

在 tRNA 的一端，有可辨識特定密碼子的結構，另一端則攜帶著對應的胺基酸。tRNA 大可連接其他的胺基酸來對應相同的密碼子。這就像是圖書館以分類代碼來表示某本書一樣，分類卡上代表書籍的號碼，是我們可任意指定的，因此兩間圖書館很可能利用全然不同的編碼系統。但倘若全世界的圖書館都使用同一系統的話，這就明顯表示這些圖書館都沿襲自同一系統。因此除了「所有地球生物都演化自同一祖先」的解釋，我們很難想像有其他的因素，可使所有生物都不可思議的碰巧使用相同的密碼子，來代表相同的胺基酸。

再換個角度想，就像許多圖書館的確有不同的分類系統，或是許多不同的人類語言，有不同的文字來表達相通的意思。語言的演進，可能因某一族群與其他族群分開得太久，累積了足夠的變化，而發展出兩種不同的語言。例如說著拉丁語的羅馬人在歐洲擴散開來後，發展出義大利語和西班牙語兩種不同的語言。

如果生物學家可在今日的生物上，找到不同的遺傳密碼系統，就可合理的推演這些生物究竟是源自相同的祖先，或是有著不同的起源。結果是現存所有生物的遺傳密碼均相同，即使有少數例外，也不過如英式英語和美式英語的些微差異而已。

正因為遺傳密碼的一致性，使來自某一生物的基因在轉移至其他生物時，仍代表同樣的意義。由此建立了生物科技工業的基礎。從前在治療糖尿病的病人時，得抽取豬隻體內的胰島素，供病人使用，然而由於豬的胰島素和人的胰島素略有不同，因此有時會造成病人的過敏反應。如今生物科技可將人類的胰島素基因，轉殖到細菌中，讓毫無困難解讀人類基因的細菌，代工生產人類胰島素。

受體與基因的聯繫

儘管基因的力量無遠弗屆，基因卻無法自主性的運作，只有當細胞內其他分子將其開啟後，基因才會執行它的任務。這項事實引導出生物學中最難以捉摸、卻也是最重要的論點：人類不僅是基因的產物，人類也受環境的影響。

無論是細胞，或是生物個體，環境都握有什麼基因該在何時啟動的控制權。有些可調控基因開啟或關閉的分子，是由同一個細胞製造，有些則來自身體其他部位。例如某些荷爾蒙（甲狀腺素或性激素），在經血液運送至目標細胞後，會穿透細胞膜，長驅直入細胞核中，作用於 DNA 上；其他外來的訊息分子則會先透過細胞膜上的受體，再將訊息傳遞至 DNA。

生物個體所處的環境也會影響基因的開關，例如困難的狀況，或因恐懼產生的壓力，都可促使某些腺體分泌特定的荷爾蒙，進而改變基因的表現。各種心智活動，例如學習的行為，也可調節腦細胞中的基因，使神經細胞傳遞訊息，伸展新的觸手與其他細胞保持更密切的聯繫，以建立聰穎敏捷的心智。

美國西北大學的高德曼教授曾臆測：環境因子可能經由細胞膜上的受體，在部分細胞骨架的協助下，直接與 DNA 或甚至是特定的基因聯繫。細胞骨架曾一度被認為只是被動的結構，但現在科學家瞭解到，細胞骨架是由數種截然不同的纖維網路共同組成，密布在整個細胞內，它們也參與了細胞的運輸或移動。高德曼則懷疑，細胞骨架中的中間絲，可能是連結受體與基因之間的纖維。他指出從細胞核不同的部位，都有緻密的中間絲網路，連結到細胞表面數千個點上。活化的受體有可能透過行走於中間絲的未知馬達分子，或是因中間絲本身的變化，將訊息送出。

中間絲也像其他的細胞骨架，是由小單元串連而成的聚合物。當位於受體端的次單元承受某種力量之後，便會像骨牌效應一般，使毗鄰的次單元也發生形狀或是方位的改變，而將訊息一路傳遞到 DNA；最後一個次單元的變化，則啟動了基因的表現。雖然目前這樣的情節純粹還在臆測階段，但根據今日對於基礎生命運作的瞭解，這種可能的想法展現了某種機械論者的思維。

訊息分子影響基因活性

至於下面將談及的基因調節機制，則有較多事實的依據。在前一章曾談過的 LDL 受體，就是解釋基因調節的最佳範例。LDL 受體基因的活性受控於細胞內膽固醇的含量，當細胞內膽固醇含量低時，控制受體基因的分子便踩足油門，加速生產更多的受體，嵌入細胞膜中，以從血液中攝取較多的膽固醇。

但當細胞內的膽固醇濃度上升時，訊息分子便前往細胞核，踩住受體基因的煞車，減緩或停止新受體的製造。這套調控機制有如定溫裝置一般，當細胞需要膽固醇時，則調高受體基因的活性，而當細胞膽固醇有盈餘時，則降低受體基因的表現。

如果細胞可自胞外攝取足量的膽固醇，細胞會很開心，但若膽固醇攝取不足時也無妨，細胞仍可自行合成膽固醇。這就是為什麼有些人在避開富含膽固醇的食物後，仍無法完全克服高膽固醇的原因之一：當他們少吃膽固醇時，他們的細胞便製造更多的膽固醇。由於膽固醇並不是蛋白質，而是脂肪類，因此細胞並沒有所謂的膽固醇基因可直接調節，細胞需經由酵素基因來控制合成的反應。

至於基因調節分子的數量以及活性，通常與外在環境有關，除了壓力與學習外，還有許多環境因子也可影響基因的活性。這些調節基因的物質可能從飲食而來，也可能來自入侵的病毒，但最常見的仍是由身體其他部位所送出的化學訊息。

因此細胞核就好像是坐在交響樂殿堂的中心，可接收每個樂器發出的樂音，在整合來自各方的化學訊息後，調節基因的行為。可能在某一時刻，活化因子與抑制因子同時抵達細胞核，兩種訊息在相互作用和競爭一番後，決定了基因的表現。在同一時刻，同一個細胞可能也正釋出化學分子，影響其他細胞。多細胞生物的生命，就仰賴這數千種來自所有細胞的各式化學訊息之間，異常複雜的交互作用，籌組出人體這個細胞共和國。

無論這些訊息來自何方，作用的目標都是細胞核內的DNA，訊息分子必須尋覓到基因的調節序列，並與之結合，才能活化或抑制基因的表現。通常在基因最前頭的「通行」符號附近，會有一段開啟基因的序列，而在較遠處，還會有其他的調節序列。科學家曾一度假設訊息分子在進入細胞核後，會毫無目標的漫遊，直到它們偶然撞上調節序列。但現在已釐清這些訊息分子會先抓住 DNA，並沿著 DNA 邊走邊找（這是生命自主性運動的又一例子），即使訊息分子可能要走上一段遙遠的距離，才能找到要作用的目標，但這機率仍較亂碰亂撞的方式，有效十億倍。

至於訊息分子與 DNA 調節序列是如何影響基因的表現呢？這過程可是格外錯綜複雜，所幸科學家可從細菌較簡單的調節模式中看出一些端倪。就讓我們先從細菌的基因調節開始看起吧！

如何活化基因？

在典型的細菌基因附近，都會有一段「啟動子」（promoter）序列，這段序列可為 RNA 聚合酶所辨識，並由此展開基因活化的第一步工作：複製一份遺傳密碼。

RNA 聚合酶是生物學中最大、也是最多才多藝的分子之一，當它與 DNA 上面的啟動子結合後，聚合酶便會解開 DNA 的雙股螺旋結構，以讀取遺傳訊息，並利用與遺傳密碼配對的類似分子，合成「傳訊核糖核酸」（mRNA, messenger RNA）。新合成的 mRNA 分子便可將遺傳訊息，送至細胞中的蛋白質合成工廠。（由於細菌屬於原核生物，並沒有細胞核與細胞質的區隔，而從酵母菌到人類的高等真核生物，mRNA 則需先穿過核膜上的小孔，才能將訊息送至細胞質中。）

然而在某些情況下，RNA 聚合酶無法與啟動子結合，因為有另一種名為「抑制蛋白」（repressor protein）的蛋白質，擋住了聚合酶的去路。抑制蛋白同樣也會辨識特定的 DNA 序列，並與該序列結合。抑制蛋白所辨認的序列，恰巧就位在啟動子內，一段稱為「操作子」（operator）的序列，因此只要抑制蛋白連接在操作子上，聚合酶就無法靠近啟動子，以開啟基因，更別提讀取遺傳密碼了。這種窘況就要靠可反應外界環境的訊息分子來解決。訊息分子在與抑制蛋白結合後，會改變抑制蛋白的形狀，使它無法抓附 DNA 而脫落下來，RNA 聚合酶才有機會黏附在啟動子上，將 DNA 轉錄成 RNA。

在某些調節機制下，訊息分子的作用則恰巧相反。例如細菌有一個合成色胺酸（tryptophan，胺基酸的一種）所需的酵素基因，當細胞的色胺酸含量充足時，色胺酸本身就可接附於抑制蛋白上，防止抑制蛋白從操作子的序列上脫落。但當細菌內的色胺酸含量不足時，就沒有多餘的色胺酸可與抑制蛋白結合，於是抑制蛋白便鬆開原本緊抓的 DNA，暴露出啟動子來，使 RNA 聚合酶可開啟製造色胺酸所需的酵素基因。細菌這種因量制宜的設計，真是既巧妙又有效率（圖 5-4）。

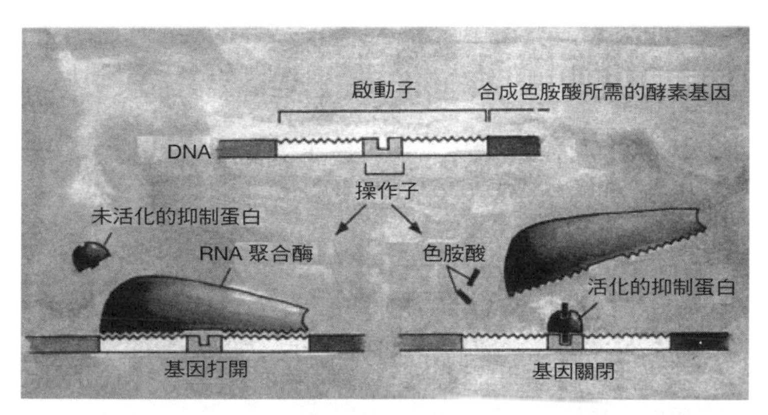

圖5-4　基因的開與關，是由基因附近各個調節序列和DNA結合蛋白之間的交互作用來控制。圖中以合成色胺酸的酵素基因為例，在基因的起始點的更前端含有一段啟動子，當RNA聚合酶抓附在啟動子時，可讀取基因序列而轉錄出mRNA。但當細胞內色胺酸含量充足時，盈餘的色胺酸便與抑制蛋白結合而改變其外形，使抑制蛋白能黏附在操作子片段上，造成RNA聚合酶無法靠近啟動子以合成mRNA。

對於人類在內的較複雜生物，基因調節的原理與細菌類似，但更為複雜。一個基因通常會有數個、甚至十數個蛋白質參與調控。有些蛋白質會黏附在啟動子上，其形狀因而改變，使其他蛋白質可再連接到形變的蛋白質上，而兩蛋白質之間的作用力，也使晚來的蛋白質發生形變，於是在一連串的連接與形變的反應下，終於形成適合 RNA 聚合酶附著的聚合體，並展開基因轉錄的工作。

活化蛋白 vs. 抑制蛋白

為什麼僅是開始解讀基因，就要有如此複雜的設計？因為這樣才能更敏感、更有變化的調節基因的活化速率。基因並不會隨意表現遺傳訊息，而僅在需要該基因的時間與地點適度活化。對於單細胞的細菌而言，它們所需做的決定相當簡單，因此單一的開關裝置就足以應付。但是人類的每個細胞，都必須與其他數兆個細胞一起和諧運作，因此每一個「調節蛋白」（regulatory protein）都是必要的，而且任何一個調節蛋白的多寡，都會影響到形成正確組合的次數，也因而影響基因活化的情形。

可以促進基因表現的調節蛋白，又稱為「活化蛋白」（activator protein）。既然有活化蛋白可促進基因的表現，當然也會有抑制蛋白在一旁唱反調。分子生物學家相信，許多基因都靠這兩種蛋白質分子的相互競爭，來達到調節的目的。例如貝他血紅素有數個蛋白質參與調節，有些可以不同的程度加速基因的表現，有些則以不同的程度減緩基因的表現，在這兩種力量協調之後，決定了貝他血紅素基因活化的機會與次數。

調節蛋白與 DNA 之間的結合力，也是影響因素之一。有些調節蛋白可長久黏附、霸占在 DNA 上，有些則搖搖欲墜，一副隨時會脫落的模樣。抑制蛋白與活化蛋白就在不同層次上競爭著，導致不同層次的基因表現。換句話說，兩種蛋白質競賽後的結果，可能造成一個基因在短時間之內重複活化多次，或是稍微表現一點，也可能完全不表現。透過這些可與 DNA 結合的蛋白質，或黏附在 DNA 結合分子上的蛋白質，它們數量和結合強度的變化，便能夠設計出細緻精準的基因調節機制。

神奇的是，有些 DNA 調節序列，並不位在基因附近，它們可能距離所控制的基因有數千到數萬個鹼基之遙，倘若沒有正確的調節蛋白與之結合，該基因根本不會表現。基因及 RNA 聚合酶是如何得知距離那麼遙遠的結合事件是否發生呢？答案十分簡單，因為 DNA 是柔軟、可彎曲的結構，它可將自己摺成弧狀，因此拉近基因與調節序列的距離，並使結合在 DNA 上的調節蛋白可以接觸到啟動子上的 RNA 聚合酶（圖 5-5）。

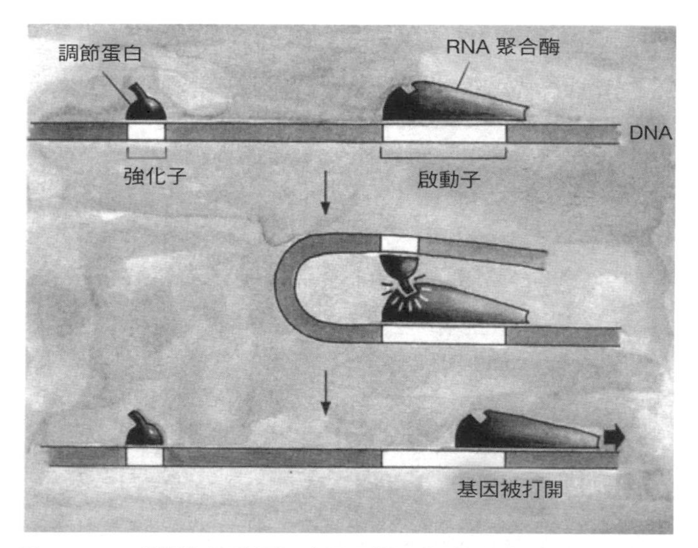

圖5-5　DNA的調節序列並不一定需要靠近受調控的基因附近，本圖說明了其中的機制。圖中顯示RNA聚合酶雖黏結在啟動子上，但仍需被活化才能運作，而遙遠的上游則有調節蛋白黏附在「強化子」上。由於DNA是可彎曲的，使調節蛋白能與RNA聚合酶作用，而活化了RNA聚合酶。

從 DNA 轉錄成 mRNA

不管中間的過程如何複雜，只要活化蛋白數量足夠，就能夠使 RNA 聚合酶著手合成 mRNA。

DNA 與 mRNA 可算是結構上的表兄弟——DNA 由去氧核糖核酸構成，RNA 則由核糖核酸構成，兩者的差別在於五碳糖上第二個碳連接的是氫、還是氫氧基。RNA 也含有鹼基序列組成的遺傳訊息，但和 DNA 所用的密碼略有不同。

由於 mRNA 是轉錄自 DNA，因此兩者之間的關係就好像一個是儲存在磁碟機中的電腦程式（DNA），一個則是暫存於記憶體中的運作程式（mRNA）。換句話說，基因好比是細胞的「永久珍藏版」，它被妥善保存在細胞核中，mRNA 則是為了短時間之內使用所製作的流通版，它攜帶著指令直奔位於核外的蛋白質合成工廠，在工作完成後，就會被丟棄或分解掉。mRNA 又好像是在辦公室看過了藍圖的監工，來到工廠監督產品依一定的程序合成。

至於負責合成 mRNA 的 RNA 聚合酶，僅在調節蛋白停泊於基因的調節序列之後，才能進行它的工作。也就是說，細胞要活化哪些基因，是由調節蛋白來選擇，RNA 聚合酶只能乖乖的遵循調節蛋白的決定。

RNA 聚合酶進行轉錄工作時，就像是一隻在樹枝上爬行的毛毛蟲，沿著基因蠕動，將 DNA 的雙股解開，暴露出帶有遺傳密碼的那一股 DNA。如果你利用放大鏡觀察結綵在金龜車細胞核內的細絲時，將會看見巨碩的 RNA 聚合酶，正一步一鹼基的漫步在 DNA 上（圖 5-6）。每當聚合酶邁出一步，就會在漂浮於四周的四種核苷酸中，抓取一個與 DNA 序列互補的核苷酸，連結在逐漸增長的 mRNA 細絲上。

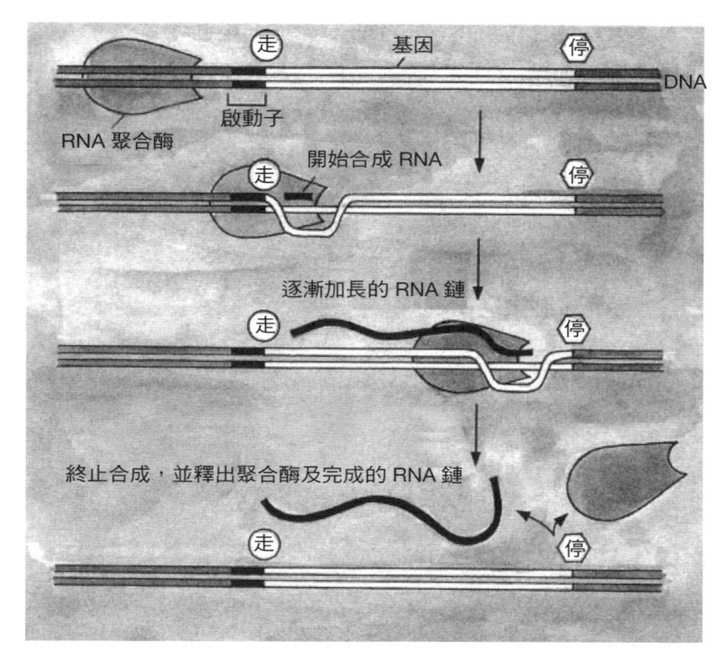

圖5-6　當聚合酶活化後，會沿著DNA鏈合成互補的RNA，但DNA與RNA間的互補性和DNA與DNA之間略有不同，凡在DNA中的鹼基，在RNA中皆以U來取代，一旦RNA聚合酶遇到「停步」的符號時，便從DNA上脫落下來，並釋出新合成的RNA。

在此需重申的是，所謂的互補是指因鹼基的結構特性，使位在 DNA 上某一股某一位置上的鹼基，與位在另一股相對位置的鹼基，有一定的配對規則。在 DNA 中，A 與 T 相對，G 與 C 相對。但是當 RNA 聚合酶依據 DNA 密碼來轉錄 mRNA 時，仍會以 G 來對應 C，但在對應 DNA 上的 A 時，則以尿嘧啶（U, uracil）來取代 T。

隨著 RNA 聚合酶一面沿著基因前進，一面像是串珠子的手工藝匠般，吐出一節一節嶄新的 mRNA 鏈。直到聚合酶最後抵達基因的終點，遇到「停步」符號通知它別再往前走了，聚合酶才自基因上脫落，並釋出 mRNA。

此時細胞內有一樁被分子生物學家視為最驚人的事件發生了，這現象一直到 1970、80 年代早期才發現。原來基因並不是連續不斷都有意義的序列，它中間還夾雜了許多不知所云的片段。這就彷彿當你在讀一段文句時，突然被一些 %$#&! 的亂碼打斷。沒有人知道這些「內含子」(intron) 的來源，但在本章稍後，我們將會瞭解內含子對演化時，新基因乃至新蛋白質的產生，功不可沒。研究人員還發現這些內含子，並不全是毫無意義的，有些還具有調節基因的功能。

由於新合成的 mRNA 很忠實的轉錄了包括內含子在內的基因密碼，因此在送至胞外執行任務之前，所有的亂碼或調節序列都必須先刪除（圖 5-7）。

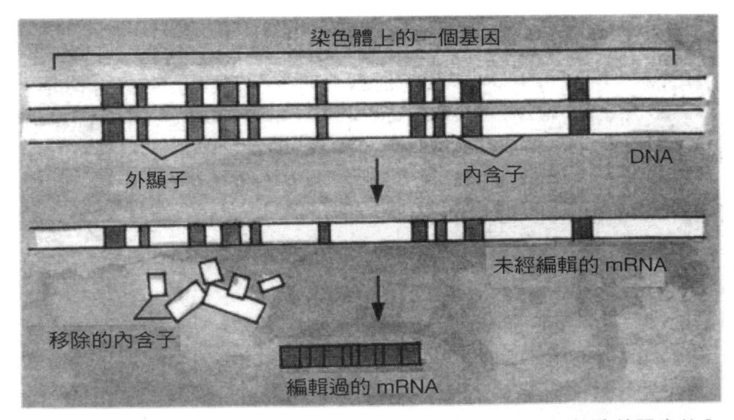

圖 5-7　大部分的基因中，都含有一些不知所云、也不含任何遺傳訊息的內含子，但由於 RNA 聚合酶無法區別，只能忠實的將無意義的片段也轉錄成 RNA。這些內含子必須在蛋白質合成之前移除，因此「編輯酵素」會沿著 RNA 尋找內含子，將它們切除後，再重新接合有意義的外顯子。

這件工作又再度落在酵素身上，負責編輯、重整遺傳訊息的酵素，可偵測出位於內含子起頭的 AGGU 和尾端特有的 AGG 序列，並將內含子從兩端二個連續的 G 中間切開，再重新接合有意義的「外顯子」(intron)。

一旦刪除不含遺傳訊息的序列之後，mRNA 就可前往蛋白質合成工廠了。沒有人確切知道 mRNA 是如何鑽出細胞核的，畢竟真正的細胞核和金龜車不同，細胞核沒有門窗，只有如釘孔般微小的孔洞（在放大至金龜車的比例來看），因此一般假設核膜上可能有一些運輸專差，可將 mRNA 從小孔中送出。也可能還有一些尚未發現的馬達分子參與，或是完全未知的機制在負責。

核糖體——合成蛋白質的工廠

無論情況如何，這一縷 mRNA 細絲在離開細胞核後，便在細胞質中旅遊，直到遇上「核糖體」(ribosome)。核糖體是細胞內最小的胞器，在細胞客廳中，它有如數十萬顆的塵粒，漂浮在其他物質之間。

每一個核糖體都有如一臺精密複雜的機器，由三十多種蛋白質和三種核糖體 RNA（rRNA），組成兩個次單元。如果說 mRNA 是從辦公室總計畫書中摘取出施行方案的監工，那麼核糖體便是按照設計圖將原料加工成產品的工廠作業員。而合成蛋白質的原料是更小的胺基酸分子。

如果以鐮形血球性貧血症病人和一般人體內都正常的血紅素阿法鏈為例，它是由一百四十一個胺基酸所組成，而可能發生變異的血紅素貝他鏈，則有一百四十六個胺基酸。蛋白質的功能與特性，就來自二十種不同胺基酸如何排列成特定序列。

當核糖體遇見 mRNA 時，便會自動將 mRNA 夾在兩個次單元之間（圖 5-8），並使 RNA 上的密碼子，一次一個放置在核糖體的關鍵位置上，使漂浮在核糖體四周水溶液中的 tRNA，可與密碼子配對結合，而 tRNA 另一端則攜帶了特定的胺基酸。如果此時核糖體所呈現的 mRNA 訊息為 GAG，那麼唯一可與之互補的序列必為 CUC，因此一端具有 CUC 序列，另一端連接著麩胺酸的 tRNA，就會來到施工現場（圖 5-9）。

核糖體在收下麩胺酸後，便切開麩胺酸與 tRNA 間的鍵結，丟棄功成身退的 tRNA，然後往前邁進一步，將下一個密碼子固定在

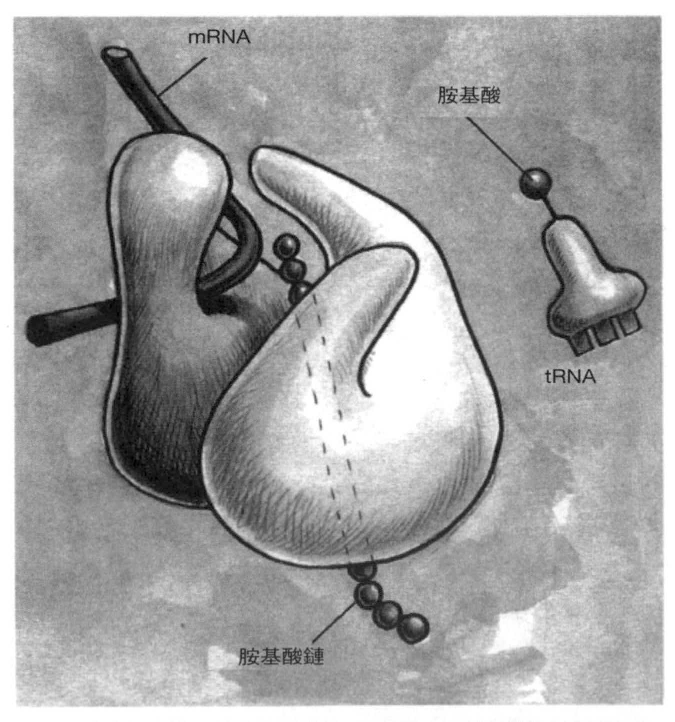

圖 5-8　由兩個次單元組成的核糖體，正抓著 mRNA 並遵循上面的密碼，將胺基酸組裝成蛋白質，每個胺基酸原料都是由 tRNA 帶至施工現場。

適當位置。待新的 tRNA 對碼入座，新來的胺基酸也連接在增長中的胺基酸鏈上，並切開 tRNA 後，核糖體便繼續往第三個密碼子前進……。

核糖體就這樣，像一臺新奇的機器，一步接一步、一個密碼子接一個密碼子的，沿著 mRNA 長鏈逐一輾轉過去。儘管過程看來

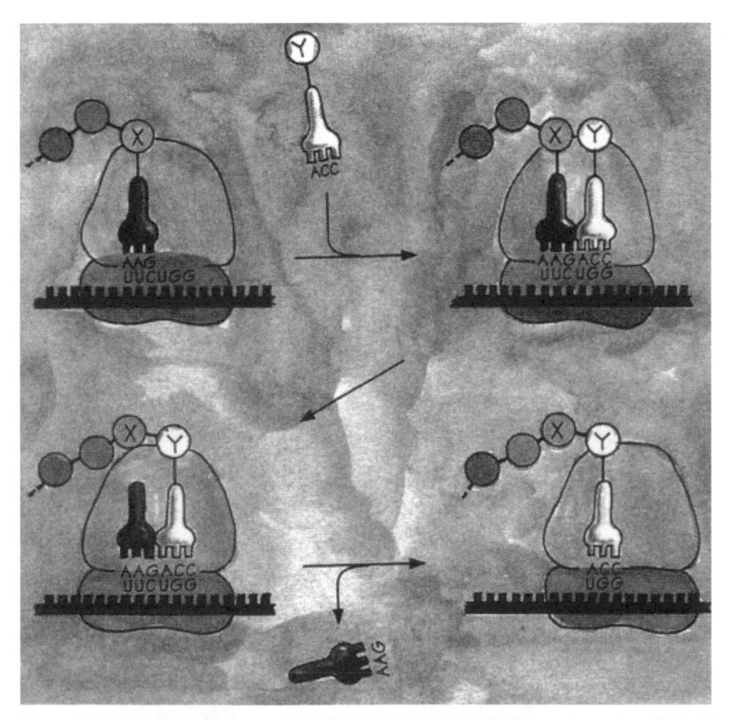

圖5-9　從左上角的圖中，可看出囊泡狀的核糖體連接在mRNA上，而每根突出的鋸齒則代表一個鹼基，核糖體目前所讀出的密碼子為UUC，使具有互補序列AAG的tRNA帶著胺基酸X，接到成長中的胺基酸長鏈上。右上角的圖則顯示另一個一端帶有ACC序列的tRNA抵達後，與mRNA上的下一個密碼子短暫結合，將上面所帶的胺基酸Y連接到X上。下圖則為核糖體在前進一步後，釋出帶有胺基酸X的長鏈並丟棄前一個tRNA之後，準備迎接下一個tRNA的到來。

如此複雜，實際上，蛋白質的合成卻是飛快進行著，許多核糖體會同時沿著一條 mRNA 前進，吐出相同的胺基酸鏈，待竣工後，這些胺基酸序列都會成為蛋白質分子。在一個典型的細胞中，每一秒中都有數千個核糖體，在處理一百萬個胺基酸聚合反應，合成兩千個蛋白質分子。

曾擔任紐約史隆凱特林癌症研究中心負責人，同時也是《一個細胞的生命》的作者湯瑪士（Lewis Thomas, 1913-1993），曾說他喜歡想像自己因感覺到全身千萬個小核糖體，在體內吱吱渣渣、滴滴答答的旋轉出新蛋白質，而不禁興奮得顫動。

然而卻也是在這一步驟中，由於核糖體遵循帶有錯誤的遺傳訊息，將錯誤的胺基酸嵌入新合成的蛋白質，使得鐮形血球性貧血症的病人，陷入萬劫不復的命運。在 mRNA 上一個原本應該為 GAG 的密碼子，被 GUG 所取代，於是當核糖體在讀取這個密碼子時，只能接受攜帶著纈胺酸的 tRNA，而非正常血紅素應有的麩胺酸。

蛋白質摺疊

然而，蛋白質並不僅是一長串的胺基酸序列而已，一旦它由核糖體中釋出後，就會像剛削下的馬鈴薯皮一樣，彎曲摺疊成一定的形狀。這個名為「蛋白質摺疊」（protein folding）的現象，是因為序列中胺基酸之間的化學交互作用，而自動發生的。給予一段特定的胺基酸序列，只要化學環境維持相同，這段胺基酸序列每次都會摺疊成同樣的形狀（圖 5-10）。

有部分序列會盤繞成螺旋結構，有部分片段則固定成堅硬的短柱，還有某些區域會成為柔軟彎曲的接軸。其中有一種名為半胱胺酸（cysteine）的胺基酸，會與序列中另一個半胱胺酸，形成強固的鍵結，將長鏈焊接在一起。於是一條非常長的胺基酸鏈，可能在彎曲反轉之後，橫跨過結構的另一端，再盤旋環繞成螺旋結構，最後以一條垂直線穿入結構中心，原本的長鏈也就形成一個巨大的球體了。

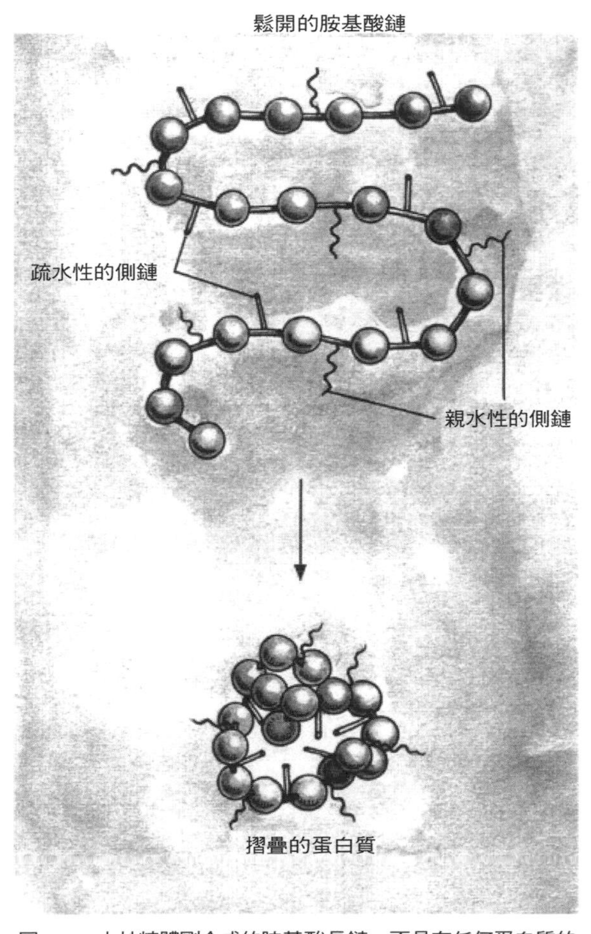

圖5-10　由核糖體剛合成的胺基酸長鏈，不具有任何蛋白質的功能，它必須先摺疊成特別的形狀。而序列中胺基酸之間的化學引力或斥力，或推或拉的調整出特別的結構，有些胺基酸序列盤繞成螺旋狀，有些則形成連續曲折的鋸齒狀。

至於胺基酸鏈與四周液體的作用，也對蛋白質結構的形成，扮演了重要角色。有些胺基酸序列為親水性，樂意浸潤於水中，有些胺基酸序列則為疏水性，會排斥水分子；疏水性區域在大部分的蛋白質中，都會包埋在結構內部，以遠離水分。最後，位在結構最外層的胺基酸的輪廓和化學特性，常是決定蛋白質功能的關鍵因素，但也有一些例子，其具有功能的部位是在袋狀結構或洞穴的底部。例如有一種酵素具有隧道般的形狀，位在隧道口的胺基酸可吸引帶相反電荷的目標分子，將無助的分子吸入隧道加以分解，再由隧道的另一端靠著電荷的斥力，排出分解後的碎片。

雖然將胺基酸鏈摺疊成為精緻機器的主要動力，是源自長鏈本身的化學特性，但一段胺基酸序列可能會有數種不同的摺疊方式，其中僅有一種是真正具有功能的。為了幫助長鏈找到正確的結構安排，細胞內有許多「伴護蛋白」(chaperone，英文原意為「監護人」)，可抓住部分摺合的序列，像是雕塑家在修整一件尚未滿意的作品一般，揉捻著胺基酸鏈，將某螺旋結構輕推至一旁，或將一圓弧由此端搬移到彼端，或推或拉的，將胺基酸鏈調整成最後的特殊形狀。由於最初細胞生物學家發現這些分子時，以為它們的功能是防止新合成的序列在未摺疊成最終形狀前，就雜亂糾纏在一起，因此將分子命名為「監護人」，但現在或許應該更名為「按摩師」，才名副其實吧。

然而不管有沒有伴護蛋白的幫助，蛋白質的結構都可能會因胺基酸序列的改變而發生變化。在一個蛋白質分子中，某些胺基酸所扮演的角色要較其他胺基酸來得重要，當這樣的關鍵位置發生一點小小的改變，就可能造成整個分子形狀或功能的劇烈變化，使某一個原本可促使反應進行的酵素，失去了催化活性，或可能因而得到新功能。但其他位置的胺基酸改變時，則對蛋白質分子一點影響也沒有。這就好比像有些改變會造成車輪由圓形變方形，影響非常嚴重，有些改變只是變換車門把手的造型，並不會影響整體的運作。

胺基酸序列改變的現象在數億年的演化長河中，發生過不計其數，這是使現存生物如此多采多姿的原因，也是演化現象的核心。

基因突變

達爾文當時並不知道使演化得以進展的重要事件，正是 DNA 所攜帶的遺傳訊息的改變，也就是突變。這些改變最後在核糖體的作用下，轉譯出具有新形狀的蛋白質分子，和可能伴隨而來的新催化功能，或是改變整個細胞形狀的新蛋白質。

當控制胚胎發育的基因突變時，甚至整個生物個體都因此而改變。只要變換某些細胞的特性、改變各器官的大小比例，就可能造成蠕蟲或兩棲類、爬蟲類或哺乳類、靈長類或人類的區別。這些演化的差異，正是源自基因的遺傳訊息和根據遺傳訊息所合成的蛋白質，在時間的長河中，逐漸累積下來的變異。

當然，真正對我們日常生活會有影響的，是造成癌症、先天缺陷或其他疾病的突變。變異可能發生於細胞分裂時，DNA 複製的過程中，也可能來自外力的影響，例如陽光、放射線或某些有毒的化學物質。諷刺的是，這些也能促成演化所需的突變，而其中的差別在於突變發生的位置。如果突變發生在製造精子或卵的生殖腺，就可能對下一代造成或好或壞的影響。如果突變發生在身體的一般細胞，則不會影響到下一代，但癌症可能因此生成。

不管突變發生的位置為何，只有在變異的遺傳訊息被轉錄成 mRNA，且經核糖體讀取訊息，合成具有新結構或新特質的蛋白質之後，才會對生物造成影響。

顯然，地球生物在經歷數十億年的演化歷程後，已由最初的少數幾種蛋白質累積許多變異，而衍生出數千種不同的蛋白質。但是無論這些蛋白質看起來如何複雜多樣，在它們的結構中，都隱藏著相同的架構。科學家近年來已經瞭解，絕大多數的蛋白質都並非新創，而是沿襲其他蛋白質，廣泛截取不同的功能單元，重新組合而成的。

功能不同的基因，卻有驚人的相似性

這就是生物學家一致認為，不知所云的遺傳片段之所以存在的可能原因。那些在酵母菌或人類基因中都能找到的內含子（非編碼序列），正是外顯子（編碼序列）的分隔島，將基因中負責不同功能的編碼序列區隔開來。每一基因所帶的內含子數目不一，從一個到超過五十個都有可能。有時，這些內含子甚至比所有外顯子加起來還長。事實上，根據估計，每個基因平均有百分之七十五到九十是由內含子構成的。

就以 LDL 受體為例，其基因具有十八個外顯子，中間穿插了十七個內含子。其中有幾個外顯子，是負責合成使外來分子可套入的袋狀結構；有一個外顯子則提供醣類分子的接合點；還有兩個外顯子可合成疏水性的片段，讓受體能固定在細胞膜上；另外一個外顯子則生產位於細胞內部的受體分子尾端，也就是網格蛋白結合的部位（網格蛋白藉由形成網格蛋白被覆囊泡，將 LDL 和膽固醇攝入細胞）。

分子生物學家還發現：任何一個基因都有許多外顯子，和其他不相干的蛋白質有不可思議的雷同之處。例如 LDL 受體的基因，其外顯子和皮膚生長因子的基因就有神似的地方；還有其他外顯子類似三種凝血因子的基因；另有一個外顯子酷似補體（免疫系統中的一類蛋白質）的基因。

這種功能各不相同的基因，卻有驚人相似性的案例，不斷被發現。而且有少數基因，從酵母菌到人類，甚至延伸到植物界，其內含子所在的位置，在所有的物種中都是一樣的。

由於微生物和它們的基因大約在十億年前即已生成，顯示這些內含子一直很安穩的保留在同一位置，已有十億年的歷史了。這些內含子顯然並不純粹是垃圾而已，在漫長的演化過程中，細胞分裂時、DNA 複製的過程中，所發生的突變（機率雖小但無可避免）必定不只一次改變過內含子的位置，但這些突變顯然都未能存活下來，表示一定有某些原因，使這些非編碼序列必須得維持在一定的位置上。

外顯子洗牌效應

在總結所有的證據之後，科學家提出了數十年來演化機制中最新、也是最重要的觀點。哈佛大學分子生物學家、諾貝爾獎得主吉爾伯特（Walter Gilbert, 1932-）將這觀點命名為「外顯子洗牌效應」（exon shuffling）。這項論點主要觀察自細胞分裂期間，複製的 DNA 偶爾會斷裂成數段，並依不同的順序重新排列接合，有些片段甚至被重複複製。這種現象可能造成先天缺陷，也可能產生重大的結果。

由於斷裂點可發生在 DNA 長鏈的任何位置，如果基因的內含子較長的話，斷裂發生在內含子的機會也就比較高，而不致影響有功能的外顯子。當 DNA 片段在分裂中的細胞重新接合後，某一基因可能因此意外獲得全新的單元，而可執行其他已知的功能。當然，大部分這樣產生的蛋白質可能毫無用處，甚至對細胞有害，但偶爾也可能組合出對細胞有益，又具有新能力的蛋白質。

對於一些仍堅持「突變造成演化上有用新蛋白的機率實在太小

了」的人來說，外顯子洗牌效應的發現，無疑是強而有力的反駁。誠如法國生物學家莫諾所預測的，機遇（chance）仍將是操控演化的動力，但內含子的存在使每次在擲遺傳骰子時，獲得有意義且實用的新結構的勝算，大大提升許多。

不管一個蛋白質過去的演化史如何，它在細胞內下一步的加工處理，取決於該蛋白質未來的用途與去處。如果這個蛋白質將繼續留在細胞質中，則核糖體可自由懸浮在細胞質中進行合成工程；如果蛋白質未來的歸宿是擔任細胞膜上的受體，或是將分泌至細胞外的分子，則核糖體會黏附在「內質網」（endoplasmic reticulum）的表面。

內質網——蛋白質加工廠

內質網是細胞內具有多個腔室的胞器，外形像是扁平摺疊起來的熱氣球，但卻沒有像熱氣球一般的開口。

整個內質網都由磷脂膜密密實實的包裹起來，裡面裝有一套獨特的化學物質，以執行內質網應擔負的代謝任務。當核糖體依附在內質網上，進行轉譯的工作時，頭幾個合成的胺基酸序列，常有類似標籤般的功能（這些序列通常轉譯自第一個外顯子），可為內質網膜上的受體所辨認，而後把還在成長中的胺基酸鏈，給拉進內質網中（圖 5-11）。

內質網內部的化學環境和細胞質非常不同，這是蛋白質進行加工修飾的第一站，伴護蛋白就是在這兒協助蛋白質摺疊成適當的結構，成長中的胺基酸鏈也會在此整修門面，一些脂肪酸或醣類分子在加裝到蛋白質的不同位置後，將蛋白質裝飾得像一棵琳琅滿目的聖誕樹。還有些分子在來到內質網後，會被切割成較小的結構；也有許多蛋白質在此與其他蛋白質單元，結合成更大的複合體。

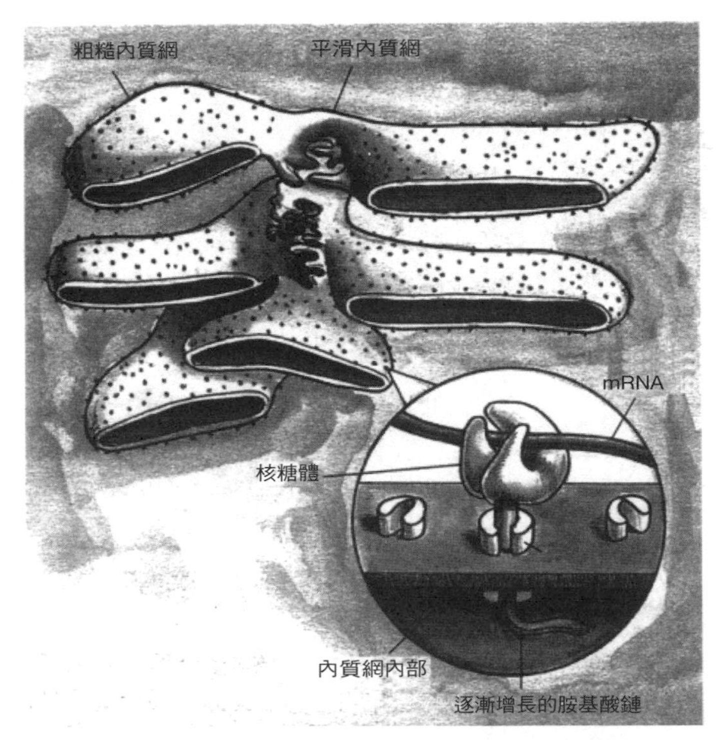

圖5-11　許多新合成的蛋白質在啟用前，必須先經過一連串的修飾作用，而內質網就是第一個加工站。內質網的外型起伏波動，像是摺疊起來的熱氣球。內質網可分成兩部分：平滑內質網與粗糙內質網。平滑內質網的表面並無核糖體附著，呈平滑狀。粗糙內質網的表面附著了許多核糖體（圖上的小點），這些核糖體正在修飾加工胺基酸鏈，並將它們注入內質網中。

例如血紅素單的兩個阿法次單元和兩個貝他次單元，就是在內質網中組合成四葉形的結構（見次頁的圖5-12）。除此之外，內質網還會幫每個次單元裝上可攜氧的血基質（heme）。血基質並不是蛋白質，而是一種含鐵的有機分子，固定在血基質中心的鐵原子，可與氧分子鍵結，賦予血紅素運送氧至全身的能力。

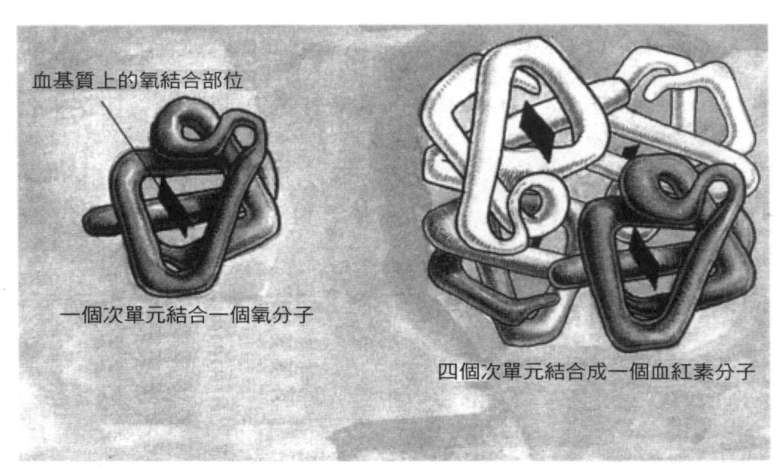

圖 5-12　血紅素的四個次單元的摺合和組合，就是在內質網中進行的。左圖為單一個血紅素次單元，已摺疊好並裝上了可攜帶和釋出氧的含鐵血基質。右圖則為四個次單元組成一個複合體的情形。

然而，每個人每天因排泄、流汗、皮膚脫落、或意外失血時，所流失的少量鐵質，以及婦女因月經而流失更多的鐵質，都應注意由飲食補充回來，以避免貧血。

細胞的品質管制措施

除了蛋白質的修飾加工之外，內質網還擔負一項生命中最重要的功能。就像任何製造流程都可能發生組裝工人漏了一步驟、或忘了栓上螺絲的意外，核糖體的蛋白質生產線也可能產生錯誤，細胞是否也有品質管制的措施呢？

答案是有的，細胞學家已發現它們的存在，並深入探究其中的機制。可以肯定的是，細胞確實有某些裝置可偵測出發生錯誤的蛋白質，並將有缺陷的產品自生產線上卸下、銷毀，再將原料回收利用。

一個沒有糾正錯誤能力的細胞，很可能會將毫無功能的受體安裝在膜上，使細胞無法獲得生存的必須物質，或無法接收到激素的訊息，來啟動細胞執行它們在人體內應盡的職責。顯而易見，細胞的生命或人類的健康，都仰賴細胞是否具有正常運作的蛋白質。我們甚至可以想像，如果細胞沒有品管程序，生命是不可能由單細胞演化為多細胞的！

對單細胞而言，如果有不正常的蛋白質存在，最多也只是發生錯誤的那個細胞死亡，並不會影響整個物種的安危。而多細胞生物則需要數兆個細胞同時成功運作，如果其中有細胞必須存活數十年，例如人類的肌肉細胞和神經元，能容忍錯誤的空間就更小了。

細胞品質管制的第一步，就是在內質網中進行的。讓我們以一個最常拿來研究的範例來說明。在免疫系統中，T細胞（白血球的其中一種）的細胞膜上，有一種非常複雜的受體，由七個較小的次單元共同組成。這七個次單元不僅是不同外顯子的產物，它們還分別來自不同的基因，而且這些基因甚至散布在不同的染色體上，因此要組成完整的受體，需要七組核糖體，分頭合成七條胺基酸鏈，再將胺基酸鏈送入內質網中，讓這些次單元找到自己的隊友，組合成正確的受體結構：有突出細胞膜外接收訊息分子的構造，有疏水性的區域以固定在細胞膜上，還要有伸向細胞內部啟動適當反應的部位。

科學家發現：在培養皿的T細胞中，要讓新合成的單元組成完整的受體，大約耗時三十分鐘。正常情況下，組合好的受體會繼續運往下一個蛋白質加工廠——「高基氏體」（Golgi apparatus），最後才自高基氏體派遣至細胞膜上安裝啟用（見次頁的圖5-13）。

當科學家移除了七個次單元中的任一個基因，他們意外發現，少了一個次單元的受體，絕不會被鑲嵌在細胞膜上。事實上，殘缺不全的受體甚至連高基氏體的門檻都碰不著，它們全被滯留在內質網中。到底是誰在執行這項檢查工作呢？內質網是如何決定一個蛋白質是否適當摺合呢？細胞內有數千種蛋白質都是經由內質網加工處理，是不是每種蛋白質都有自己專門的品管機制呢？

解答這些問題的線索來自一種名為「結合蛋白」（BiP, binding protein）的發現。BiP 定居於內質網中，專與新合成且剛送入內質網的胺基酸鏈結合，BiP 並不會非常挑剔結合的對象，但總是選擇

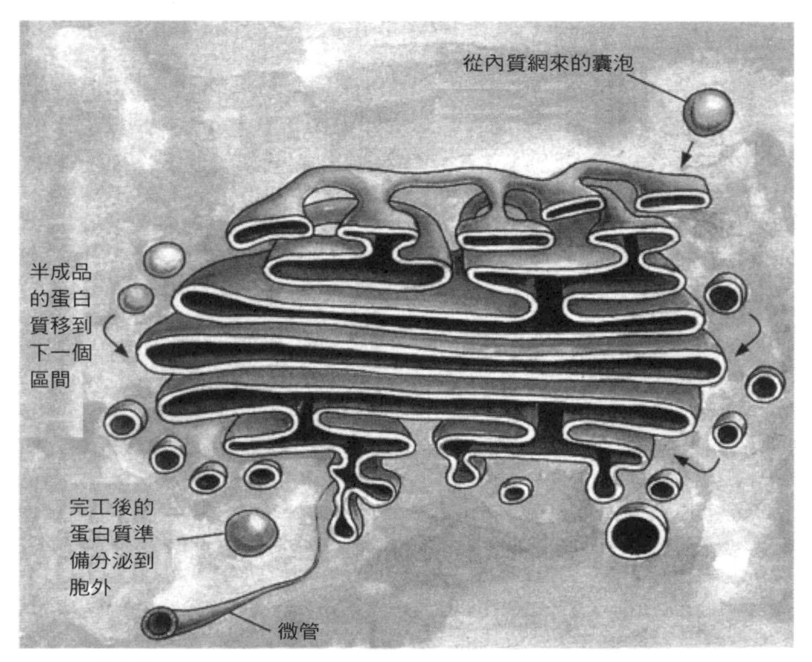

圖5-13　當許多半成品蛋白質完成在內質網中的修飾作業後，會移往高基氏體做進一步的處理。高基氏體是由一疊扁平的膜狀扁囊所組成，由右上角我們可看到：從內質網送來的囊泡，在與高基氏體的第一個扁囊的膜融合後，將半成品蛋白質傾倒在高基氏體內。當高基氏體的第一個扁囊完成工作後，又會從膜上冒出囊泡，帶著蛋白質到下一個扁囊（見圖的左側）。待最後完工後，囊泡才由馬達分子沿著微管，將蛋白質運送到最後的目的地。

胺基酸鏈疏水性的區域。許多蛋白質都具有這樣的結構，但在經過摺合後，疏水性的區域便會藏在整個結構的內部，其他分子無法「看到」的地方。相對的，大部分蛋白質的外表則為親水性結構。當蛋白質在內質網中完成最後摺合時，BiP 便會鬆開與這些蛋白質的連結。

那麼 BiP 是如何使未摺合或摺合不當的蛋白質，被扣留在內質網中的呢？科學家發現在 BiP 的尾端，具有特別的胺基酸序列，可黏附在某些面向內質網內部的受體上，而頭端則抓住新合成蛋白質的疏水性區域。科學家還發現許多其他定居在內質網中的蛋白質，尾端同樣也都有類似的胺基酸序列：離胺酸—天門冬酸—麩胺酸—白胺酸。這意味著：具有相同片段的蛋白質，可能也具有類似的功能，可固定於內質網的內面。

如果這項臆測屬實，它將再次證明細胞內許多看起來需要高難度技術的過程，實際上可由簡單的機制達成。內質網中的品管監測員是一端固定在內面，另一端則可依化學性質，例如與疏水性區域結合的特性，把未完成摺合而不當暴露的蛋白質攔截下來。

不過，生命的機制絕非如此單純，許多殘缺不全而滯留在內質網中的蛋白質複合體，都無法和任何內質網的已知成分作用，例如前述的 T 細胞受體就不會與 BiP 或其他成分結合。

向高基氏體前進

當內質網完成修飾的工作後，便會將半成品運送至高基氏體。此時，內質網的膜上會冒出一個類似肥皂泡泡般的囊泡，囊泡中裝載了欲送往高基氏體的蛋白質。

外表有如幾個懶骨頭座椅堆疊在一起的高基氏體，是由一系列扁平的膜狀扁囊所構成，這是在十九世紀晚期，由義大利醫師高基

（Camillo Golgi, 1843-1926）首次描述的。從內質網到高基氏體的這段運送過程，有馬達分子的參與。

雖然科學家很早就觀察到細胞內的這條運輸路徑，但其中的機制卻一直要到 1980 年代晚期才揭開。任何吹過肥皂泡泡的人都知道，肥皂泡沫並不會突然就冒出氣泡來，必須要有機械力量（例如風力）的幫助。使內質網能冒出囊泡的機制，非常類似前一章提過的網格蛋白。當細胞要將胞外物質攝入細胞時，經由星狀網格蛋白的彼此連結，形成網格構造，而使細胞膜向內深陷，最後閉合成網格蛋白被覆囊泡。

2013 年諾貝爾生理醫學獎得主羅士曼（Jim Rothman, 1950-），1990 年代任職史隆凱特林癌症研究中心期間，在內質網上找到了類似網格蛋白的另一組分子。再次顯示演化是如何應用相近的機制來解決細胞內類似的難題。內質網中的這組蛋白質，可能透過突出在內質網膜外的某些蛋白質，而嵌在膜上，當這些蛋白質分子相互鍵結後，由於連結時所形成的角度和形狀，使內質網膜向外凸出，最後拉成一球狀囊泡。

羅士曼還注意到囊泡大小總是固定一致，這是另一項證據顯示它們的形成是由包裹在囊泡外的蛋白質所決定的。在細胞客廳中，囊泡僅僅略比彈珠大一點，徘徊在扁平熱氣球般的內質網附近，並在馬達分子的協助下，朝另一疊懶骨頭靠椅——高基氏體前進。當囊泡抵達高基氏體後，突出於囊泡表面的某種蛋白質，會與高基氏體表面的蛋白質相互作用，如果兩者之間可吻合，在其他表面分子更進一步的確認後，囊泡的膜便會與高基氏體的膜融合，自動將半成品蛋白質送進高基氏體。囊泡外的蛋白質則在過程中脫落。

羅士曼注意到膜融合的現象並不會隨便發生：「如果你將兩個小膜球互相推近，不管你如何努力，這兩個小膜球就是不會合而為一。因此細胞內的膜融合現象，一定有其他的因子居中協調。」羅士曼還指出，細胞質中塞滿了各式的囊泡和胞器，它們都是由同樣的「流動馬賽克」的雙層磷脂膜所圍成，融合現象也在細胞內隨時隨地可見。

但且讓我們停下來好好思考一番，想想所有可融合的分子都散布在細胞之內，但卻僅有特定胞器的膜可以相互融合。再想想倘若載滿消化酵素的溶體和細胞核融合在一起，後果將不堪設想，所有的遺傳訊息都將毀於一旦。因此膜融合的過程，必定是細胞管制得最嚴格的現象之一，如果沒有精確的控制，生命最基本要素之一的細胞內各式化學反應之隔室化（compartmentalization），也將不復存在。

難逃高基氏體的法眼

高基氏體一般是由四到六個膜狀扁囊所組成，當高基氏體接收了來自內質網的半成品蛋白質後，便像是工廠的組裝線一般，一次一個步驟的加工處理蛋白質。例如某一扁囊可能專門負責將黏附在蛋白質上的碳水化合物，重新修剪整理後，再將完成這一步驟的蛋白質送往下一個扁囊，進行下一步處理。這種種的修飾都是為了使每個蛋白質分子都能勝任它將要擔負的角色，並可將蛋白質依類型和目的地（是細胞膜上的蛋白質、還是分泌至胞外的蛋白質），而加以分類。

科學家已有證據顯示，高基氏體和內質網一樣，也具有自己的一套品管程序。例如由七個次單元組成的T細胞受體，當缺少了一、二個次單元的複合體，不小心溜過了內質網的檢查，而運送到高基氏體後，它們仍將無法逃過高基氏體的法眼，有缺陷的蛋白質將被滯留在高基氏體中。

在蛋白質離開高基氏體的最後一個扁囊前，都是已完全成形、可開始執行任務的狀態。囊泡從最後一個扁囊的邊緣冒出，直奔目的地。如果囊泡中所裝的是欲分泌至胞外的蛋白質，囊泡便會與細胞膜融合，將內容物傾倒在細胞外（圖 5-14）。

以胰島素為例，在分泌至細胞外之後，胰島素分子很快擴散在血液中，開始協助人體血糖的代謝。如果最後成品是細胞膜上的受體，那麼蛋白質在離開高基氏體時，就已鑲嵌在囊泡的膜上，當囊泡與細胞膜融合時，受體也自動各就各位，開始執行門房的任務。

遺憾的是，沒有任何品管機制可偵測出鐮形血球性貧血症中，變異血紅素單一胺基酸的改變。突變的分子在所有的檢查員眼中，看起來都是完全正常，而細胞也很順從的仰賴它們執行運送氧至全身的重大任務。

雖然鐮形血球性貧血症是所有遺傳疾病中研究得最透澈的，這

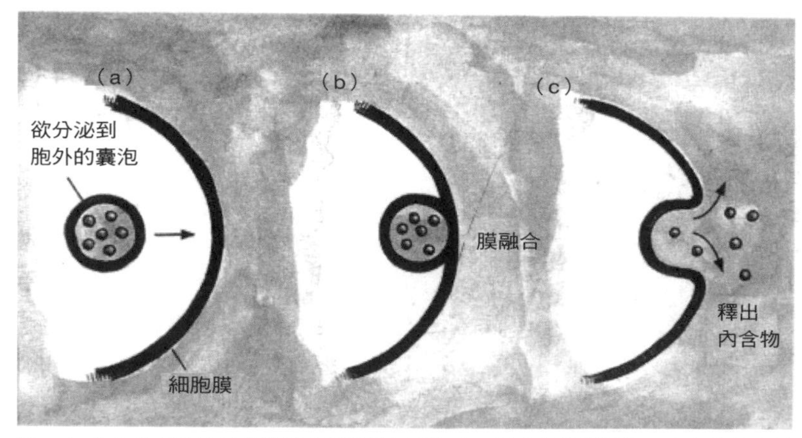

圖 5-14　（a）欲分泌至胞外的蛋白質被裝在囊泡中，抵達細胞膜附近。（b）囊泡上的受體在與細胞膜的受體作用後，造成兩膜的融合。（c）膜融合後，囊泡中的內含物便自動釋出細胞外。

些知識並沒有為病人帶來許多治療的新進展。在所有爭先恐後競相尋找致病基因的熱潮中，有一事實時常遭忽略：即使知道了基因的所在，也並不一定就能因此得知蛋白質的功能為何。

要揭露錯誤分子是如何影響人體，以及正確分子在生命的過程中又扮演什麼角色，還需要更多根據活細胞所做的研究，以及分析遺傳密碼的含意。然而這些仍不夠，就像我們在知道缺陷血紅素的功能和行為後，對如何治療還是束手無策。我們還需結合其他研究領域的進展，才有可能使病人的病情得以改善。

活化胎兒型血紅素基因

目前有一種治療鐮形血球性貧血症的新方法，就是利用分子生物學中一項重要的發現。

在我們體內有兩種不同類型的血紅素，其中一型主要用於胚胎和胎兒時期，另一型則在出生後才開始製造使用。胎兒型血紅素和成人型血紅素分別由兩組不同的基因負責。由於胎兒氧氣的取得要較成人困難，必須自胎盤中掠取母親血紅素所攜帶的氧，因此一般相信，胎兒型血紅素的氧結合能力較強。

在嬰兒出生後的數月間，由於基因調節分子的變化，胎兒型血紅素逐漸減少生產，最後被完全關閉停用。而成人型的血紅素則逐漸加入，取代了胎兒型的血紅素。

由於鐮形血球性貧血症病人的胎兒型血紅素是完全正常的，因此研究人員推測，如果可重新啟動胎兒型血紅素基因的表現，就可望製造出不會聚合、不會失去帶氧能力、也不會扭曲紅血球的血紅素。研究人員還發現，如果給予病人一種由尿素製成的藥，就可再次活化他們胎兒型血紅素基因的表現。雖然病人的缺陷基因仍會運作，但鐮形血球的症狀確實因而減輕許多。尿素是一種富含氮的分子，是肝臟分解胺基酸後形成的終產物，經由尿液排出體外。雖然尿素作用的詳細機制尚未完全明朗，但顯然它活化了一些反應，而喚醒長久蟄伏的基因。

鐮形血球性貧血症的研究，豐富了我們的科學知識，使我們瞭解到綿長 DNA 上所帶的遺傳訊息的任一個小細節，都會深深影響細胞，甚至影響人類的生命。

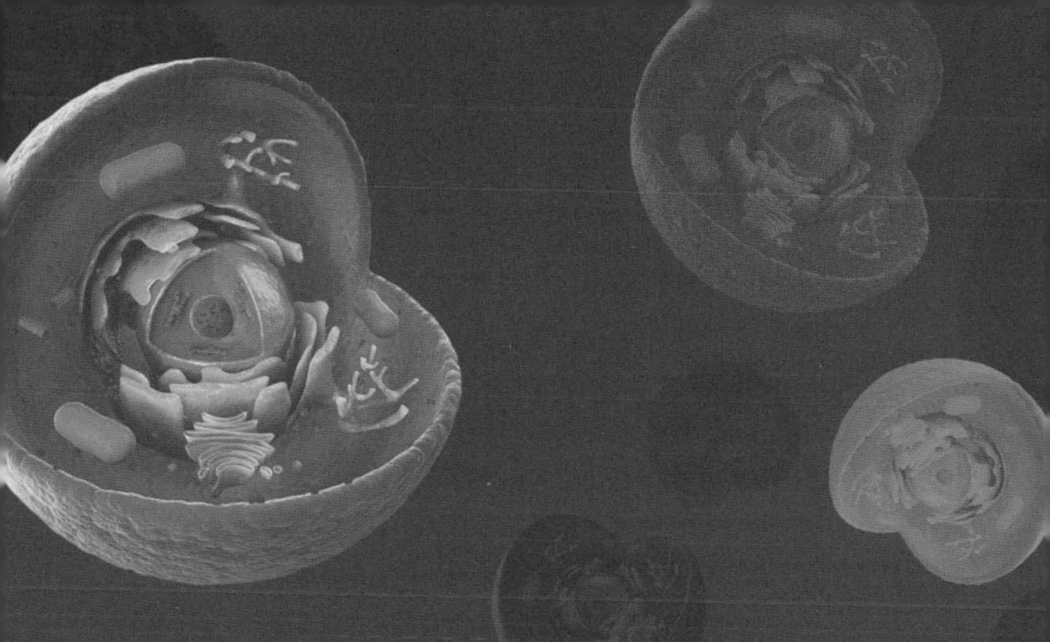

第6章

生命一分為二

細胞分裂的基礎核心

就是複製染色體，

並平均分配一套完整染色體

到子細胞的過程。

例一：當你一不小心咬破了嘴唇，在刮鬍子時割傷了皮膚，或是有一名孩童擦傷了膝蓋，你將會發現這些傷口在短短的幾天之內都會癒合，一切組織完好如初。即使遇到較嚴重的傷口，通常假以時日也都可復原。

例二：癌細胞正從身體的一角冒出，剛開始時它只是一個小到無法偵測出的細胞錯誤，但當細胞繼續繁殖形成巨大的團塊時，只能期待外科手術移除後，才能治癒病人。但通常這些細胞已在身體各處灑下新腫瘤的種子，使病人遭遇手術也無法切除的絕望。

例三：小小的人類受精卵，由一顆微小的細胞開始，逐漸發育成胚胎，再過數個月，它就會變為由數兆個細胞組成且重達數公斤的小寶寶。

在這些尋常的事件中，隱藏著最驚人的自然現象——即細胞由一個生命轉變為兩個生命的能力。當身體受傷時，埋伏於傷口附近的某些特別細胞便會立即採取行動，它們分裂繁殖，製造新細胞以取代受損的細胞。癌症在開始形成時，只是一個失去穩定性的正常細胞，其控制分裂週期的機制發生錯亂，無視於細胞內「暫停」及「檢查」的訊號，叛變的細胞肆無忌憚的繁殖成腫瘤，並讓逃脫的腫瘤細胞繼續將它們無法無天的行為散播至身體各處。在例三中，要將母親子宮內那細小的顆粒轉變為發育完全的人類，細胞分裂更是不可或缺的過程。

每個細胞的夢

在前幾章所談的自主性運動，雖是生命的標記，但細胞分裂卻是使生命能獨特於其他物質之外的現象。蒸氣引擎或汽車等無生命的機器，也可四處橫行呼嘯而過，卻無法依照自己的形象製造另一臺新機器。在所有已知的宇宙萬物中，僅有細胞能無需假借外界的力量來繁殖自己，因為複製的計畫和能力就存在每個細胞之中、隱藏在分子之間。或許許多生物在不同的成長期間，會有一些細胞放棄分裂的能力，但在那發生之前，細胞分裂之輪仍不斷轉動著。誠如法國分子生物學家賈寇布（Françis Jacob, 1920-，1965年諾貝爾生理醫學獎得主）所形容：「複製成兩個細胞，是每個細胞的夢。」細胞分裂是所有細胞最珍貴的要素，也是生命賴以延續的因子。由於這個夢是如此深植於細胞的基本中心，使得細胞共和國中柔順的細胞偶爾也會叛變，釋開使體內正常細胞保持在固定分裂節奏的煞車，不惜犧牲它們所屬社會的利益，以滿足它們狂暴的野心。這些是將在第12章討論的癌細胞。

除此之外，細胞分裂還是演化的基礎動力。在生命初露曙光，第一個原始細胞投身在這充滿敵意的星球，而任憑環境宰割時，是細胞分裂保證了未來，這孤單的細胞最後終將消逝，但只要它有了後代，不消多時，它的同類就可存活下來。細胞分裂更積極提供了演化良機，去創造新的基因，改變生命形式，衍生出一個具有全新功能的生命形式。

是細胞分裂讓生命之火熊熊燃燒四十億年，從古老的微生物到多細胞蟲類；從原始魚類到成功登上陸地的兩棲類始祖；從坐在枝頭張大眼睛的靈長類、到第一個可回顧自己是如何形成的生物——人類，都是以親代細胞將薪火傳承給兩個子細胞的方式繁衍。

「細胞分裂的確是生命最偉大的奧祕，」井上信也（Shinya Inoué, 1921-）感嘆道。井上信也是伍茲霍爾海洋生物研究所裡，研究細胞分裂的先驅，他發展了許多利用電子影像增強顯微鏡的實驗方法，來觀察細胞，尤其是觀察細胞分裂的過程。他說：「如果我們能夠瞭解細胞分裂，將可對生命有更深一層的認識。」

人體細胞不斷汰舊換新

每秒鐘，細胞分裂在成人體內起碼發生一億次以上。除了肌肉細胞和神經細胞外，人體所有的細胞形式都在不斷汰舊換新。細胞會衰老死亡，會因無法接收鄰居細胞所釋出的正確訊息而死，也可能在執行任務時受傷死亡。對健康的人體而言，這些都不是問題，因為就像皮膚的傷口會有特別的修補細胞一樣，當老細胞死亡時，這個社區的預定成員也會立即分裂，產生兩個新細胞，其中一個發展出特化的功能，取代死去細胞的位置，另一個細胞則維持未分化的狀態，以備需要時再度分裂。

在人體內更替最快速的細胞，應屬消化管壁上的細胞。在消化酵素的侵蝕和無法消化物質的磨損下，這些細胞的平均壽命只有一天。人體的表皮細胞則數週更換一次，新細胞由皮膚的深層產生，老死的細胞由表皮脫落。由於許多治療癌症的化學藥物，主要效果是阻斷細胞的分裂，因此像腸壁細胞或皮膚細胞等分裂較頻繁的細胞，也最易受到波及。

肌肉細胞在正常狀況是不會分裂的，然而當肌肉受傷時，可啟動某些原本休止的特別細胞，進行分裂及重建受傷肌肉的工程。構成神經系統感覺接受器、網絡、和大腦的神經元，則被認為是從孩提時代發育完全後，就不會再分裂的細胞。不過新的證據顯示，在某些特殊情況下，腦細胞仍有分裂的可能。

每種細胞形式分裂的頻率，也與該細胞癌化的傾向息息相關，愈常分裂的細胞，發展出癌細胞的機率也愈大。因此腸胃道和皮膚方面的癌症時有所聞，肌肉的癌症則較少出現，神經癌更是從沒聽說過。而所謂的「腦瘤」，大多發生在腦內照顧支持神經元的神經膠細胞（glial cell）上，而非神經元的癌化。

然而，即使在分裂頻繁的皮膚外層，或稱表皮層的部位，也並非所有的細胞都能分裂。在表皮層的內部，有一層僅有單一細胞厚的基底細胞層，可像胚胎細胞一樣不斷進行分裂，產生的兩個子細胞，一個仍保持基底細胞可再分裂的特性，另一個子細胞則移至皮膚最外層，形成人體的保護罩。

在每個組織中，都會有調節機制告訴細胞何時該分裂，何時該停止，如果調節機制失靈，嚴重程度可和胚胎發育錯誤造成先天缺陷的災難相比。以腦細胞為例，細胞可分裂繁殖一直到幼年期，但當暫停分裂的訊號提早在嬰兒出生前出現，腦部將無法發育，可憐的嬰兒將只有一個很小的腦，或根本沒有腦。然而情況若反過來，細胞分裂瘋狂進行，又有可能造成癌症。

實驗顯示，當正常細胞被置放在培養皿中，細胞會四處爬行並分裂、繁殖，直到細胞彼此相接，覆蓋住整個培養皿底部為止。細胞這種因相互接觸而產生訊號、通知細胞核停止分裂的現象，稱為「接觸抑制」(contact inhibition)。但對腫瘤細胞而言，卻不再受接觸抑制所管轄，它們忽視一切叫細胞停止分裂的呼籲，在覆滿培養皿底層後，仍不斷繁殖，像小山般層層堆疊，試圖在狹小的培養皿裡長成腫瘤。

龍生龍，鳳生鳳

自從顯微鏡發明以來，科學家就全神投入，觀察細胞的繁殖，想看出裡面究竟發生了什麼事(見第162頁至164頁的圖6-1)。

在十九世紀初，細胞學說剛建立時，有關細胞繁殖的方法眾說紛紜，有些研究人員認為細胞分裂的方法和動物出生的方式類似，新細胞起初以「細胞胚胎」存在原有的細胞中，然後也像小嬰兒一樣誕生。他們甚至信誓旦旦，指著細胞內的一些結構（也就是如今我們所知的胞器），說那就是細胞的胚胎。

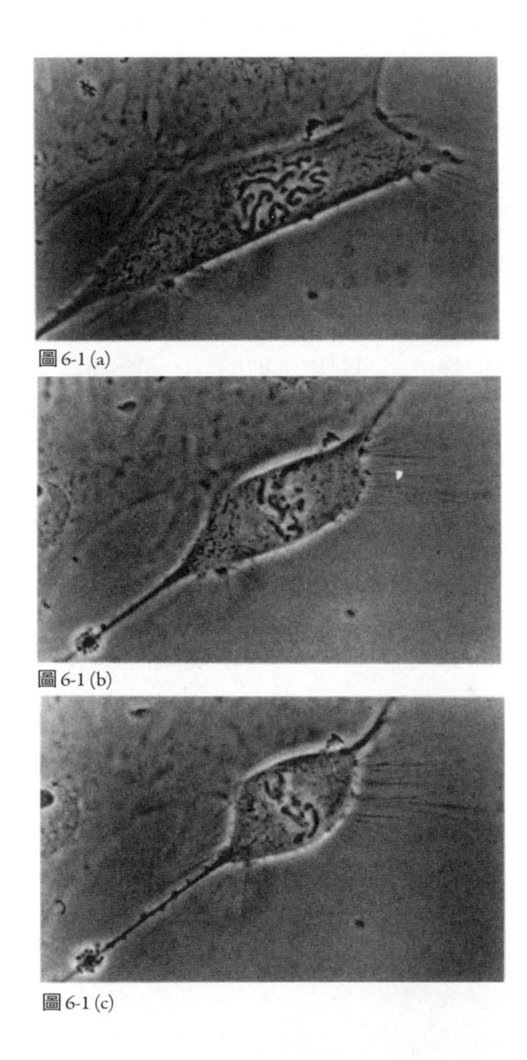

圖 6-1 (a)

圖 6-1 (b)

圖 6-1 (c)

圖6-1　在培養皿中進行分裂的細胞（第162頁至164頁）。由（a）圖可見到細胞核內濃縮的染色體，之後細胞形狀開始變圓，核內的染色體也逐漸排列在赤道板上（b, c）。（d）圖中染色體分別向細胞兩極移動，而（e, f, g）則展示一個細胞分個為兩個細胞的過程，最後子細胞又重新平鋪在培養皿上，恢復正常的運作，如（h）圖。而（i）圖則為掃瞄式電子顯微鏡下分裂細胞的外觀，與（e）圖中的細胞大約為同一時期。

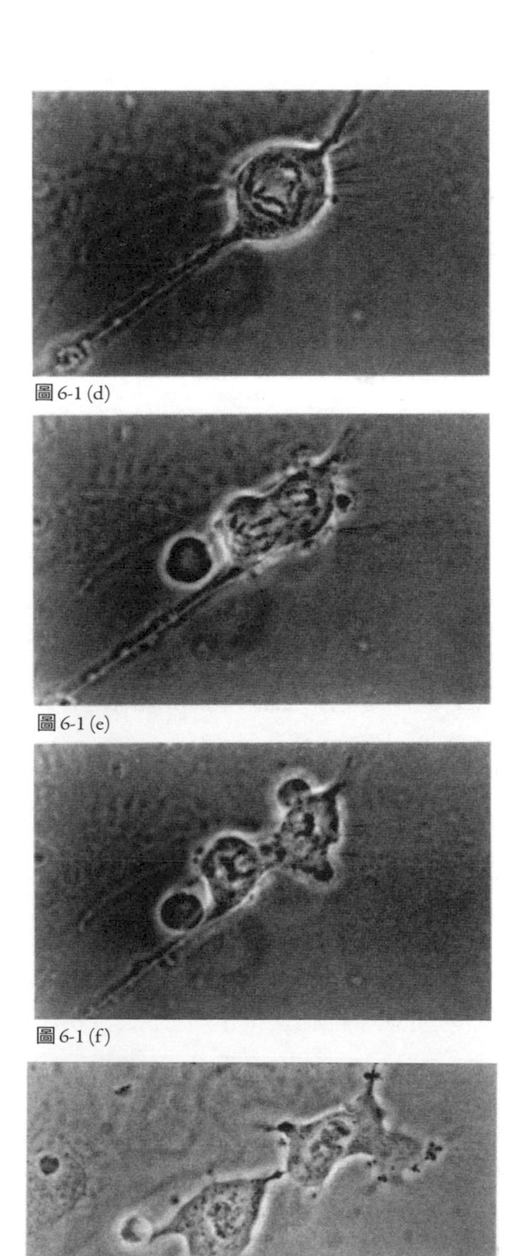

圖6-1 (d)

圖6-1 (e)

圖6-1 (f)

圖6-1 (g)

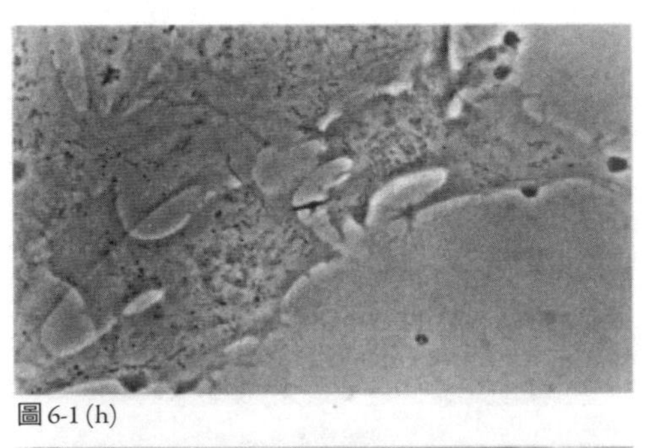
圖 6-1 (h)

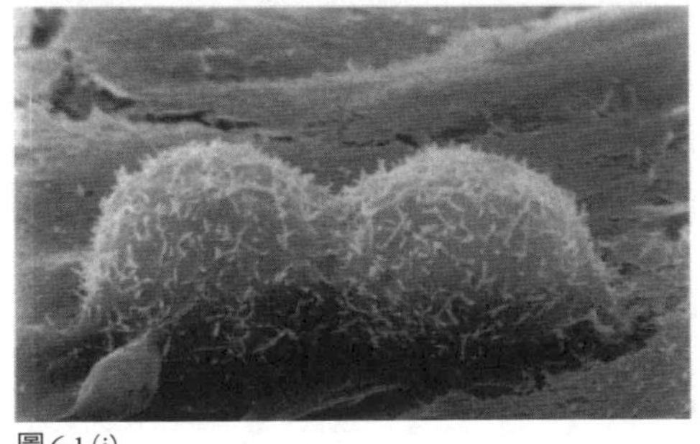
圖 6-1 (i)

也有人堅持細胞繁殖的方法像植物的生長，他們看到細胞一端冒出的小芽，而認定那是新生細胞，將來會長為成熟細胞。到了十九世紀中葉，許多研究人員學會了使蛙卵在顯微鏡下受精的技術，才目睹了受精卵由一個細胞一分為二，二分為四的情形。

然而，早期的觀點卻遺漏了細胞分裂的基本精髓：忠實的複製親代整套染色體，並使子細胞獲得相同且完整的遺傳資產。雖然在那個時代大家都知道「龍生龍，鳳生鳳」的道理，專門培植觀賞植物或農場動物的人，更注意到某些特徵可由親代傳給子代，但卻不明白其中的道理。

這些現象如今都已被透澈瞭解。雖然在拼湊整個細胞繁殖的圖像時，仍缺落了許多碎片，但根據目前已知的訊息，我們仍可清晰看出大致的輪廓。即使未來尋找到這些遺失的訊息，相信也不至於改變圖像的大觀。而細胞分裂的研究，不僅可揭露癌症的成因，更將有助於我們解釋某些智能不足、先天缺陷、或其他疾病的來源。

細胞分裂的基礎核心就是：複製染色體，並平均分配一套完整染色體到子細胞的過程。至於細胞內的胞器，像是粒線體或溶體，則在分裂的過程中，被動分攤到兩個新細胞中，待細胞體積增長之後，再自行製造更多的胞器。

由於在DNA複製階段和接下來的分裂程序中，所有基因的表現都將被強制關閉數小時，因此包括染色體的複製、分離染色體的工具、以及使親代細胞準確從兩組染色體間切開的種種指令，都得先行發布。

基因的關閉是因為在有絲分裂期間，染色體會由平常的絲線狀捲繞成粗短肥胖的「X」形。如同科幻小說中的宇宙旅行者，躺在太空艙的冬眠容器內，然後被推送至遙遠的星系；基因在分裂時，也會放棄正常的活化形式，而進入休止狀態，直到分裂完成，基因被平安送達新細胞的細胞核中，才會解開纏繞的結構，重拾它們的指令。整套分裂程序就像是一臺洗衣機的水量控制器一般，在確定洗衣槽內裝滿水後，才開始攪動，並在排完水後，才啟動脫水裝置。分裂中的細胞也配備有訊息分子和控制機制，來開啟或關閉細胞分裂的每一步驟。這些調控檢查的機制，將在本章後頭詳述。

染色體的複製

當細胞內的一群基因，指揮合成細胞分裂所需的蛋白質，並庫存好所有的酵素和結構蛋白，以DNA聚合酶為首的一批DNA加工酵素，便立即展開細胞分裂的第一項工作：染色體的複製。在前一章，我們已知DNA是由核苷酸所組成的雙股螺旋結構（遺傳密碼則是由A、T、G、C四種鹼基排列組成）。

由於核苷酸所具有的化學特性，使 DNA 的一股可以是任何序列，但相對的另一股則有如鏡像或鑄模般的互補。如同基因在轉錄 mRNA 時互補的特性一樣，當 DNA 上某一位置為 A 時，另一股的相同位置必對應著 T，同樣的，C 與 G 則為互補的配對。舉例來說，如果在 DNA 雙股螺旋上有一段 ACGT 的序列，則互補股上一定為 TGCA。

當 DNA 開始複製時，特別的酵素會沿著四十六條染色體的某些特定區域，將 DNA 的雙股螺旋結構解開，好讓聚合酶能利用分開的兩股舊鏈為模板，將互補的核苷酸單體裝在相對的位置上，重建 DNA 的正常結構。所合成的兩條 DNA 鏈，每條都有一股是來自親代的舊 DNA，和一股新合成的互補股（圖 6-2）。

在複製過程中，準確性是絕對必要的。試想如果有任一個核苷酸遭遺漏，或是有額外的核苷酸插入，都將使接下來的序列全部混亂失序。就像第 5 章所述，當細胞在合成蛋白質時，會由基因的起點開始算起，以每三個鹼基代表一個密碼子，將 mRNA 轉譯成胺基酸。由於這些核苷酸彼此相接，未留任何空隙，因此不論是遺漏或插入，都會造成「讀框移位」（reading frame shift），改變接下來每個密碼子的含意。

DNA 聚合酶多才多藝

雖然 DNA 複製時的準確度極高，但仍然有出錯的可能。如果錯誤太多時，將會擾亂細胞的遺傳程式，使細胞無法正常運作，最後導致細胞死亡。為了防止這種情況發生，自然界演化出可抓出錯誤並校正的分子，多才多藝的 DNA 聚合酶就是其中之一。每回聚合酶將一個核苷酸裝到成長中的互補股時，便會檢查一下新裝的核苷酸是否確實能與互補股相合，若二者並不相合，例如 G 相對的

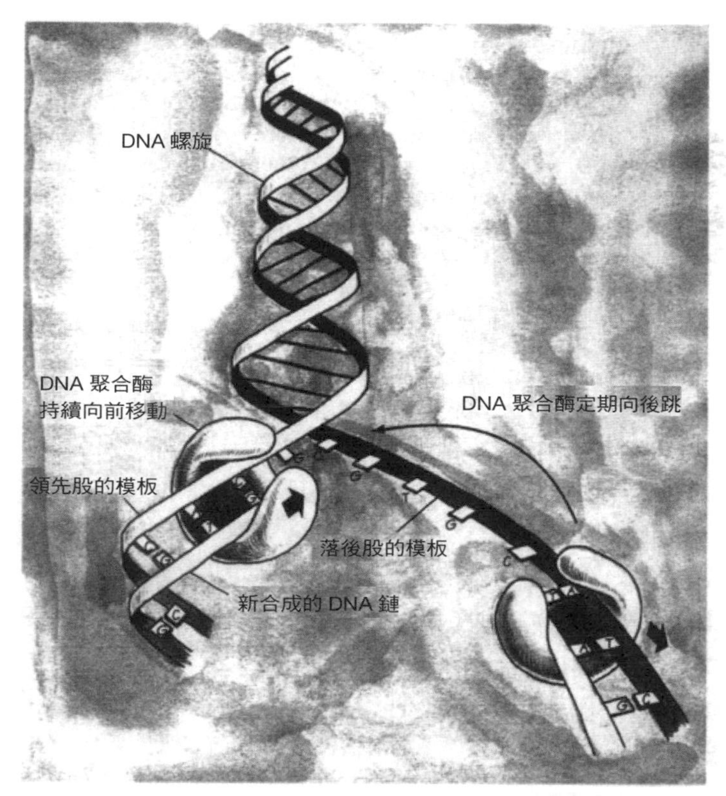

圖6-2　圖解DNA雙股螺旋結構在複製時的情形。圖左的球體代表DNA聚合酶，在複製時，它解開了原本的雙股螺旋結構，裸露出鹼基（以A、T、G、C表示），以合成新的互補股。而另一股DNA鏈上則有另一個聚合酶（圖右下方的球體），正在合成較遠處的DNA，並準備跳至新解鏈的區域重新開始。

位置錯裝成A或T，DNA聚合酶的另一部位就會自動將錯誤的核苷酸切除，重新裝上正確的核苷酸。

在DNA合成過程中，如果有任何未發現的錯誤，就可能造成陷細胞於絕境的突變，或是使特定的基因轉變為癌症基因。例如研究人員發現，造成直腸癌的罪魁禍首，就是負責修補 DNA 缺失的酵素的基因發生突變，這個酵素本應在 DNA 合成後數分鐘之內，檢查新合成的 DNA 是否有不互補的錯誤，然後移除錯誤的部分，裝上能與舊鏈互補的正確核苷酸。如果突變是發生在 DNA 的其他部分，或許細胞還有可能在任何傷害形成之前修復好，但如今錯誤發生在修補酵素本身，細胞的前景想必黯淡無光。

至於修補酵素是如何區別新舊 DNA 的呢？目前還不甚清楚，但科學家發現：細菌也有類似的修補酵素，它們經由檢查連結在舊 DNA 上的甲基（methyl group）而得知。由於新合成的 DNA 大約在複製後的十分鐘之內，也會加上甲基修飾，因此修補酵素只有很短暫的時機，可區分 DNA 鏈的新舊。高等生物雖沒有甲基連在舊 DNA 上，但很可能也有類似的標記。當修補酵素發現錯誤後，並不會只替換不合的核苷酸，而是拆掉整塊帶有錯誤的片段。以細菌為例，就是從相鄰的甲基處開始，一直拆到下一個甲基修飾點，最後才由 DNA 聚合酶合成替代的片段（圖 6-3）。

不可或缺的複製精準度

分子生物學家曾計算過，如果 DNA 複製沒有如此的準確度，演化是不可能產生比昆蟲更高等的生物種類的，因為沒有校正錯誤的機制，複製 DNA 時的錯誤率將高到可完全攪亂複雜生物的重要基因。

以下就是科學家的計算： DNA 複製時，大約每合成一萬個核苷酸序列，就會發生一次錯誤，DNA 聚合酶本身的校正能力，將使真正發生的錯誤率降到百萬分之一到千萬分之一。這對於僅有少數基因的簡單生物來說，已經綽綽有餘了，因為僅有極少數細胞會帶有一個錯誤的基因，不至於影響生物的存活。

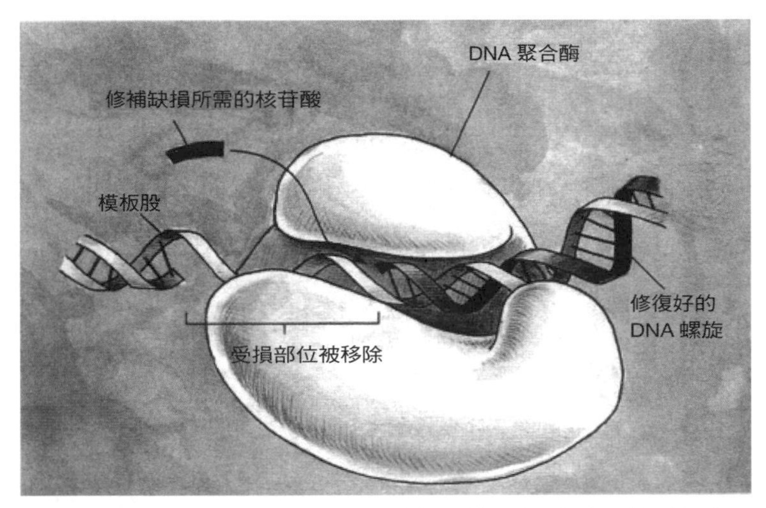

圖6-3　環握住DNA受損區域的聚合酶，會將有缺損的部分切除，利用剩下的一股DNA為模板，將正確互補的核苷酸補回相對的位置。

但對人體而言，需有更多的細胞和更多的基因，以維持適當的功能，準確度的要求更高，因此不能沒有修補酵素的存在，它可將錯誤率再降低到十億分之一。由於大部分的錯誤可能發生在一大片不重要的序列上，因此細胞大多都可遺傳到功能完整的基因組。

一個典型的人類細胞大約含有兩萬五千個基因，長約三十億個核苷酸配對，要花七小時才能複製完整套基因。雖然耗時甚長，但想想如果一個鹼基代表一個字母的話，這相當於讀取一千本五百頁厚的巨著呢！而當複製過程接近尾聲時，細胞也由原來的四十六條染色體變為九十二條，共含兩套相同且完整的染色體。儘管DNA有著高雅的雙股螺旋外觀和複製時高度的準確性，聚合酶在過程中仍須面對一些棘手的問題，而生物則演化出一套聰明巧妙的機制，來解決這類問題。

聚合酶所面對的第一個問題，就出在雙股螺旋結構上。為了能以舊的 DNA 鏈為模板，DNA 的兩股必須分開，或像是科學家所形容的解鏈（unzipped）。但 DNA 的這兩股在一段極長的距離內，相互纏繞數千次以上，想像當你嘗試解開一條普通的繩索（通常由三條較細的線繩纏繞而成），你或許可以藉翻轉其中一條線繩而解開幾公分長，但如果你面對的是數公尺長的繩索，你很快就會發現自己困陷在一團糾結纏雜的紛亂繩網中。分裂中的細胞也有同樣的困難，它們是如何克服的呢？

當人類在面對這樣的一條長繩時，真恨不得能將繩索切割為一段一段，解開每一小段纏繞的繩索後，再將切開的繩索接回。細胞的解決方法正是如此。細胞內配備有一套用來切開 DNA 鏈、再重新接回的酵素，而且不像人類在接合繩子時會突起一個大結，酵素可將 DNA 黏合回原本的模樣，完全不露任何痕跡。

方向相反的兩列車

雙股螺旋結構的第二個難題是 DNA 的極性（polarity）問題，而演化的解決之道非常麻煩，至少人類是不會設計出如此累贅的方法的。

所謂 DNA 的「極性」，是指由糖和磷酸所構成的骨幹是有方向性的，這同時也表示在讀取基因訊息時，就像唸英文一樣，只有依一定的方向讀，才能看出其中的意義。而 DNA 聚合酶在合成互補的新鏈時，也須遵循特定的方向，互補的兩條 DNA 鏈極性剛好相反，有如兩條平行但方向相反的火車鐵軌。換句話說，當 DNA 聚合酶在複製其中一股時，若由左唸到右，另一股必定是由右唸到左。

如果 DNA 的兩股可完全解開，讓一個 DNA 聚合酶沿著一股由左往右合成，同時另一個聚合酶由互補股的另一端開始由右往左合成，那就萬事圓滿了。然而在真實的細胞中，DNA 的兩股一直是纏繞在一起的，除非聚合酶靠近時，DNA 鏈才會解開。

當人類在試圖解決這類問題時，也許會設計出可讀取相反方向的第二型 DNA 聚合酶，問題即可迎刃而解，畢竟 DNA 的方向性也沒什麼神祕的，原則上稍微修改一下酵素即可。然而自然界解決這問題的方式，卻足以拍攝一集類似「我愛露西」的電視喜劇呢！

讓我們來看看大自然的辦法吧。假設 DNA 向北方一點一點的解開雙股螺旋：朝著解鏈的方向，有一個 DNA 聚合酶沿著一股，很平順的一邊合成、一邊繼續向北移動，而另一股上面則有另一個 DNA 聚合酶，以剛暴露出來的序列為起點，開始向南方移動。南向的聚合酶在組裝了大約一千個鹼基長短的互補片段後，便脫離 DNA 鏈，而在這段期間，朝北的解鏈酵素大約又打開了一千多個核苷酸配對，南向的聚合酶便移師前往新解鏈的區域，重新開始由北而南合成互補片段，直到遇上前一次合成的片段，才又跳躍到更北端，再次重新開始由北而南的工作。

就這樣，當一股 DNA 平緩連續的進行複製時，另一股的聚合酶則來回跳躍，以合成新的 DNA 片段，最後才由其他酵素將各片段接合。整個過程看起來雖然麻煩，但結果卻是完美無缺，而演化所在意的，不正是結果的完整嗎？

但是 DNA 複製時所面臨的結構問題，並未就此結束，當複製工程進行至染色體末端時，又再度遭遇了新的問題。由於跳接合成的那股，在每回 DNA 聚合酶跳至新起點時，在新起點的兩端都須預留一小段空間，因此當 DNA 聚合酶做最後一次的跳躍時，將無法處理 DNA 尾端的少數幾個鹼基，造成互補股較原本的 DNA 短少的情形。

因此我們可以想像，若在每回細胞分裂時，染色體都會遺失一小段，染色體將變得愈來愈短，而上面的重要基因也遲早會因此缺損，最後導致細胞的死亡。然而數億年來，細胞仍快樂的依此方法繁殖著，顯然它們必定有避開這種命運的方法。

以 TTAGGG 重複序列脫困

分子生物學家長久以來就知道，染色體的末端並不含真正的基因，而是由許多連續重複的片段所組成——以人類細胞為例，就是 TTAGGG 這六個鹼基的重複序列。這些序列顯然不是基因，而有其他的功能。雖然如此，染色體的生存之謎並未因此解決，因為這些重複的序列即使不短，同樣也很容易在細胞多次分裂後遺失。

美國加州大學舊金山分校的分子生物學家伊莉莎白・布雷克本（Elizabeth Blackburn, 1948-，諾貝爾生理醫學獎 2009 年得主）和她的工作夥伴，則尋找到了單細胞生物和高等生物生殖細胞生存的辦法。這是生物另一個彌補雙股螺旋極性結構的必要機制。在這些生殖細胞內，都帶有一種由蛋白質和一小段 RNA 所共同組成的特別酵素——端粒酶（telomerase），這酵素中的 RNA 序列，恰巧含有與染色體末梢的重複序列互補的鹼基 AAUCCC。

布雷克本的實驗顯示：當 DNA 聚合酶結束其來來回回的工作後，的確在末端的重複序列上，留下了少數幾個未完成的鹼基，但在整個複製過程結束之前，布雷克本所發現的酵素，會以酵素中的 RNA 為模板，在染色體的尾端加上新的 TTAGGG 重複片段，而使最末端的真正基因與 DNA 鏈的終點間，總是保有一段安全距離。

當 DNA 聚合酶和端粒酶排除了所有雙股螺旋的結構問題後，竣工的新 DNA 鏈就會從尾端開始，不斷蜷縮盤繞成為緊密濃縮的形式。根據所有細胞生物學中的案例，凡是有特殊的運動，就一定會有馬達分子的參與。當細胞在濃縮DNA時，也會有分子抓住鬆弛、自由的DNA鏈，將其拉緊，就像人們在盤繞長繩一般。

在這段期間，由於新合成的複製染色體彼此仍然相連，因而形成大家熟悉的X形，而有些染色體由於連接點太靠近某一端，看起來更像V形或Y形。如果放大到細胞客廳來看，這些原本在金龜車中綿長的DNA細絲，就會環繞在一些豆子般大的蛋白球上，像是繩上串著珠子，現在更是一而再、再而三的盤繞緊縮，最後形成的濃縮染色體就像人的手臂一樣粗，或更像是一條條中型且長短不一的響尾蛇，緩慢的環繞著其他染色體移動。因此，在有絲分裂期間，當所有染色體都處在最肥胖的狀態時，金龜車中將有九十二條彎曲的蛇纏繞成一團，更正確的說，是四十六對連體的雙胞蛇，盤繞在一起。

紡錘體是染色體的分離機？

一旦複製染色體形成、並濃縮後，它們就必須移到各自的細胞核。為達成這個目標，細胞構築了一個籠狀機器，環繞在九十二條染色體旁，並從細胞的兩相反方向，延伸出長纖維絲，抓住每一條染色體。生物學家都一直以為，這個稱為「紡錘體」（spindle）的機器，可拉著染色體分別往母細胞的兩端走。

但到了1980年代末期，有幾位研究人員卻發現，其實是染色體自己推動自己，朝細胞的兩極移動。一旦所有的染色體都抵達目的地，新的核膜便會在兩組染色體外形成（圖6-4）。我們稍後還會再詳述核膜的形成過程。

生物學家一度為「有絲分裂的機器是如何準確運送四十六條染色體到新細胞核」這個問題，倍感困擾。因為這就像是兩個遮住眼睛的人，盲目將手伸向衣櫃的抽屜，要從四十六雙不同的襪子中，抽出每雙襪子的其中一隻來。這相當於瞎貓碰上死耗子的事。

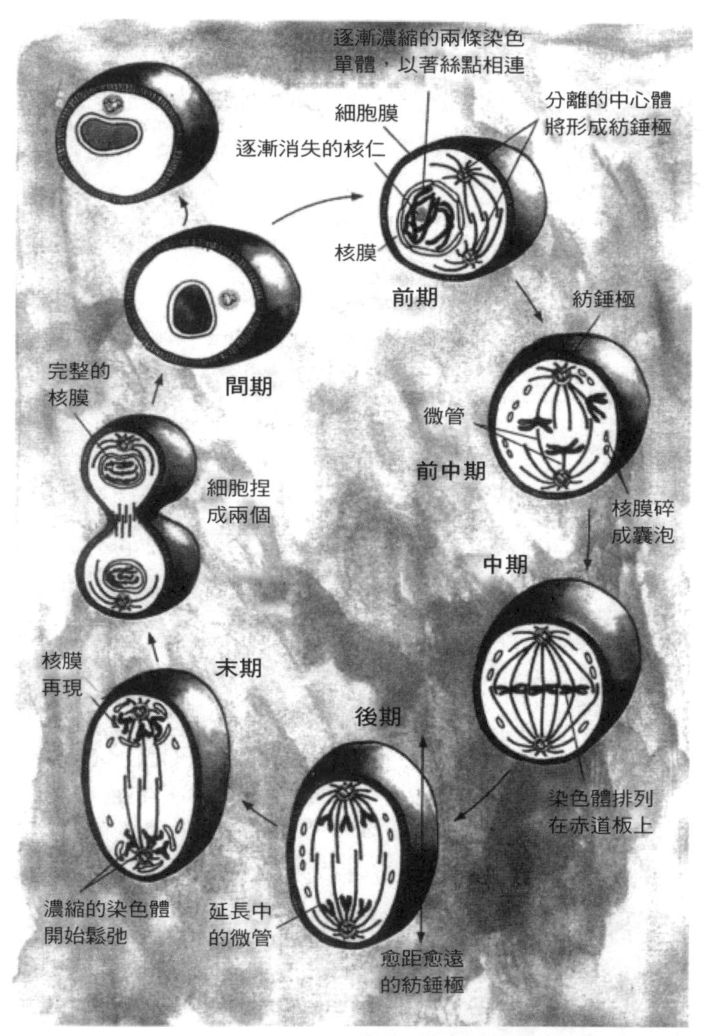

圖6-4　細胞分裂的過程，由染色體複製並濃縮成肥胖的X形開始，當中心體移動至細胞的兩端時，核膜同時也瓦解，紡錘絲由中心體長出，伸向複製染色體。到了有絲分裂的中期時，每對染色體都排列在赤道板上，並有微管連接其上。接著複製染色體分離，各自朝著兩端的中心體移動。到了末期，新核膜開始在兩群染色體上形成，同時細胞延長，並從中間開始掐緊、凹陷。

有絲分裂必須在每次分裂過程中都正確無誤，否則就會造成一個細胞多一條染色體，另一個細胞少一條的情形。這種有時確實會出現的現象，如果是發生在製造精子或卵子時，受精後就會造成嚴重的遺傳疾病。那麼，這些分子機器究竟是如何從這糾結的大雜燴中，將九十二個物件分門別類的？

這過程說來其實很簡單：染色體分離機，或稱紡錘體，源自兩個非常小的胞器——中心粒（見圖 3-4）。從顯微鏡下看來，中心粒像一束短小的中空管，位在外觀模糊、成分不明的中心體內。中心粒與中心體是如何運作的，目前仍是謎，但當有絲分裂將要展開、而綿長染色體也已濃縮成緻密的外形時，兩個原本徘徊在細胞核旁的中心粒，會分別移動至細胞核的兩側。

從上一次分裂結束後就一直包裹著染色體的核膜，也在此時瓦解，其中的組成則儲存在小囊袋中，以供重建新核之需。許多紡錘絲（spindle fiber）從兩側中心粒中伸出，向四面八方延展，並將濃縮染色體夾在中間。這些紡錘絲其實就是微管，和細胞用來運輸的網路是相同的纖維，但在此，紡錘絲卻有不同的功能，再度顯示生命時常調整同一種結構，來應付各種目的。

微管最初可能是用在攸關生命的細胞分裂，之後才陸續發展出像是做為馬達分子軌道的其他用途。在正確的條件下，細胞內的微管會自動聚合成細長的中空纖維絲。它們由中心粒伸向各個分向，聯繫在濃縮的染色體上，就像是兩朵蒲公英。

中節——握緊紡錘絲

使染色體能正確無誤的均分為兩群的祕密，在於每一對複製染色體仍然相連。這有如一雙襪子被綁在一起，使負責分類的分類員甲，在拉出一隻襪子後，就自動將另一隻襪子提至適當的位置，讓分類員乙，可抓住並拉開另一隻襪子。染色體的分離也是利用類似的方法完成的，紡錘絲是染色體的分類員，它們連在染色體的「著絲點」（kinetochore）上，也就是兩條複製染色體的相連處。在著絲點上，會有一對特殊的結構形成，稱為「中節」（centromere），它們背對背，位在染色體的兩側（圖 6-5），用以抓住由中心粒延伸而來的微管。如果將微管比喻成救援時所丟出的繩索，那麼中節的任務就是握緊繩索，使染色體可拖著自己爬往安全的地方，也就是未來子細胞的新細胞核。

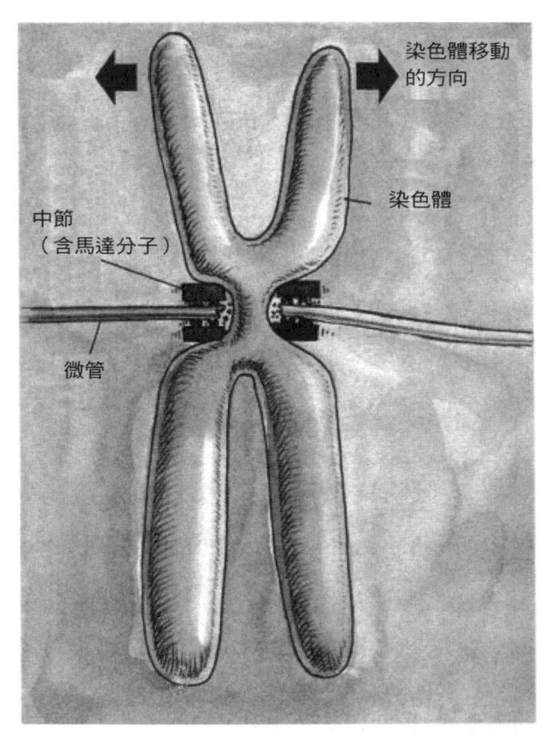

圖 6-5　在兩條複製染色體相連的著絲點上，有一對所知甚少的「中節」，被認為其中可能含有馬達分子，並利用 ATP 的能量拉著染色體沿微管移動。

由於中節總是位在複製染色體的兩側，因此當微管鬥在染色體一邊時，便自動使另一個中節面向對側的中心粒和紡錘體。利用顯微鏡觀察分裂中的細胞即可發現，紡錘體的生長是充滿動態的，微管蛋白很快速的在自由端聚合出微管纖維，新的纖維不斷隨意朝各個方向射出，但又隨即瓦解。

然而，如果來自相反方向的纖維碰巧重疊，纖維絲的成長就可穩定下來。由於兩條纖維的方向性不同，並不能彼此相接，因此顯然有其他蛋白質與纖維絲形成交叉鍵結，穩住了微管的結構。同樣的，紡錘絲如果被中節抓住，也可以穩定下來。每個中節大約可握住半打以上的紡錘絲。

誰將染色體拉分離？

一旦中節抓好紡錘絲，來自兩端的力量相抗衡，會使所有染色體都排列在細胞兩極之間的中央平面「赤道板」（metaphase plate）上，接著連接兩條複製染色體的鍵結斷裂，分裂開來的染色體便各自往相反方向移動。透過井上信也發展的高倍數顯微鏡拍攝下來的畫面，顯示當染色體向兩極移動時，中節領先在前，而染色體則被拖曳在後。染色體從細胞中心被拉到兩端的中心粒，大約要花十五分鐘。

生物學家長久以來，一直假設紡錘絲拉著染色體朝兩極移動，有時紡錘絲還稱為「牽引纖維」（traction fiber）。直到1980年代中期，兩位加州大學舊金山分校的細胞學家米奇森（Tim Mitchison）和柯希納（Marc Kirschner）所提出的報告，卻對這舊有的觀點提出挑戰。他們的例子正好說明了科學界如何因意外的觀察，而引導出新的發現。

在利用培養細胞所做的實驗中，米奇森和柯希納發現：中節附近的微管有分解的現象，這就原來的觀點來看，根本是不合理的，一條繩子怎麼可在物件要抓附的重要地方溶解呢？

米奇森和柯希納的報告，掀起了一波尋找有絲分裂最終機制的研究熱潮。到了 1980 年代末期，另外兩間實驗室——威斯康辛大學的葛伯斯基（Gary Gorbsky）和波瑞熙（Gary Borisy），還有杜克大學的尼可拉斯（R. Bruce Nicklas）分別證實了米奇森和柯希納的研究，完全推翻舊有的信仰。他們的結果顯示：當中節拖曳著染色體前進時，紡錘絲都是靜止不動的，這就像登山者抓著懸掛的繩索往上攀爬一樣。

其中，尼可拉斯的實驗在設計上更是簡單明瞭：他利用體積大而易於操作的蚱蜢性腺細胞，來觀察細胞分裂時兩套染色體的移動情形，然後利用一把非常細小的顯微刀片（實際上是玻璃尖頭的邊緣），切斷連接在染色體至其中一個中心粒之間的所有微管，並小心取出被分離、孤立的中心粒，只留下遭切斷的微管，漂浮在細胞中，它們應該無法再使力拉扯任何東西了吧？

但尼可拉斯卻很詫異，他發現染色體仍朝著中心粒原先的位置移動，宛如沒有任何事發生。當染色體走到紡錘極時，便停下來，這明白顯示染色體的動力來源並非紡錘絲。尼可拉斯說，他的實驗顯示，紡錘絲彼此之間必定有某些蛋白質，將它們交叉鍵結，因此即使微管遭切斷後，仍能保持在原本的位置。如果不是如此，巨大的染色體一定會停在原處，而將斷裂的紡錘絲拉向染色體。

電動玩具中的小精靈

這些實驗結果，使細胞學家如今能夠接受米奇森和柯希納的奇怪發現：當中節移向兩極時，微管的末端也隨之分解。

「雖然我們並不清楚這是怎麼發生的，但是可以把中節想像成電動玩具中的小精靈，會沿著微管一邊吞食、一邊前進！」葛伯斯基如此形容，他的發現同樣也幫助新觀點的形成。

「如果中節是負責拉動染色體的結構，那麼它一定包含有馬達分子，」尼可拉斯問道：「但究竟是哪一種馬達分子呢？」其中一個可能的候選者，是在第2章曾介紹過的動力蛋白。動力蛋白和致動蛋白都是細胞內負責運送貨物的馬達分子，它們似乎可讀出存在微管結構中的方向性，而藉由扭轉分子內的接軸，使貨物往相反方向移動。而動力蛋白的行進方向剛好與中節相符。尼可拉斯臆測，如果動力蛋白的一端連接在中節上，另一端連接著微管，當動力蛋白彎曲時，就可拉著染色體在微管上移動。當馬達分子前進並抓住微管上的新區域時，已行走過的微管就可解散了。

綜合說來，這些新發現都將研究的焦點放在中節上，這個在數年前很少有生物學家聽過的構造，如今則被清楚證明：對非細菌性生物細胞的生命過程，有著極其重要的功能。於是，後續的研究便著重在瞭解中節的作用機制。

除了學術上的興趣之外，有關中節的研究也使我們得知一些疾病的成因。例如有一種可能致命的硬皮病（scleroderma，病人皮膚有變硬、變僵的症狀），病人體內通常會產生攻擊中節的抗體，不知這是否導致了染色體的缺損，而無法進行有絲分裂？或造成其他的毛病？

唐氏症成因

德州休士頓貝勒醫學院的細胞學家布林克利（B. R. Brinkley）對中節和有絲分裂頗有研究。他指出，染色體運送機制的錯誤，是造成唐氏症（Down syndrome）的根本原因。正常的人類細胞中，只含有兩條二十一號染色體，但唐氏症病人卻有三條，生物學家雖不完全瞭解為什麼多出一條正常染色體，會造成如此大的傷害，但他們卻已發現：在第二十一號染色體上所帶的數千個基因中，有數個基因與外形特徵的改變有關。

唐氏症的病因，早在受孕之前即已種下，當卵巢在製造卵時，會進行一種和有絲分裂相似的染色體分離過程，稱為「減數分裂」（meiosis）。有絲分裂會將相同的複製染色體分開，使子細胞都能獲得同樣完整的一套染色體，而減數分裂則是將原本成對的一套染色體分開，使子細胞精子或卵各得到半套染色體。在精子與卵結合時，受精卵便又回復正常的一套染色體。然而，如果母親卵巢細胞的中節有缺陷，造成兩條二十一號染色體在減數分裂時無法分開，產生的卵又與正常的精子結合，胚胎中的每個細胞都將帶有三條二十一號染色體。

有絲分裂的後期變化

在正常的有絲分裂過程中，當分離的染色體朝目的地移動時，細胞內會有四階段的新變化發生。

首先，細胞的兩極將會朝相反方向移動，而使兩個中心粒相距更遠。其中的過程目前還不是很清楚，但有一學說認為，可能因馬達分子的作用，而將重疊的紡錘絲往相反方向推。也有人認為移動的力量，部分可能來自紡錘絲與細胞骨架間的作用，當紡錘絲由染色體伸向細胞膜旁的細胞骨架時，位在那兒的馬達分子可能拉動紡錘絲，而將中心粒拉得更開。無論中間的過程如何，都使剛分開的兩群染色體，朝細胞最遠的兩端前進。

接著，濃縮的染色體開始鬆弛，回復原本絲線般的模樣，也就是可讀取遺傳訊息時的狀態。舊核膜的組成也開始在每條染色體的表面建構新的核膜，新核膜就像皮膚般，貼近染色體，且由於染色體彼此靠得很近，新核膜很快就黏合起來。這是細胞確保核內僅含染色體的方法。試想如果核膜驟然就形成完整的球形，許多細胞質中的分子或胞器，很可能就被捕捉在內，而引起麻煩。

當核膜癒合後，膜上的受體和其他守門員逐漸開始讓一些帶有細胞核化學標籤的分子，例如 DNA 聚合酶，重新回到核內。當染色體慢慢恢復鬆散絲狀時，核膜也膨脹到正常的大小。

現在只剩細胞分裂的最後步驟了——將母細胞切為兩半。細胞分裂的切割面，恰巧就位在染色體未分離時所排列的平面。至於造成切割運動的機制，科學家已有相當程度的瞭解。這是由於切割平面上，有一圈由肌動蛋白和肌凝蛋白（也就是使肌肉收縮和細胞爬行的蛋白質）所形成的收縮環。當尾端相互盤繞成平行纖維束的肌凝蛋白，伸出頭部拉扯肌動蛋白絲時，也使母細胞的細胞膜愈束愈緊，直到細胞被揑成兩塊。

如果從染色體濃縮成 X 形開始算起，到現在一個生命單位變為兩個生命單位，且染色體再度伸展成可工作的形式，全程約需要一小時。

細胞分裂的頻率

細胞分裂是單細胞生物的繁殖方式，同使也是「由細胞共和國組成的人體」的繁殖方式，它將受孕時所形成的一個細胞，轉變成數兆個細胞所組成的人類，並使某些沉寂的細胞開始分裂，以修補傷口。不幸的是，有時它也使細胞發展出腫瘤。

顯然細胞分裂是不能任其隨意進行的，否則癌症將會在體內各處生成。在像是皮膚細胞等特定的組織中，細胞的成長、複製染色體、分裂、再成長的週期，都必須保持在穩定的速度下進行。在細胞生物學家的培養皿中，許多細胞株也展示出精準的繁殖速度。每回細胞的體積長成原來的一倍時，便分裂為二，每個子細胞的體積都恰為母細胞的一半，它們在四處覓食後，又長成完整的大小。

在孩童的成長期間，身軀的增長須靠新細胞的生成，許多組織內的細胞週期（cell cycle）必定飛快進行，以增加細胞總數。但在成人體內，組織要維持相同的大小，細胞週期必須平穩進行，新生的細胞只剛好夠取代老死的細胞。不過當身體受傷時，細胞週期仍能暴發活性，以迅速癒合傷口，待復原後又自行減速，重新回到控制之下。

每種細胞分裂的頻率都相差極大，目前所知分裂最快的細胞是果蠅的胚胎細胞，平均每八分鐘就可分裂一次！它們在分裂之前，並不會停下來執行特別的任務或覓食成長，只有在達到必要的細胞數之後，才開始往其他方向發展。

分裂最不頻繁的細胞，則是人類的肝細胞，它們可能在肝中運作一年後，才接收到分裂的訊號。當然，像是肌肉細胞和腦細胞，一旦達到成人比例後，就再也不分裂了。至於一般實驗室所培養的細胞，則大約一天分裂一次。

這三十幾年來，細胞生物學家多致力於細胞週期調節機制的研究，試圖探究：是什麼樣的控制機制，使細胞能夠選擇適當的時間開始分裂，並使每個步驟都能依序發展？如果能瞭解這個過程，也就能探知生命的運作，或更實際的明白造成癌症之類的疾病的成因。雖然科學家這幾年來已有重大的發現，例如發現一些決定週期速度和頻率的因子，但大部分的調節過程仍是一團迷霧。

細胞生物學家將細胞週期，分為四個重要的階段（圖 6-6），第一個階段由新生細胞剛從上次分裂中誕生，開始算起。在這階段中的細胞，主要以執行體內生物功能為目的。但是對著眼於分裂過程的研究人員而言，只簡單的稱此階段為 G1 期，代表第一間隔

圖6-6　細胞週期常被描繪成如此循環的模樣，來顯示細胞每一階段的進行順序和相對的時間長短。在有絲分裂之後，新細胞進入週期中最長的G1期，是細胞執行生物體內功能和職責的期間，而那些不會再分裂的細胞形式，例如肌肉細胞和神經細胞，則一直停留在G1期。然而其他種類的細胞則會在G1之後進入S期，合成DNA，也就是染色體的複製，再經過一小段G2間隔後，細胞開始真正的分裂程序。

期（gap 1）。他們真正感興趣的，是G1期之後的DNA合成期，簡稱S期，細胞開始進行染色體的複製。接著的G2期，是細胞週期的第二次間隔期，用以確保所有的複製工程在下一步重大的有絲分裂期（M期）開始之前，都已完成。在大約一小時內，細胞核膜瓦解，複製染色體分離，新核膜在兩堆染色體表面生成，然後細胞切割為二。

在這過程中，細胞絕不會在染色體複製之前，就分裂為二；而DNA的複製過程也剛好會在一套新版本完成之後，立即停止；在中心粒開始朝染色體延伸出紡錘絲之後，核膜才會瓦解；而新的核膜也一定會在複製染色體分開後，才形成；濃縮染色體不會回復原來具有功能的絲狀形式，除非核膜將它們與細胞的其他物質分隔開來。顯然其中一定有控制機制，使細胞週期能夠進展得如此井然有序。

尋找細胞週期的控制因子

科學家早在數十年前，即已知曉細胞分裂的基本程序，但一直要到 1970 年代，才發現調節細胞週期的分子。

1971 年，耶魯大學的增井禎夫（Yoshio Masui, 1931-）和美國阿崗國家實驗室的史密斯（L. Dennis Smith），分別發現蛙卵中含有一種物質，可使培養的青蛙細胞進行細胞分裂。雖然到 1980 年代末期之前，這種物質仍一直妾身未明，但它們的發現足以顯示有絲分裂的進展可由一些訊息分子引發。

在 1980 年代，尋找細胞週期控制因子的研究，已有突飛猛進的發展，且一直延續到今日，仍是細胞學中最令人振奮、也最有希望的研究題材之一。這股熱潮都是由伍茲霍爾海洋生物研究所一系列的發現所帶動的。當時由杜克大學來此教授暑期課程的魯德曼（Joan Ruderman，細胞生物學家，現任教於哈佛大學），和由劍橋大學來此做暑期研究的亨特（Tim Hunt）合作，並在一群暑期研究生的協助下，利用當地水域盛產的海膽和巨型蚌為材料，研究胚胎的發育。其中海膽是在二十世紀初，就因洛布（見第 1 章）人工受精的實驗而聲名大噪，巨型蚌則是用來調理海鮮濃湯的佳餚。這兩種動物都極易取得卵，也極易使卵受精，早期的發育過程也很容易就可在實驗室的培養皿中進行。

亨特和魯德曼發現胚胎中的分裂細胞，都會製造出一些行為特異的蛋白質，它們的量在 G1 期逐漸增加，到進入 S 期時仍繼續累積，而在複製染色體將分往兩極移動時達到頂點，然後蛋白質突然全部謎樣的分解，在細胞內消失得無影無蹤。

魯德曼和亨特對這些蛋白質在細胞中的功能，一無所悉，但由於它的行為和細胞週期的進展相關，因此他們將這些蛋白質命名為「週期蛋白」（cyclin）。究竟是週期蛋白控制著細胞週期？抑或是細胞週期控制著週期蛋白？他們不斷猜想。起初沒有人知道答案，但隨後的研究發現，週期蛋白增加的現象在所有伍茲霍爾可捕獲的海洋生物中，也可看到，甚至在包括人類在內的所有高等生物細胞裡，都可找到。

依據生物學的基本認知，如果有一種蛋白質廣泛分布在許多種生物上，它們常與生命的基本運作有關，而非只是在特別的細胞或特別的物種中執行功能而已。再者，地球上所有的生命形式都演化自同一祖先，有少數在數億年前即已形成的基本機制，至今仍存在於所有的生物中。由此可知，週期蛋白必定扮演了一些基本且重要的功能。

發現細胞分裂週期蛋白

1980年代末期，包括英國遺傳學家納斯（Paul Nurse，諾貝爾生理醫學獎2001年得主）在內的另一批研究人員，則從酵母菌中發現了另一個蛋白質家族，看來也與細胞週期的調控有關。納斯等人利用一種特別的酵母菌品系來研究，這種酵母菌雖可正常分裂，但當溫度稍微提高時，所有的細胞便卡在細胞週期中的同一點，因此雖完成DNA的複製，細胞卻無法分裂。

很顯然，執行下一步驟所需的訊息在溫度升高時失去了功能。由於其他品系的酵母菌皆不會受溫度升高的影響，因此研究人員懷疑，這種特殊品系的酵母菌可能帶有突變型的蛋白質，而這些蛋白質恰巧是推動細胞週期所必須的。像這樣因突變型的發現，而提供了追蹤生物運作關鍵要素的良機，時常可在生物學的研究中看見。

為了驗證「熱會阻斷某些細胞週期的必要訊息」的想法，研究人員將來自正常酵母菌的基因切開後，再一一轉殖到突變型的酵母菌中，觀察溫度對細胞週期的影響。最後他們發現了其中一個基因可挽救突變型的酵母菌，使對溫度敏感的酵母菌在較溫暖的條件下仍能繼續分裂。因此，這段基因的產物必定是突變型所缺失的正常蛋白質，而基因轉殖則使突變型酵母菌也能製造具有正常功能的蛋白質。研究人員將這分子稱為「細胞分裂週期蛋白」（cell division cycle protein），簡稱 cdc 蛋白。隨後有更多的 cdc 蛋白被尋獲，它們和週期蛋白一樣，普遍存在所有高等生物的細胞內。

1989 年，魯德曼和他的同事進一步揭示，週期蛋白和 cdc 蛋白都無法單獨運作，它們必須合作，才能達到控制細胞週期的目的。當年增井禎夫和史密斯在青蛙卵中發現的物質，正是這兩種蛋白質結合所形成的複合體。在許多研究人員的努力下，逐漸闡明這兩種蛋白質的合作方式，雖然其中的細節複雜且尚未完全釐清，但基本的概念卻相當簡單：cdc 蛋白雖在整個細胞週期中都存在，但本身並沒有任何功能，相反的，週期蛋白則會隨著細胞週期的進展，而合成或分解。例如在 G1 期，細胞會製造某一型的週期蛋白，並與 cdc 蛋白結合，逐漸增加複合體的濃度。不過，此時複合體仍無活性，它們需要被一個緩慢發展而後突然暴發的反應活化。濃度到達頂點的活化複合體，才可啟動 DNA 的複製工程。

一旦 DNA 開始複製後，複合體中的週期蛋白也隨之分解。到了 G2 期，細胞又開始合成另一種週期蛋白，透過類似的累積和活化過程，引發有絲分裂，然後第二種週期蛋白便又瓦解。至於 cdc 蛋白和週期蛋白所形成的複合體，能激發每一步驟的進行，是因為它們可將磷酸分子加裝在其他蛋白質分子上，而改變分子的活性。

磷酸化和去磷酸化

這種磷酸化的修飾作用，是細胞用以調節各種生化反應的常見方法，不僅運用在控制細胞週期上，在其他許多生命過程中，磷酸化也扮演了重要角色。大部分的蛋白質表面都會有特定的胺基酸，可與磷酸分子形成化學鍵結，但加裝了磷酸分子的蛋白質，形狀和化學特性都可能因此改變，創造出一個新蛋白質，對其他分子有不同的反應傾向。但當磷酸分子被移除時，蛋白質又可恢復原型。換句話說，要活化一個酵素，可將磷酸分子連接在酵素蛋白的特定位置上，而要關閉酵素的作用時，則必須移除磷酸分子。

不過，有些酵素的行為則恰好相反，它們在被磷酸化時保持靜止，而在除去磷酸時，自動獲得調節其他分子的能力。

細胞週期能夠井然有序的進展，如今看來是透過一系列磷酸化和去磷酸化的過程，來開啟或關閉參與細胞週期的蛋白質。特定的蛋白質會在何時磷酸化，則由當時特定的週期蛋白和 cdc 蛋白所形成複合體決定。

雖然我們在瞭解細胞週期上已有長足的進展，但仍有許多過程尚待釐清，例如磷酸化是如何啟動下一步驟的進行？細胞又是如何在開始新階段之前，確定現階段的步驟皆已完成？看來整個過程似乎需要一些回饋機制，使細胞週期的調控分子能得知何時啟動下一步驟。

細胞自我複製的能力，是生命過程中最具特色、也最多采多姿的現象。最近幾十年來，科學家已從其中學習到豐富的知識，但還有更多的細節有待我們去挖掘。驚人的是，細胞的繁殖也可能受到某些遺傳因子的控制而關閉所有步驟，使某些細胞在幾年內、甚至幾十年內，都無法進行分裂。這些沉寂的細胞在接收到胞外的分子訊息時，仍可再度回復猛烈的繁殖週期，有時是為了修補傷口，有時則惡化成為腫瘤。這些過程都將會在稍後的章節中討論到。然而對人類而言，細胞分裂的第一要務，將是由一個基礎細胞，建造出一個完整的人。

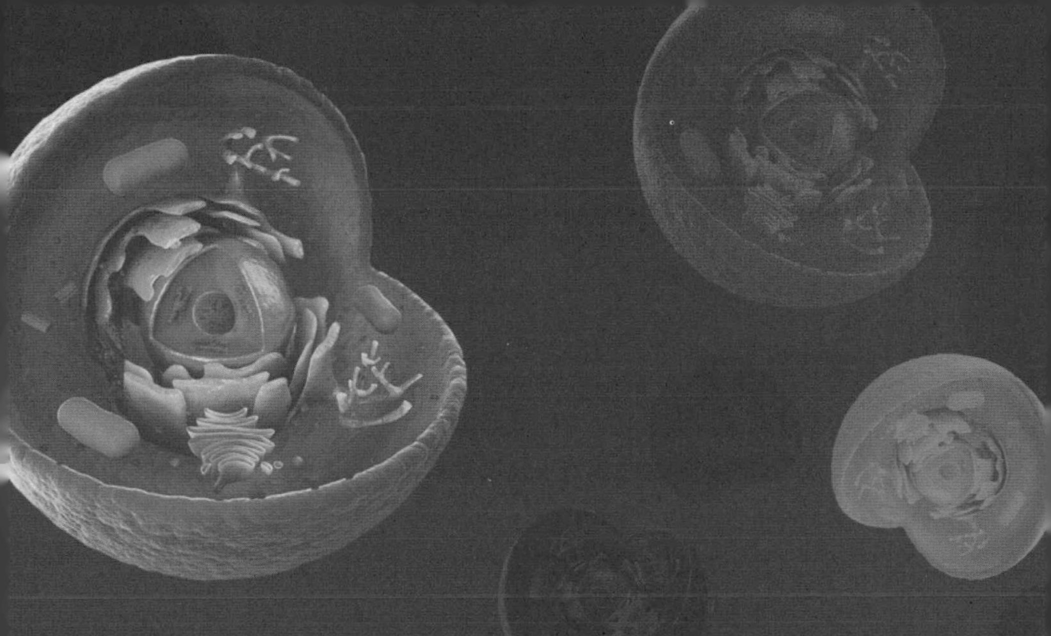

第7章

當精子遇上卵子

整個精子細胞的設計，

都只為了「行動」，

它唯一的目標就是游向卵，

以傳送一組暫時休止的基因。

一個新生命的創造過程，既非起始於受孕的那一剎那，亦非終止於嬰兒呱呱落地的那一刻。

何謂胚胎？

雖然新生命的創造，常因大眾對墮胎議題的爭論，而給弄得混淆不清，但當生物醫學研究人員為了解決先天缺陷，或為了找尋避孕新方法而努力時，這些科學上的事實終必彰顯。例如科學家在尋找較佳的避孕法時，他們發現人類胚胎的形成，並不是瞬間即成的事件，而需要經歷許多步驟，可能耗費一個星期，或兩個星期的時間，取決於你如何定義胚胎。從理論上說來，過程中的每一步驟，都可因外力介入而阻斷受孕。

許多研究人員認為，這項觀察與目前逐漸認知的觀念——「人類的起源是歷經多次轉形期的漫長過程，而非突然發生形成」，剛好吻合。當我們在討論生命的創造時，任何法律上關於胚胎何時具有權利、又具有何種權利，或是宗教上的信仰，都是科學範疇之外的事，此書無需扯入。

我們在本章中也將發現，一般通俗使用的「胚胎」一詞，要較科學上的定義寬鬆許多。在胚胎發生學（physiogenesis）中，專家所謂的「胚胎」，專指剛開始有分化現象，未來將成為嬰兒的細胞團塊。從精子遇見卵，到未來可發展成嬰兒的真正胚胎，中間至少還需花上九到十天的時間，完成數十項的事件，在受精之後的頭兩個星期，當許多「前胚胎期」或稱「胚體」（conceptus）的細胞，在忙著建構胎盤的首要工程時，這些未來的胚胎細胞都還處在未分化狀態。

那些想瞭解先天缺陷的科學家，從胚胎或受精八週以上胎兒的發展，也觀察到類似、但更令人沮喪的現象：人類的發育過程，是一連串難以想像的複雜程序，程序上任何一點可能的錯誤，都會阻礙胚胎的成長，或在婦女感知自己懷孕之前，就已殺害了胚胎。更不幸的是，這些錯誤也可能導致出生的嬰兒嚴重畸形或先天缺陷。

一般認為，在受精卵開始發育之前，有一半以上的機率，會因自然因素而在下一次月經週期開始之前，即宣告失敗。當然，還有更多是在婦女得知懷孕後，仍發生自然流產的不幸。

生命始於受孕時？

從許多胚胎發育的研究中，我們對「如何創造人類」逐漸開始獲得較清晰的概念。此概念明顯指出，一般人常強調「生命始於受孕時」，有兩點誤導之嫌。

第一，生命起始於十億年前，從此由一個細胞傳給下一個細胞，從一代傳給下一代。毫無疑問，未受精的卵也是活細胞，而精液中數百萬個精子，雖然長相和功能頗為特殊，但同樣也是有生命的活細胞。精子與卵的結合過程，稱為「受精」（fertilization），受精產生的「合子」（zygote）同樣也具有生命，它們的生命並不因而比精子或卵更多。然而不可否認的，受精開展了截然不同的全新局面，創造了一個有潛力發展成人類的新實體。因此從科學眼光看來，法律或道德上關於墮胎的爭辯，不應說「生命何時開始」，而應修辭為「一個生命何時開始」，或更好是「一個人的生命何時開始」。

「生命始於受孕時」有誤導之嫌的第二個理由，就如同我們已知的，受孕並非瞬間或短暫的事件，而是多重階段的過程。舉例來說，光是精子進入卵之後，要結合形成具有嶄新遺傳潛力的一套基因，就需足足二十四小時。再者，任何科學上對受孕的定義，都必須計入在真正的胚胎形成之前，有一週的時間，細胞都為建構胚胎起始的基礎而忙碌，也就是為建立自子宮吸取養分的胎盤做準備。

所有胚胎形成的必經歷程，都需要長時期的發展，即使科學上專指精子穿入卵及兩組基因結合的「受精」一詞，也只較受孕略為改進一點而已。這耗時二十四小時的過程，同樣是由一連串的步驟所組成。因此無論說人是始於受孕或受精之時，都是漸進的過程，而非時間軸上的一個點。

一切只為了游向卵子

在婦女每次月經週期中，都會有一顆卵細胞，自兩個卵巢之一蹦出，這兩個卵巢交替工作著。在鄰近卵巢處，則有輸卵管，或稱子宮管的開口，邊緣有手指狀的構造輕拂著，將卵細胞撥入輸卵管中。

此時期的卵已發育完全，大小是一般細胞的一千倍，配備了所有的胞器，以及來自母方的半套染色體。但與一般誤解不同的是，此時卵細胞內仍有四十六條（二十三對）染色體，要待與精子結合後，才會展開第二次減數分裂。

巨大的卵細胞並非獨自走完輸卵管內的旅程，大約有數千個小細胞，堆積如小山丘般，團團包圍著卵，一路伴隨護送著卵。從這些「卵丘細胞」（cumulus cell）或卵細胞中，會分泌出一些特殊的分子，擴散在輸卵管內的液體中，以吸引可能出現的精子。

輸卵管壁上的細胞則長著毛髮般的纖毛，很規律的前後擺動，卵細胞就順著纖毛的波動，在卵丘細胞的簇擁下，以訊息分子（或暱稱為「香水分子」）為前導，安穩的由輸卵管滑向子宮，整個過程耗時四天。

如果此時有精子進入婦女的生殖管道，便會嗅到香水的味道，而奮力拍動尾巴，逆流而上，朝著卵細胞邁進。精子不像卵那般巨大，事實上如果不將精子的尾巴計算在內的話，它將是人類細胞中最小的——如果將精子放大至細胞客廳的尺寸來看，它的尾巴約為客廳長度的五倍，但頭部卻只有一張椅子那麼大。

精子的基因平常並不會表現（除非它能幸運的使卵受精），因此精子中沒有 mRNA，沒有可讀 mRNA 的核糖體，沒有使蛋白質適當摺合的內質網，也沒有負責蛋白質外送的高基氏體。整個精子細胞的設計，都只為了「行動」，它唯一的目標，就是游向卵，以傳送一組暫時休止的基因。

為了要達成目標，這些精子必須競跑一段比自己體長（包括尾巴在內）還長數千倍的距離，這可是要耗費相當多能量的！因此，一個精子細胞內必然含有的、而且數量很多的，就是供給細胞能量（ATP）的粒線體；所有的粒線體都整齊緊密的包裹在尾巴基部，使它們能距離微管最近，而能有效供給能量。（精子的長尾巴之所以可來回揮動，正是靠動力蛋白抓住一根微管的同時，又跑向鄰近的微管，造成微管間的滑動。）

這條有如長鞭般的尾巴，是證明人類精子演化自單細胞原生動物最鮮明的證據。此外，精子內的微管排列方式，也和所有纖毛及鞭毛內的微管排列方式相同——中央有兩根分離的微管，外圈環繞著九根「微管二聯體」。這種「9 ＋ 2」的排列，存在於所有具毛狀突起的生物體內，從細菌到人類，甚至到植物的精子。如果此時還有人不相信所有地球上的生物，都依循相同的結構與方法來運作的話，這「9 ＋ 2」的微管排列，是另一個強力的證據。

然而，精子內的動力蛋白若不幸帶有遺傳缺陷，將可能造成男性的不育症。例如卡特金納症候群，即肇因於馬達分子缺少了可從 ATP 萃取能量的那一部位，沒有能量來源的馬達分子將無法產生收縮、使微管滑動，導致精子無法游動。

由於身體其他部位的纖毛運動，像呼吸道纖毛將塵埃及化學物質排出肺部的運動，也需要馬達分子的參與，因此病人常伴隨有慢性支氣管炎及習慣性的鼻竇感染。在分子與細胞生物學尚未發達的年代，醫生大概很難想像不育症與鼻竇炎，兩件看似風馬牛不相及的毛病，是同一因素所造成。

在輸卵管相會

這支龐大的精子艦隊，浩浩蕩蕩在香水分子的誘導下，奮力自陰道穿過子宮頸，進入子宮，又從子宮的另一頭游向輸卵管。每一場遠征開始時，大約有三十億到五十億的精子參加，但婦女的生殖道卻不是很友善的環境，大部分的精子都死在半途。然而，精子若沒有經歷這數小時惡劣環境的考驗，將無法使卵受精，因為在精子細胞外，還包裹了一層由醣類及蛋白質構成的膜。若要使卵受精，必須先除去此膜，而子宮或輸卵管內的酵素顯然提供了這項服務。

如果卵在排出卵巢之後，一直未能受精，只會有十到十五小時的壽命。但精子在射精之後，卻可存活四十八小時，因此想要懷孕的話，最佳的時機將是排卵前四十八小時，到排卵後十到十五小時之間。未能受精的卵，最後會被在輸卵管裡來回巡邏的巨噬細胞所吞食，這隻怪獸還會毫不客氣，大啖那些還沒機會「一親芳澤」即已喪命的精子呢！

通常精子與卵的相逢地點是在輸卵管附近，而能抵達終點的精子大概只剩數百隻。精子的高死亡率是一般男性不育的基本原因，如果男性在每次射精時，產生的精子太少的話，最後將沒有足夠的精子可支撐到與卵相逢的時候，也無法執行後續的步驟。

用化學彈頭炮轟

第一個遇見卵的精子，並不見得能使卵受精，因為還得先移除包裹在卵外、堆疊如山丘般的卵丘細胞。

在每一個精子的頭頂，都攜帶了一枚化學彈頭，稱為「頂體」（acrosome）。一旦遇見卵，精子就引爆釋出化學彈頭中的酵素，分解卵丘細胞之間的膠著物。愈多精子參與炮轟的行動，就可有愈多的酵素釋出，最後終於使卵丘細胞散開，裸露出卵來。此時，原本擺動的精子尾巴則傾向一邊，以更強更猛的力量拍打著，而精子的細胞膜也進一步產生了某些尚不是很清楚的變化。

然而現在談受精仍嫌太早，精子還必須穿過包在卵外的第二層保護膜——膠質的「透明帶」（zona pellucida），以及通過膜下數千種「識別因子」（recognition factor）的測試。識別因子是一種如同受體的分子，具有只與某特定形狀的分子結合的專一性，可防止非我族類的精子使卵受精；而卵識別因子所尋覓的結合伴侶，即位於同種生物的精子表面。這種演化遺跡，使從前仍處於體外受精時期的人類始祖，以及現今許多生活於廣袤大海中的生物，只給予同種生物的精子受精的機會，避免虛擲寶貴的卵於茫茫大海中。

目前有許多實驗室正研發以識別因子為基礎的避孕新法，其中一種可行的理論是將男性的識別因子製成疫苗，注射入女性體內，使女性產生抗體。康乃狄克大學就曾成功使母天竺鼠產生的抗體，覆蓋住精子的識別因子，從而阻斷精子與卵的結合。類似的方法也可用於男性避孕，只要反過來將同樣的疫苗注入男性體內，就可使精子表面的識別因子被遮蔽住，喪失與卵結合的機會。

如果精子表面的蛋白，能與卵的識別因子完美契合，則彷若以正確的鑰匙開啟門鎖，獲得進入透明帶的許可證，並使兩者的細胞膜互相融合（圖 7-1 與圖 7-2）。在這步驟中，同樣需要雙方受體的參與。融合後的精子將停止泳動，任由卵的收縮纖維，將精子的內部結構整個吸入，只留下部分空殼在卵外，頗像剛蛻下的蛇皮。然而，受精過程並非到此為止，攜帶著父方染色體的精子需要再靜候一天，因為卵還有更重要的工作得先完成。

注入一股電流

卵此時的首要工作，是儘速關閉為精子而開的門，倘若不慎讓第二個精子進入的話，多出來的一套染色體將使卵陷入致命的迷惑中，並走向死亡之途。

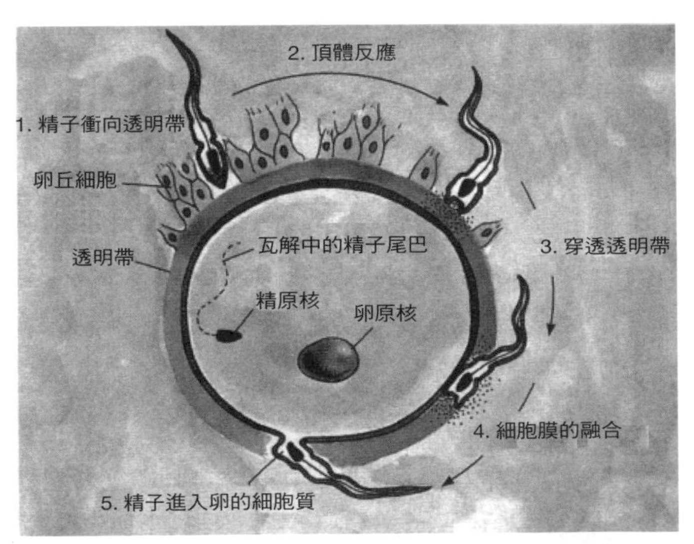

圖 7-1　受精過程由精子釋出頂體中的酵素，「炮轟」環繞在卵四周的卵丘細胞。在分解卵丘細胞後，卵外膠狀透明帶中的識別因子，會與精子膜上的互補蛋白結合，而讓精子穿過卵的細胞膜。在這過程中，還會有其他的蛋白質參與膜的融合，最後將精子的細胞核和尾巴送入卵中。

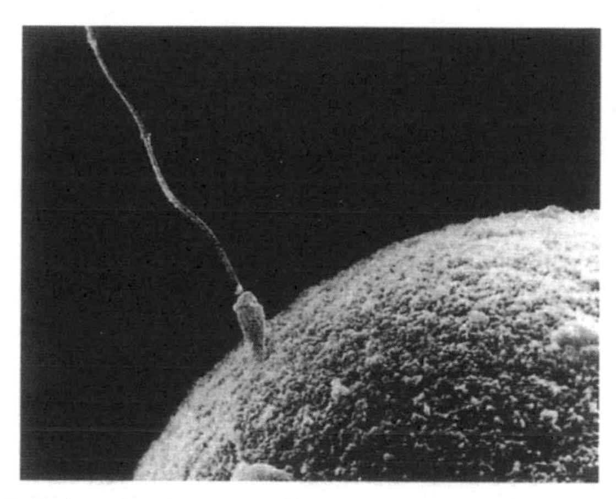

圖7-2　顯微鏡下，精子接近卵時的情形。（照片由美國細胞生物學會提供。）

為了防止這樣的事件發生，一旦第一個精子進入之後，卵馬上打開鈣離子通道，讓鈣離子迅速湧入細胞質，使原本帶負電的細胞膜轉為帶正電，從而產生一股靜電斥離其他精子。

這股電流同時啟動了卵的發育程式，使卵開始進行細胞分裂。在這過程中，並不一定需要精子的參與，細胞學家很早就學會了讓卵在未受精的情況下展開分裂。這類實驗較常使用其他動物的卵細胞，尤其是海膽卵，科學家可輕易動些手腳，就使母海膽同時產下數千個卵。然後加入少量的氯化鉀至試管中，卵就因電荷和酸鹼值的改變，而啟動發育程式。在短短數分鐘內，培養皿中的卵都宛如已受精般開始分裂，由一個細胞變為兩個細胞，兩個細胞變為四個細胞⋯⋯。

在前幾回的細胞分裂中，分裂所需的裝備和指令，都完全可以mRNA 的形式等待著。只要「受精」的電訊傳入，細胞便開始轉譯出蛋白質。無論是哪種機制，可以斷定的是：卵完全自備了初期分裂的指令，無需精子的協助。

然而，電荷所扮演的第一項功能——驅離其他精子，效果非常短暫，但也足以使卵在這短短數秒間，建立起更持久的屏障：卵會釋出一種類似樹脂的物質至透明帶中，使原本膠狀的透明帶，變得強固而難以穿透。

進入子宮前的準備工作

不過，此時來自精子和卵的遺傳物質，仍需等待結合的時機，因為此時精子雖具有來自父方的二十三條染色體，但卵卻尚未完成減數分裂，仍有四十六條染色體，是受精所需染色體數的一倍。

因此，當精子耐心在卵膜旁等待時，卵細胞則趕忙將染色體分配到兩個新核中，然後卵以不均等的方式分裂，將兩個新核分別送至一個非常小的細胞，和一個巨大的細胞中。小細胞最後會分解，而巨大細胞則保存了大部分的資源，以做為未來發育的資產。

在卵忙碌的當頭，原本位在精子頭部的染色體，也由緻密壓縮的狀態（和細胞分裂時，濃縮染色體的情形一樣），膨脹成原本體積的數倍。至於精子的尾部，則在這時開始逐漸解體。

生物學家原本以為精核與卵核內各有的二十三條染色體，此時終於可以結合形成正常人類細胞所具備的四十六條染色體。然而近來新的研究卻發現，精核與卵核並未馬上奔向對方，而是各自先行複製染色體，最後兩個各帶有四十六條染色體的細胞核，才在卵的細胞骨架及其他馬達分子的牽引下，逐步靠近。隨後兩方的核膜瓦解，所有的九十二條染色體都排列在同一平面（赤道板）上。就像有絲分裂一般，複製染色體自中節處斷裂，微管拉著染色體分向細胞的兩極走，而後在細胞的中央形成了一肌動蛋白環帶，將細胞膜從中束緊捏開，形成兩個遺傳物質相等的細胞，每一個都承襲了來自父親的單套染色體，和來自母親的單套染色體。

如果從精子進入卵的那一剎那開始算起，到此時真正建立具備新遺傳潛力的細胞，全程共耗時三十小時。胚體在接下來的數天，會繼續緩慢悠閒的邁向子宮，並且有許多準備工作得在真正的胚胎形成之前，著手完成。

第二天，由受精卵分裂而成的兩個細胞，繼續分裂成四個完全相等的細胞，再由四個細胞變成八個相等的細胞。由於胚體仍禁錮在堅固的透明帶中，無法進食與成長，因此每回的細胞分裂，都將細胞的體積切為一半；細胞都把大部分儲存的養分，轉換為分裂所需的新胞器和 DNA。此時期的胚體又稱為「桑椹胚」（morula），因為胚體的外形就像桑椹的果實一般。

試管受精

這時期的胚體也正是在培養皿或試管中完成受精的試管嬰兒，植回母親子宮的最佳良機。在整個程序中，技術人員必須執行原本在輸卵管內自然發生的某些受精步驟。

根據新的研究發現，試管受精不僅是不孕夫婦的一大福音，對那些有可能生下帶有遺傳疾病嬰兒的夫妻而言，也是一項深具吸引力的選擇。在過去，這樣的夫妻可能不得不放棄為人親生父母的希望，不然就只能利用羊膜穿刺術等產前檢查的方法，在發現胎兒遺傳到缺陷基因時，進行墮胎。試管受精則可在胚胎尚未植入子宮之前，即檢驗出問題，避免了不必要的墮胎。

在試管受精的程序中，技術人員可同時培植數個胚胎，當胚體發育至桑椹期的時候，從八個細胞中取出一個來測試。由於此時細胞尚未分化，移除一個細胞並不會影響未來胚胎的發育；如果該細胞具有遺傳缺陷，技術人員即可剔除這個胚胎，並繼續測試其他胚胎，直到發現一切正常的胚胎，即可用來植回母體。

桑椹胚緻密期

在桑椹胚的八細胞時期，也正面臨一個新紀元的轉變。在此之前，細胞不具任何活性，它們的基因也從未有發布指令的機會，所有的發育大計，都是由早已存在卵中的酵素及 mRNA 所主控，在受精後的前三回細胞分裂中，引導所有程序的進展。

直到受精後第三天，胚體發展至桑椹胚時，這全新的基因組合才開始展現出一個新的遺傳實體，胎兒開始掌控自己的命運。然而不幸也是在同一時期，許多桑椹胚因表現了毀滅性的遺傳缺陷，而提早結束生命。根據專家的估計，至少有一半以上的受精卵，夭折於此一時期。

這些剛甦醒的基因，在接下重責大任後的首要工作，是引導協調各具獨立生命的細胞，組成一個超乎任何細胞之上的巨大結構，一個基本的細胞社會，一種很簡單的生物組織。如果利用顯微鏡觀察，原本清楚可見四個細胞在上、四個細胞在下的胚體，開始彼此緊密的融合在一起，像是大而多瘤的桑椹，胚胎學家稱這種現象為「緻密化」(compaction)，這是由於細胞膜上一種新合成的受體分子，會與相鄰細胞上的同種受體分子結合。隨著愈來愈多的受體分子安裝在細胞膜上，細胞間黏合的區域也逐漸增加，將細胞互相拉進，最後形成緻密的桑椹形（圖 7-3）。

此外，這時期在細胞與細胞之間，還會形成特殊的接合方式，這是細胞通訊系統正式建立及啟用，終其個體一生，細胞都將利用這些接合來協調彼此的活動。每當細胞重組特殊組織，以執行特別功能時，細胞間的接合網路也會歷經形成、修飾、摧毀、再重建的過程。細胞接合的方式大約可分為四種，有些接合僅提供比黏著受體更緊密的連結，有些接合則可做為小分子在細胞間流通的孔道。

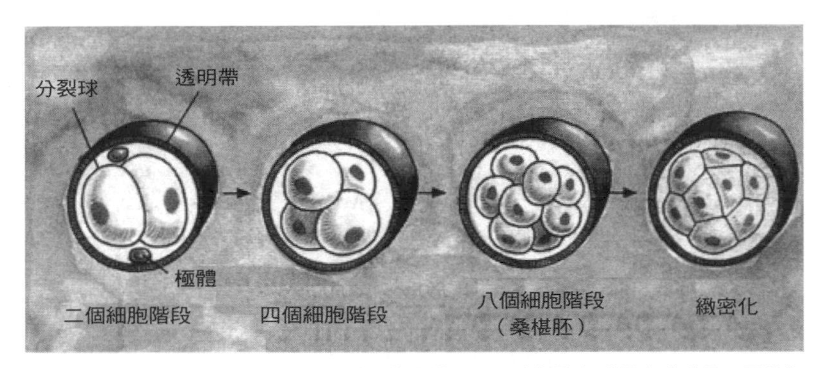

圖7-3　受精後的前幾回細胞分裂在透明帶中進行，此時細胞無法覓食或成長，因此每次的分裂都將細胞的體積切為一半，而在本圖所顯示的最後一個階段，細胞開始形成特殊的接合，而將細胞彼此拉近。

第一種接合方式，常被視為是兩個細胞的焊接點。如果以細胞客廳的放大尺度來看的話，這種接合像是玩撲克牌所用的籌碼給黏在牆上，而在隔壁房間（相鄰的細胞）相對位置的牆上，也黏了一個同樣的籌碼；在相距大約零點五公分的籌碼與籌碼間，則有構成細胞骨架的堅硬纖維穿梭其間。事實上，在細胞內部也有纖維自牆上的接合點，延伸橫亙整個房間，串連到對牆上的焊接點；這類接合方式稱為「點狀橋粒」(spot desmosome)，提供細胞間最強固的連結，使細胞得以形成生物組織。

第二種接合方式稱為「帶狀橋粒」(belt desmosome)，與點狀橋粒的差別在於：自焊接點延伸出來的纖維，並不穿越整個細胞，而是布滿整面牆壁。

第三種及第四種接合方式最先出現在桑椹胚期，八個原本鬆散聚集的細胞之間，會開始逐步形成這兩種接合方式：由顯微鏡中可發現一種外形類似點狀橋粒，然而卻沒有纖維連接其上的「緊密型連結」(tight junction)。緊密型連結的詳細分子結構，目前尚不是完全清楚。緊密型連結也可在成人體內的血管和消化管壁上看到，用以防止液體自腔道細胞間滲出。

另一種接合方式是更小型的「隙型連結」（gap junction），這是由蛋白質排列而成的管狀構造，橫越在窄小的細胞間隙中，成為兩相鄰細胞的通道（圖 7-4）。

一個典型的細胞，通常帶有數千個隙型連結，以細胞客廳的尺度來比，大約沙粒般的大小即可穿過通道，也就是說，水分子和某些傳訊分子，都可在細胞間暢行無阻。這意謂：當某細胞位於細胞膜上的受體接收到荷爾蒙的訊息時，膜蛋白可能會釋出另一種分子以啟動細胞內的各項反應，這種細胞內的次級傳訊分子即可通過隙型連結，而使荷爾蒙的作用擴散至相鄰細胞，以微弱的訊息激起廣泛的效應。

所有上述的細胞接合方式，對人體內細胞的運作都極為重要。雖然我們對這些接合所扮演的角色，所知大多來自成人細胞，而對它們在桑椹期中的功能較不清楚，然而這些結構在此一時期的出現，顯示了這八個細胞開始為巨大的建設工程，邁出合作和共享資源的第一步。

到了胚體進行第四次細胞分裂時，新生的細胞首度顯現不同的特性，開始追尋各自的前途。這真是一個創世紀的突破，試想如果胚體細胞無法選擇不同的發展方向，那麼將沒有所謂的發育可言，更不會有多細胞生物的存在。若細胞一直持續不斷分裂、且維持相同的形態和功能，則只會產生一團形狀不定的同質組織。事實上，這團細胞也不可能長得太大，因為細胞一旦被其他細胞包圍住，就等於切斷了氧的來源，將窒息而死。這就是為什麼人體內的細胞始終與氧的來源（微血管），保持僅有少數幾層細胞的原因。

這些同質細胞是如何產生相異性的？又是如何得知自己該表現

何種特質呢？為什麼皮膚細胞不會分泌消化液？為什麼眼睛細胞不會到處亂爬、吞噬入侵細菌？人體內的每個細胞配備了一模一樣的基因組，但每個細胞都只表現整個基因組的極小部分，顯然在發育的過程中，人體的六十兆個細胞都接受了高度特化的任務，而放棄了其餘的生物潛能。到底這是如何發生的？大部分的生物學家都一致認為，這正是現代生物學中最重要、最根本的問題，而我們已有一些初步的瞭解。

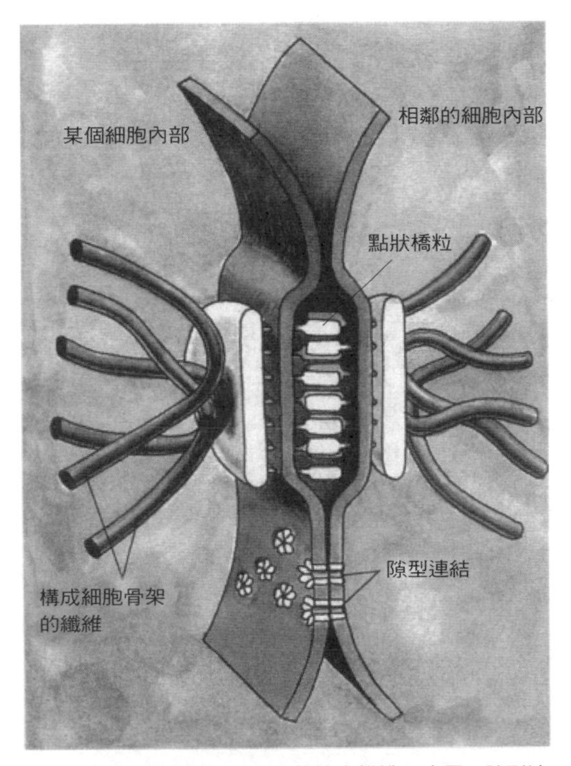

圖7-4　兩相鄰細胞間所形成的接合構造示意圖。隙型連結是可容許小分子在兩細胞間流通的管道。隙型連結的上方，則是較大型的點狀橋粒——構成細胞骨架的堅硬纖維，穿梭在相鄰細胞之間，形成最強的接合方式，使組織不易被拆解開來。

追蹤胚體分化現象

科學家早已開始追查人類發育過程中，由八個細胞分裂成十六個細胞時，首度出現的分化現象。這類實驗大部分都在小鼠胚胎上進行，鮮少使用人類胚胎。由於同樣是哺乳動物，兩者早期發育的過程就算不是一模一樣，相信也不會相差太遠；事實上，小鼠與人類的組織及細胞形態有相同的排列，因此一般認為，小鼠與人類發育時的現象與機制應該是相同的。

追溯早期胚體的發育情況時，科學家發現，事實上當八個細胞進行緻密化時，每個細胞的外緣就已開始顯得不同了，只見細胞的外緣長出數百個微小指狀的突起，伸向周遭介質，碰觸那仍包裹著胚體的透明帶。細胞膜下，則有許多胞器埋藏在密密麻麻的微管和肌動蛋白所織就的細胞骨架之下；相對於富裕充足的細胞外緣，靠近球心的部分就顯得冷冷清清，既沒有特殊結構形成，胞器也較為稀疏，似乎細胞將絕大部分的資源都集中在外緣。

接著八個細胞進行均等分割，分裂成十六個細胞，然而每個細胞的切割面各不相同，造成兩種不同的子細胞：有十一個細胞遺傳到外緣的豐富資產，另五個細胞僅分得細胞核和少數的胞器，而且還被富饒的細胞包圍在胚體的球心。因此胚體的第一次分化，產生兩種截然不同的細胞族群及環境。

這些分布在外緣的細胞，稱為「滋胚層」(trophoblast)，它們將繼續發展出更複雜的構造，以植入母親的子宮壁。至於胚體球心的一小群細胞，並未馬上形成任何特別的結構，只是慢慢的繁殖，胚胎學家稱呼它們為「內細胞團」(inner cell mass)。倘若滋胚層的細胞可成功完成著床的任務，內細胞團的細胞將可望發育成真正的胚胎。

根據日本研究人員的實驗顯示，此時滋胚層的細胞會分泌一些化學物質，抑制內細胞團某些基因的表現，因為當科學家以顯微手術將內細胞團自小鼠胚體中取出時，內細胞團的某些細胞也可迅速轉變成滋胚層細胞，在外緣長出指狀突起。

女性是嵌合體

當胚體發育至第四天起，女性胚體還得解決一項男性胚體所不需要面對的重大事件。所有的胚胎在精卵結合時，都自母親那兒得到一個 X 性染色體，然而由父親所提供的性染色體則有 X 與 Y 兩種可能；遺傳到 Y 的胚胎，未來將發展成男性；倘若組合結果為 XX 的，則為女性。在男性體內，兩條性染色體都會終身運轉不休，然而女性胚胎則發展出一套機制，命令其中一條 X 染色體停工，濃縮聚攏起來，不得表現其上的基因，並永久摒除在任務之外（可能由於兩份的基因產物太多而對個體有害）。因此，男性將較女性多一條可工作的染色體。

至於哪一條 X 染色體會從此銷聲匿跡呢？則完全是每一個細胞自己隨機的選擇（並非身體內每個細胞都做出一樣的選擇）。然而一旦細胞做出決定之後，該細胞的子代在分裂後，也會忠實遵循「祖訓」，透過一些我們尚不完全清楚的機制，讓同一條染色體繼續乖乖的捲縮起來。在女性身體中，只有卵巢細胞的染色體得享豁免權，在這個負責製造新卵的地方，原本被壓抑濃縮的染色體可恢復正常的模樣，使半數的卵能使用某一條 X 染色體，另半數的卵則獲得另一條 X 染色體。

X 染色體的「去活化現象」顯示，女性在遺傳上是兩個 X 任選一個而鑲嵌成的：有些體細胞表現父親的 X 染色體，有些體細胞則由母親的 X 染色體主控。由於父系 X 染色體和母系 X 染色體所表現的基因並不相同，使女性的身體結構也顯現嵌合的現象，例如可能某塊皮膚表現某些行為，另一塊皮膚卻有另一種特性呢！

這種遺傳與結構的嵌合，會造成什麼影響呢？我們可從一些案例看出蛛絲馬跡。有一種稱為肌肉萎縮症的疾病，特別偏好男性，而鮮有女性病人，這是由於肌肉萎縮症的致病基因位於 X 染色體上，由於女性具有兩個 X 染色體，通常總會有一個好的 X 染色體來彌補另一個 X 染色體的缺陷；男性則僅有一個 X 染色體，如果這 X 染色體不幸帶有缺陷基因的話，則一點轉圜的餘地也沒有。但也有少數的女性病人，遺傳到一個帶有缺失的 X 染色體，另一個正常的 X 染色體又被去活化。如果這樣的細胞子代恰巧占了一塊肌肉的絕大部分，那麼這塊肌肉就有可能發生病變。

胚囊從透明帶掙脫出來著床

在十六個細胞的時期，桑椹胚抵達了子宮，胚體一邊懸浮在子宮中，一邊準備下一個重大的突破。細胞一再分裂，並自子宮腔內的液體吸收氧和養分，外緣細胞還會開啟某些特別的接合構造，讓細胞或子宮腔內的液體，流進胚體球心的空洞。外緣滋胚層的細胞因而扁平起來，未分化的內細胞團則黏附在球心的一角，浸浴在湧入的液體中，這時的胚體被改稱為「胚囊」（blastocyst）。

當胚體發展到第四天或第五天，胚囊必須從堅硬的透明帶中孵化出來，才能在子宮著床。這項工作就落在外緣細胞的身上，外緣細胞開始製造並分泌酵素，以分解透明帶。這新項發現，展現了一個可能的避孕新方法：如果可以阻斷外緣細胞酵素的合成，那麼胚體將無法孵化著床。這再次顯示：探討胚胎發育的細節，將可啟迪許多實用的新靈感呢！

待胚囊自透明帶中解放出來後，外緣細胞又馬不停蹄的展開另一項特別任務——製造「人類絨毛膜促性腺素」(human chorionic gonadotropin),通知子宮早做準備,以迎接胚囊的到來。這又是另一個可能的避孕途徑,許多研究人員猜想,如果讓女性注射絨毛膜促性腺素製成的疫苗,使體內產生抗體,將可擾亂訊息的傳遞,使胚體抵達子宮後,無法著床而分解掉。

經過了孵化的過程,六天大的胚囊已準備植入母親的子宮壁。雖然此時胚囊的大小與最初的卵相差無幾,但卻含有大約一百二十個細胞之多。這些細胞繼續分泌酵素,侵蝕子宮襯裡,將自己深埋入母親的組織中(圖7-5)。

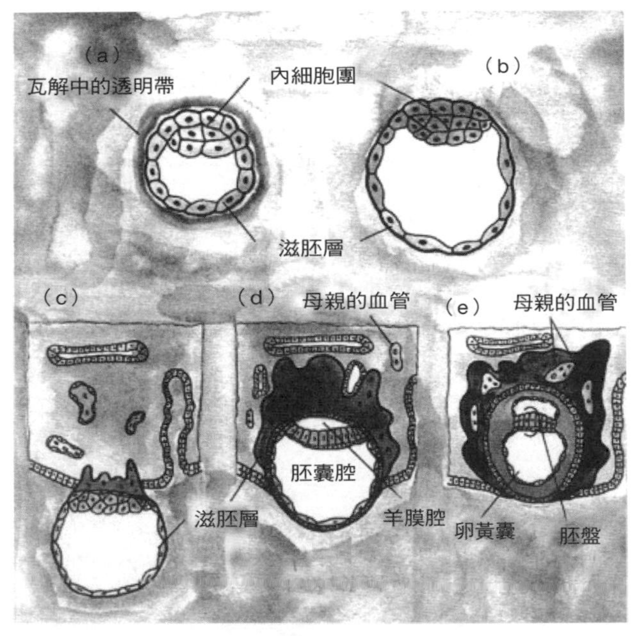

圖7-5 (a)胚囊外的透明帶,會在胚囊抵達子宮並準備著床時瓦解。(b)此時也是真正胚胎細胞出現的時期,這些少數未分化的細胞聚集在胚囊內,形成內細胞團,而胚囊的外緣細胞則稱為滋胚層,是未來發展成胎盤的構造。(c)滋胚層細胞製造酵素,分解子宮壁。(d, e)部分滋胚層侵入子宮壁更深處後,會包圍母親的血管,從中攫取養分和氧,以供未來發育所需。

到了受精第七天後，胚囊已在子宮壁吃出了一路來，接下來的兩天，胚囊除了更深入子宮襯裡，有些外緣細胞也開始進行核分裂（僅有細胞核一分為二，細胞質並不分裂），形成一巨大多核的細胞，包裹在胚囊的外層。從這奇特的結構中，還長出觸手，伸向子宮壁更深處，攫住母親的血管，以酵素分解血管壁，讓富含氧的血液湧進胚囊組織的空隙間，外緣細胞因而形成了柔軟充血的原始胎盤，並有觸手攝取血液中的氧和養分，灌溉內細胞團的細胞。

在人體的生命週期中，這種可分泌酵素以分解自身組織並穿透組織的案例，寥寥可數，胚胎著床是一例，癌症則是另一例。當腫瘤惡化時，癌細胞也得到侵蝕發源組織、並擴展到身體其他部位的能力。因此有些專家懷疑，癌細胞可能是重新啟動了那些僅在胚胎發育時期，所使用、隨後即被關閉停用的酵素基因。

內細胞團蓄勢待發

在整個著床過程中，外緣細胞仍持續分泌著人類絨毛膜促性腺素，使母親暫停月經週期，否則胚體將隨子宮襯裡的崩塌而流失。人類絨毛膜促性腺素還會隨著母親的血液，流到卵巢，促使卵巢中的濾泡發育為黃體（corpus luteum）。

黃體雖然是暫時性的構造，但卻是懷孕初期不可或缺的構造，它在懷孕的頭二、三個月，製造分泌了動情素（estrogen）及黃體酮（progesterone，又稱助孕素）。動情素可促使子宮增大、肌肉生長，使未來嬰兒出生時，有足夠的推擠力量；黃體酮則暫緩子宮的收縮（直到懷孕末期濃度下降）。隨著胎盤的成長，有些細胞也肩負起動情素及黃體酮的製造工作，而且產量比黃體還多呢！

現在胚體進入懷孕第九天，距下一次月經週期尚有一個星期，一切準備工作均已就序。雖然這個胚囊小到連肉眼都看不見，卻已控制了母親的整個身體，將母體轉化為胚胎發育時的維生系統。而那些原本謙卑、靜默的內細胞團，正摩拳擦掌、躍躍欲試，準備開始發育的大工程。

雖然離胚胎第一個真正的構造——「原條」（primitive streak）的形成，還需一週的時間，但這二十幾個未分化的細胞，已經馬不停蹄，準備展開為期三十六週到三十八週的造人計畫了！

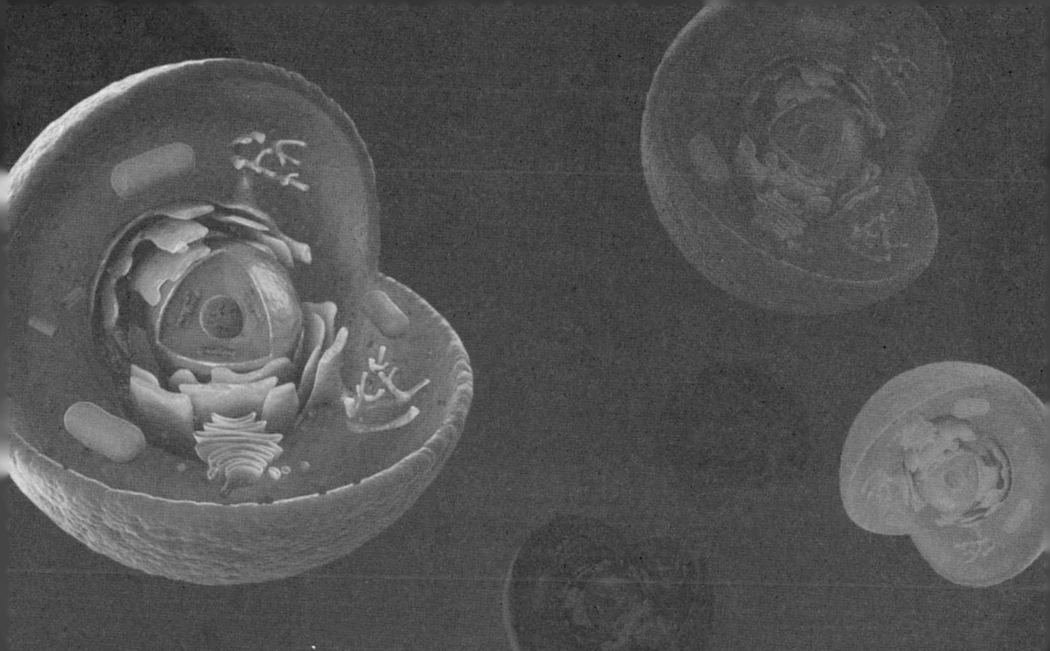

第8章

造人計畫

四週大的胚胎，

不過像個彎曲的團塊，

頭端隱約可見，

卻有一條駭人的長尾巴。

這景象是如此深深刻植在我們的腦海中：在一張平坦、蒼白、且毫無特徵的臉上，沒有眼瞼的眼珠正空洞的望著，兩隻小手靜靜懸浮在身體的前方，像穿著太空衣一般僵直，僅靠一根臍帶繫著，漂浮在失重的黑暗蒼穹。

謎樣的太空胎兒

雖然僅有少數人親眼見過真實的人類胚胎，但無論是從小說或是醫學界真實的描述，胚胎的模樣都廣為人知。例如在電影「2001年太空漫遊」的特效中，鏡頭引領我們的目光穿過薄紗般的羊膜，看到謎樣的太空胎兒。著名攝影師尼爾森（Lennart Nilsson）在數十年前為《生活》雜誌拍攝了一系列精采真實的胚胎照片，他後來又陸續發表另一系列的作品，讓我們能從照片中看到胚胎的變化。

四週大的胚胎，不過像個彎曲的團塊，頭端隱約可見，卻有一條駭人的長尾巴。但到了第八週，已可看出一個小小的人形，胎兒的尾巴消失了，眼睛也長出了眼瞼，耳朵開始向外伸展，小小的鼻子已然成形，每根分開的指頭也清晰可見。然而此時的胎兒還不到二點五公分長，可能比你小指頭的一根指節還短呢！

但這些風靡一時的照片，卻無法顯現胎兒內部劇烈的變化，許多人類發育最壯觀的場面，在還瞧不出一點人的雛形之前，就早已完成。例如大約在胚囊植入子宮內壁的兩週後，胚胎還不及一粒芝麻大，但心臟已形成並開始搏動了。在更早的一週前（受精兩週後），內細胞團的細胞從蟄伏中甦醒過來，開始激烈的爬動著，越過鄰近的細胞，推擠其他細胞。這些胚胎細胞像一群不可思議的特技演員，每個都精確嫻熟的展現其特有的技術，自行組合成複雜的構造，建立精密度與日俱增的新結構。

人類發育最精采的片段，大都發生在胚胎發育的早期。當時，人類的臉部尚未成形，構造甚至比蚯蚓還簡單，但細胞及胚胎學家卻認為，只要瞭解早期發生的現象，就可推知後續的發育過程。至少人體的解剖構造看起來（即使並非全然如此）是許多事件以不同形式、不同組合，重複作用產生的結果，而過程中最大的改變，就是不同的基因在每一步驟中是開啟，或是關閉。

當胚胎細胞分裂後，子細胞便多擔負了一些親代細胞所無法表現的形態及功能。在某些情況下，孿生的細胞更可各自追尋不同的發展方向。有時甚至細胞會在組合成組織後的數天或數小時之後，即宣告死亡。它們都是程式化細胞死亡的犧牲者，而這有時又被細胞學家稱為「凋亡」的現象，是胚胎發育必經的歷程。

程式化細胞死亡可協助生物塑造出應有的外形，例如蝌蚪在發育變成青蛙時，尾巴就是在一股凋亡的浪潮中，縮減掉的，類似的現象也發生在人類的發育過程中。胚胎的手在懷孕第五週，是沒有手指分隔的手槳，然而到了第六週，在手槳上有四排細胞開始進行程式化細胞死亡。當這些相當於構築手指所需的鷹架細胞，一旦完成任務，它們就功成身退了。

基因主宰？還是環境也能調控？

長久以來，胚胎學家一直對胚胎發育所展現的精準度，驚嘆不已。他們質問：每個新細胞的命運是完全由基因所主宰，或細胞所處的環境也扮演了調控的角色？

南非生物學家、2002年諾貝爾生理醫學獎得主布倫納（Sydney Brenner，1927-）是首位證明mRNA存在的科學家，也是早期研究胚胎發育的先鋒。他曾將這兩種發展途徑（基因主宰、或基因與環境共同主宰），與人類文化相比較，而戲稱是「歐式住房」與「美式住房」的不同——在歐式住房制，房價僅包含住宿、不含餐飲，而美式住房制則包括住宿和餐飲。在研究許多物種的發展過程後，科學家發現：這兩種調控系統並存於自然界中，而且所有生物都同時使用這兩種系統。

例如有一種體型微小的秀麗隱桿線蟲（*Caenorhabditis elegans*），從前一直被認為是完全遵循「歐式住房」制的生物，每個細胞都自親代細胞遺傳到特別的功能。集結了有關秀麗隱桿線蟲的研究後，科學家得知這僅有數毫米長、結構相當簡單的生物，每個胚胎發育時的命運都按照一定不變的計畫進行。雄性線蟲是由九百五十九個細胞組成，而另一個性別（雌雄同體）的線蟲，則共有一千零三十一個細胞。線蟲雖小，但所有的器官都一應俱全，像是嘴、腸胃道、性腺等等。由於結構簡單，生命週期短，且易於培養，使生物學家能利用顯微鏡觀察從一個細胞時期開始，到完全發育為成蟲的詳細變化，追溯出每個細胞在發育過程中的角色及演變，為線蟲細胞畫出系譜。

正因為線蟲都依循完全相同的發育模式，使研究人員以為它們是歐式的最佳範例。在每回細胞分裂中，基因並沒有改變，但基因開啟或關閉的組合卻傳衍下去，每個子細胞都能記得在親代細胞中運作的是哪些基因，而選擇繼續維持同樣的細胞形態；或在遺傳而來的組合上增添一些修飾，而賦予新的形態或功能。

由數兆個細胞組成的人體，具有兩百多種細胞形態，則被認為是按照「美式住房」制的發育計畫（當時科學家認為所有的脊椎動物皆為「美式住房」制）：每個脊椎動物的細胞，部分依靠遺傳獲得的基因活化型式，部分仰賴環境因子。每一代的新生細胞，下一步的分化過程都是由基因的開、關組合型式，以及鄰近細胞分泌的訊息分子和所處微環境中的分子訊息，共同決定的。送達特定細胞的訊息，又端視細胞在胚胎中的位置，因此有不少法國科學家曾經戲稱這是「瑞士式」：你的鄰居將教導你該如何舉措得宜。

細胞也有記憶

胚胎發生學家如今都已知道，線蟲和人類的發育過程其實非常相似，都是歐式與美式的綜合體。隨著發育一點一滴的進展，愈來愈多的基因被永久關閉，同時也有其他新的基因加入運作的行列，還有一些基因則可永遠保持活化。這種自親代細胞遺傳到基因活化模式的現象，稱為「細胞記憶」。至於細胞是如何保存基因活化的模式，目前則尚未完全清楚。

但是科學家發現一些胰臟細胞若被轉植到腦部時，細胞仍會記得自己來自何處，仍會盡職的分泌胰臟荷爾蒙。然而當細胞被移出體外、置於培養液中，無法接收體內任何訊號時，細胞就遺忘了自己的身分，有些分化細胞在此情況下會拋棄某些專長，有更多的細胞會回復到變形蟲的模樣，開始四處爬行。然而實驗顯示，這些細胞其實仍記得它們原本的任務，只要重建適切的環境訊息，細胞的外觀和功能就能恢復特化時的角色。因此細胞的特性應該有些是細胞的記憶（歐式），有些則會因當時的環境而改變特性（美式）。

加州大學勞倫斯柏克萊國家實驗室的畢斯爾（Mina Bissell）曾經以實驗，鮮明的展示了特化的細胞是如何產生新形態、表現新功能。畢斯爾自母小鼠的乳腺中取出了少量細胞，培養於實驗室的培養皿中。分離的細胞失去了原本特化的形態，變成一顆顆小圓球。但當畢斯爾模仿乳腺的環境，在培養皿上覆蓋一層毛氈狀的胞外基質（這是由細胞分泌至胞外間隙的物質，成分主要為膠原蛋白、纖維素等纖維蛋白）時，細胞立刻產生了根本的變化，不再像四處飄蕩失落的孤兒，而開始聚集成中空的細胞球。

接著，某些細胞內部的結構改變了，位於球心內面的細胞特化成可用來分泌乳汁的構造，如果再外加一滴催乳素（prolactin），這小圓球便會因細胞分泌鼠乳到球中，而腫脹起來，只不過這小乳腺並未形成任何可將乳汁導引至乳頭的管腺。

這類實驗顯示出某些胚胎發育過程中的基本特性：即使細胞已放棄了特化的形式，但仍保有細胞記憶。當催乳素加在其他非乳腺細胞時，細胞並不會製造乳汁。顯然細胞一旦特化後，就只專注於某些特定的活性。

曼妙的發育之舞

畢斯爾的實驗也顯示，細胞外在環境適度的變化，可導致細胞行為重大的改變。當胞外基質送出某些訊息，活化了一些蟄伏的基因，就可使孤獨的細胞轉變為合作建造乳腺的特化細胞。其他類似的實驗也顯示：許多培養細胞都可組成原始器官，或稱「類器官」（organoid），例如培養瓶中的肝細胞，可形成巨大的球狀構造，並執行許多肝臟特有的化學反應。

細胞能集結成類器官，是因為在它們的表面都帶有某些類似名牌的特殊分子，這些分子與其他細胞上的另一種名牌分子緊密結合後，便將有著相同目標的細胞，焊接成組織結構。

其他像之前提過的神經細胞，在培養皿中也會送出長的觸手，與鄰近細胞形成可相互聯繫的突觸構造，試圖傳遞神經系統的電化學訊息。分泌軟骨以支撐鼻子、耳朵或其他構造的細胞，在培養皿中則會不斷製造、堆積軟骨。建構骨骼的細胞則一邊到處亂爬，一邊分泌出一些很快就會硬化成骨頭的物質。在所有的例子中，細胞的遺傳資產都是相同的，但外界環境卻誘發了適當基因群的表現。

在人類胚胎發育的過程中，也可看到同樣的現象：細胞由一處爬到另一處的景象一再出現，當細胞位置改變時，外界環境的變化也誘導了另一群基因的表現。細胞可能在某處分裂、繁殖後，遷移至其他地方，或甚至整層、整群的細胞行動一致的集體旅行到其他地方。

從受精的第一週開始，胚體（此時胚胎尚未形成）即跳動著最曼妙的舞姿，滑行、旋轉、甚至更換外觀；它們或獨行，或成群結隊的攀越相鄰細胞，或潛入其他細胞層之下。它們的行動是基因經歷了數億年演化所形成的精密交互作用，並受細胞外在環境瞬息萬變的分子訊息所指揮。基因計劃好每個細胞的可能發展，化學環境再從數個可能性中選擇其一。

細胞就像一臺小電腦，在記憶體中儲存了各種選項。新輸入記憶體的程式，將會影響細胞未來的作為，而這些新程式指令，也會在細胞分裂時傳承下去。透澈瞭解細胞間數以萬計的交互作用所跳的「發育之舞」，依然是生物學家未來最大的挑戰。

胚胎的「避震器」

懷孕婦女首次錯過月經週期時（大約在受精後的第十五天），內細胞團的細胞也自己組織出不同的形態：細胞在移動後形成了兩個中空小球，懸浮在滋胚層所包裹的大球中，並以柄狀的原始臍帶與滋胚層相連。

其中一個小球為卵黃囊（yolk sac），囊內裝有脂肪和蛋白質之類的養分；不過哺乳動物主要是由母體提供營養，卵黃囊只是演化的遺跡，囊內的養分很快就會耗盡，最後縮入胚胎內。另一個小球則形成羊膜囊（amniotic sac），球內裝滿了羊水，這是胚胎的「避震器」，也有防止胚胎失水的功能。

這些像羊膜囊、臍帶、胎盤等非胚胎器官，到最後嬰兒出生時會長成像胎兒一樣大的生物組織。至於胎兒則是由位在兩球之間的雙層細胞，又稱為「胚盤」（embryonic disc）的結構發展而成的。

無論細胞最後是發育為人見人愛的嬰兒，或是在出生後即丟棄的胎衣，這些從同一顆受精卵衍生出來的細胞，都含有一模一樣的完整基因，分別遺傳自父親和母親。儘管它們的命運有天壤之別，但都是人類發育過程中的重要角色。

分子胚胎學的挑戰

想想光是人的大腦，就已常被稱為是宇宙中最複雜的構造。而胚胎發育的過程，不僅架構了腦和神經組織，還形成了免疫系統、生殖系統、內分泌系統、肌肉、腎臟、肝臟、以及其他數十種以上的器官，所有器官之間還須維持相互的交流溝通，更要與大腦建立緊密聯繫。要塑造一個完整的人，中間的過程是何其複雜呀！

毫無疑問，這也是宇宙中最錯綜繁複的現象。驚人的是，大部分人類胚胎發育的解剖構造，都已知有數十年了，這些知識大多是在十九世紀時，忍著哀痛解剖死去胚胎所換來的，所有結構的細節都可被娓娓描述出來。

今日仍不清楚的，是造成每一事件的分子及細胞層次。細胞記憶的原理為何？是什麼樣的訊號告訴特定的細胞，爬行到胚胎的其他部位？細胞送出通知其他細胞分裂或暫停分裂的訊息是什麼？

回答這類尖端問題的研究領域，今日稱為「分子胚胎學」，而在這一研究領域中所要面臨的挑戰，恐怕是所有生命科學中最艱巨的。分子胚胎學家必須學習：由一顆只含有微量不同形狀分子的受精卵，如何能組織自己和它的後代；如何從環境（前九個月是在母親的子宮）中攝取原料，建造出異常精細的人體結構；如何由線性的基因訊息，轉譯出三維空間的生物個體。

建構外、中、內胚層

在胚盤形成後，建造嬰兒的首要工程就是建構所謂「原條」的構造（圖8-1）。此外，原條還確定了胚胎的個體性。在此之前，雖然受精卵已獲得了遺傳上的個體性，然而新基因組合將會發展出一個嬰兒，或是更多的嬰兒，則還是未定之數。

桑椹胚有時會裂為兩個或更多的碎塊，每個都可獨立發育成前胚胎，各有各的胎盤。分裂的現象也可在隨後幾天見到，內細胞團的細胞也可能裂開，而形成兩個前胚胎，共用一個胎盤。也就是說，受精之後的演變將會決定起始的遺傳個體，是孕育出一個嬰兒還是雙胞胎，甚至是多胞胎的誕生。

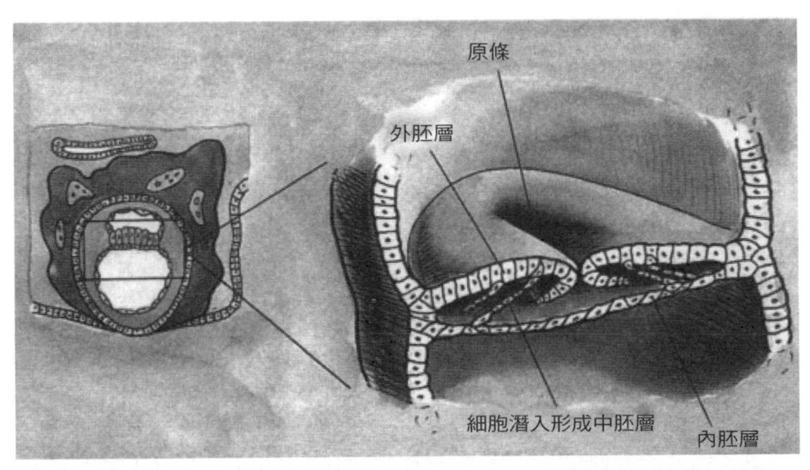

圖8-1　胚盤最早形成的結構為界定體軸的原條，它是因胚盤細胞由兩邊向中間移動，在相遇時所形成的特殊構造，最初由胚盤的一端開始，以一直線的方式向另一端延伸。細胞層再爬行後，還會潛入原本的兩層細胞（外胚層和內胚層）之間，形成第三層基礎胚層細胞（中胚層）。

在構成胚盤的兩層細胞中，靠近羊膜囊的那層細胞，稱為「外胚層」(ectoderm)；靠近卵黃囊的那層細胞，則是稱為「內胚層」(endoderm)。至於原條的形成，則是外胚層的細胞逐漸向胚盤中心一條看不見的線移動，所造成的結果。

來自相反方向的細胞，像海浪般湧向中心線，並在相會之處形成像山脊的突起。細胞最初相會在胚盤靠近原始臍帶的一角，但隨著愈來愈多的細胞從兩方排山倒海而來，原本山脊間的小窪逐漸加深加寬，並向胚盤的另一端延伸，終於形成縱溝狀的原條。細胞脊最初相遇之處，即為未來胚胎的尾端，大約一天的時間，原條便往胚盤中心和頭端延展。

當更多來自外胚層兩方的細胞相遇後，細胞仍繼續向溝內爬，在沉入溝底後轉身鑽到山脊之下，擠進內外胚層之間，形成第三層細胞，稱為「中胚層」(mesoderm)。

來自這三個基本胚層的細胞，是建構所有器官和系統的基礎。它們也會像那些形成中胚層的細胞一樣，成群的切斷與毗鄰細胞的連結，移動至新目的地，並因而改變活化的基因群。例如外胚層細胞，將可發展出人體最外層的表皮組織，和包括腦及脊髓的神經系統。中胚層細胞則可形成皮膚內的真皮組織、肌肉、骨骼。至於內胚層細胞，則是腸胃道、肝臟、肺臟的始祖。

胚胎發育一日千里

胚胎發育是一種複雜度與時俱增的過程，至少在胚胎發育的前幾週是如此。只要目睹胚胎一天之內的急遽變化，專家就可判別出胚胎的年紀，究竟是十七天大的胚胎，還是十八天大的胚胎。若看胚胎一週的變化，更是有如紀元之轉換。但在各個階段，都可見到一群群特定的細胞移往不同的目的地，在新地點安居落戶、繁衍後代，有時更有整層的細胞集體滑行到新的地點，形成新的細胞層。

每形成新細胞摺層，就可創造出新環境，進一步改變基因表現的模式。每一群新登場的基因又會改變周遭環境，誘導相鄰的細胞表現不同的基因。就在一步步誘導和轉變下，細胞開始特化。

舉例來說，某些中胚層的細胞可彎曲形成原始管狀的動脈和靜脈網路。新形成的循環系統並不是像樹木沿著主幹長出分支，而是由許多小血管在胚胎各處散落生成，然後這些散落的血島（blood island）再互相接合成巨大的網路系統。血管不僅在胚胎內生成，同時也擴展到卵黃囊和整個原始胎盤中，以開發食物來源。

到了第二十二天，有些中胚層細胞開始包裹在較大的血管外，成為肌肉細胞，並將充滿在細胞內的肌動蛋白聚合成纖維絲，平行排列於肌凝蛋白束旁。當這群細胞內的肌凝蛋白開始拉扯肌動蛋白絲時，便使細長的細胞一起產生節律性的收縮，一個原始且只有一個腔室的原始心臟，於焉形成！至於那些困陷在血島或臍帶中的細胞，則轉化成為血球細胞。到了後期，造血細胞才居住在骨髓中。

於是當婦女第一次注意到月經已晚了一星期，一個簡單的心臟已推動著胚胎血球細胞流遍芝麻大小的胚胎，流經臍帶，周遊環繞如豆子般大的胎盤後，再回到胚胎。

胚胎發育就這樣按部就班，建立起一個組成細胞間都能密切溝通的複雜結構。依據細胞記憶，讀取部分的遺傳訊息，並將送至細胞的分子訊息，傳達給核內的 DNA。

史密斯發現活化素

早在 1920 年代，有兩位德國胚胎學家司培曼（Hans Spemann, 1869-1941）和曼戈爾德（Hilde Mangold, 1898-1924），就曾對仍是一個中空球的胚囊動些手腳、修修補補的。他們將胚囊某一特定部位的細胞，移植到另一個胚囊上，結果接受移植的胚囊，竟發展出兩個完整的胚胎。

司培曼和曼戈爾德認為，這塊轉移的細胞必定具有「司培曼器官導體」（Spemann organizer）的功能，可送出訊號誘導其他尚無特定工作的胚囊細胞，依照一定的模式形成各式特化的細胞。這「細胞間必有傳訊現象」的推論，在 1990 年代因一項新發現而獲得更進一步的證實。

任職於英國國家醫學研究所的史密斯（Jim Smith），則從蛙胚中分離出一種蛋白質，對其他青蛙細胞可造成廣泛的影響，可能即為司培曼器官導體中的傳訊分子，他將該蛋白質命名為「活化素」（activin）。當史密斯將少許劑量的活化素，加入未分化的青蛙細胞時，可使細胞特化為皮膚細胞，是衍生自外胚層的細胞種類之一；再稍微提高活化素的劑量，未分化的細胞則會轉變為肌肉細胞，這是正常時由中胚層發展而來的細胞種類；最高劑量的活化素則使細胞成為中胚層細胞，這些中胚層細胞還可誘導外胚層細胞捲曲形成神經管，也就是未來發展成大腦和脊髓的起始結構（圖 8-2）。

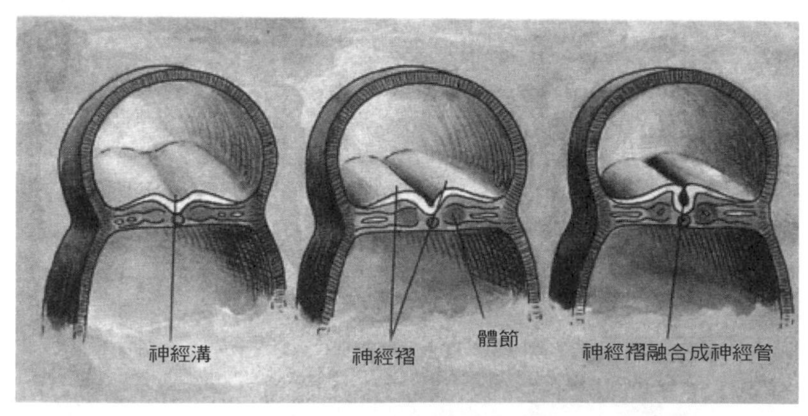

圖 8-2　在受精後的第三週，胚盤中的外胚層細胞會彎曲閉合，形成與體軸平行的神經管，這是未來成為腦和脊髓的原始構造。

許多其他實驗室，也發現了可相提並論的研究結果，為我們瞭解「究竟是哪些訊息分子驅策一般性的細胞，進行特化的發育過程並創造出一個完整的生物個體」，開啟了一扇窗。

痕跡器官消失了

到了受精後第四週，更可觀察到胚胎學中最深遠的現象。此時期的胚胎已可見到清楚的頭部輪廓，手臂與腳也開始冒出。但比較人類與其他脊椎動物的胚胎，仍是幾乎難分軒輊，這暗示：所有的生命形式都擁有相同古老的演化環節（見次頁的圖 8-3）。

就如同一世紀前，胚胎學家所作的描述：人類胚胎的初期，和豬、蜥蜴、鳥類、或其他動物胚胎，看起來非常相似。此時期的人類胚胎也長著鰓囊，這是魚類後來發育成鰓和尾部的起始構造。人類的尾巴則在發育過程中萎縮，而鰓囊這類「痕跡器官」（vestigial organ）則衍生為骨骼、肌肉、臉部、耳朵、和脖子等構造。

生物學家相信，人類和魚類都保有一些古老的遺傳訊息，來建構這類痕跡器官。但是隨著發育工程的進展，其他基因陸續活化，登上舞臺，使魚類的鰓弧細胞在接受到環境訊息之後，啟動了形成鰓的基因。而在人類，這些基因或遺失、或休止，或突變成不同的基因，使鰓弧組織在接收到外界訊號時，把自己塑造成為與鰓截然不同的構造。

要想瞭解所有複雜的胚胎發育過程，是極為艱困的一件事，但像史密斯有關「活化素對蛙胚之影響的研究」，或像畢斯爾「小鼠乳腺細胞形成原始乳腺的實驗」，都提供了重要的線索，顯示細胞所處的環境強烈操控了基因的表現。

化學分子濃度梯度

長久以來，生物學家就認為有一種細胞傳訊方式，可能與轉達細胞所處的相對位置，有密切的關係。例如在果蠅的胚胎，位於胚盤頭端的細胞會分泌特定的化學分子，朝尾端擴散，造成頭端濃度

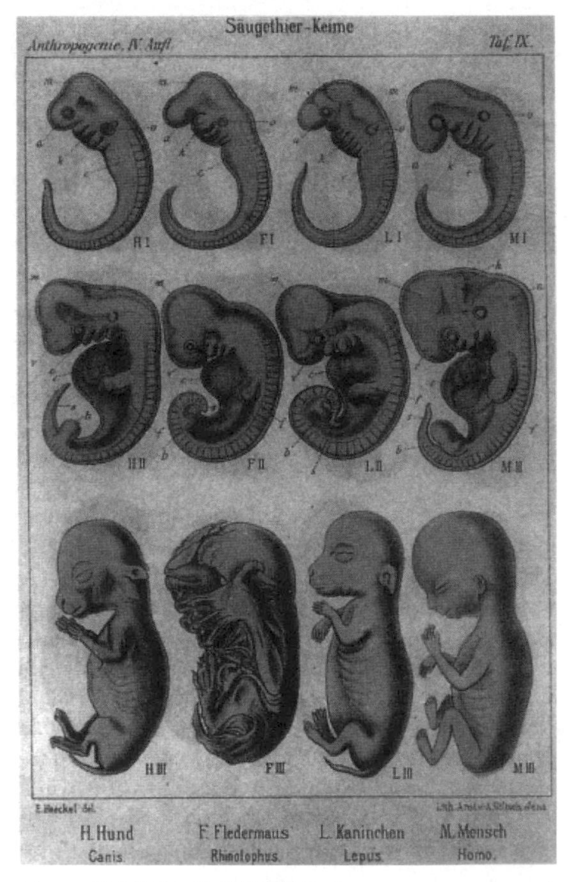

圖 8-3　偉大的德國生物學家海格（Ernst Haeckel, 1834-1919）於 1874 年，發表了四種生物胚胎發育演進的比較，由左至右分別為狗、蝙蝠、兔子和人的胚胎。
圖片來源：牛津的博德利圖書館（Bodleian Library, Oxford）

高、尾端濃度低的濃度梯度。胚盤中的其他化學分子，則可能由尾端擴散至頭端，造成尾端濃度高、頭端濃度低的濃度梯度；或者是造成頂端（背部）濃度高與底端（腹部）濃度低的濃度梯度。

雖然研究人員懷疑，類似的操控方式可能也存在於脊椎動物的胚胎，但經過一番仔細的尋找後，並未發現任何證據。因此究竟包括人類在內的脊椎動物，是利用何種方法來界定細胞所在的位置，仍然是謎。

果蠅早期胚胎的每個細胞，都可接收到來自四面八方的訊息分子，有如地圖的坐標系統般，告知細胞在胚胎中的位置。這種基因與環境之間的交互作用，使我們推斷出一項深遠的結論：遺傳並不是像一般人所斷言，決定了生物的一切。遺傳只是天數的一部分，環境亦然。這就是為什麼基因完全相同的同卵雙胞胎，其實並不完全相同。沒錯，他們可能長相一模一樣，生活方式也如出一轍，然而他們之間的極度相似的特性，時常是因科學研究或記者將注意力的焦點集中在最相近的雙胞胎身上，所製造出來的印象。

先天與後天皆有巨大影響力

事實上，許多雙胞胎之間都有一些從微小到極巨不等的差異，例如在一對雙胞胎中，可能一個身強力壯，另一個則羸弱多病。一般對此的解釋是，當兩個胚胎在共用一個胎盤時，健碩的胎兒占用了大部分的血流供給。

至於其他較細微的差異，更可從心智和個性上顯露出來，這可能是因為出生後環境的不同，例如圍繞在嬰兒四周的色彩或玩具是否豐富；也可能發生在出生前，當腦細胞在伸展觸手聯繫其他腦細胞時，是形成較多或較少的觸手所造成的變異，畢竟在基因密碼中並不含腦細胞該如何連結神經網路的確切模式。

「個體的形成和發展，並未寫定在新形成受精卵的遺傳程式之中，」在密西根大學專攻遺傳對腦部發育研究的加德納（Charles A. Gardner）闡釋道。加德納喜歡提醒那些反墮胎運動的擁護者，當他們在論及受精卵已具備發育為一個人的一切資訊，因此就等於是一個成熟的人時，還須注意到：無論是指紋的形式，或是更重要的器官，例如大腦，都是要命得複雜，無法完全由一個受精卵決定。生物界將許多細節問題，交給反覆無常的胚胎發育過程來決定：倒轉發育的錄影帶，再重新播放一次，你可能就得到一個完全不同的人，有著不同的指紋、不同的腦部連結。

要使一個胚胎成功發育，每一種特化的細胞類型必須只能在正確的地方形成。試想如果原本應形成心臟的細胞，卻特化成眼球細胞，胚胎很快就會因缺乏血液循環而死。許多異常可能會在發育過程中發生，但這種細胞類型易位的例子卻很罕見。又比如原始心臟細胞製造了許多肌動蛋白，卻很少或根本沒有肌凝蛋白，細胞將無法收縮，胚胎最後同樣會因缺乏血流而死。

因此，要使胚胎發育得以進展，每一群基因都必須在正確的地點、正確的細胞、正確的時間運作，而其他基因則得適時依一定的順序、不同的時間長短來活化。這所有一切都意謂著生命必定有些機制，去協調執行生物功能所必需的基因組合的表現。生命是如何協調基因的運作，我們可從二十世紀初遺傳學家的老搭檔「果蠅」的研究，略窺端倪。

小而美的實驗動物──果蠅

果蠅之美，在於它體積小，可快樂的生活在實驗室的小瓶中，迅速繁衍新生代，使生物學家能輕易從果蠅族群中發現新突變，而追蹤出是哪個基因的改變所造成。經過數年，有數不清的果蠅在實驗室中培育，並經過仔細的檢查，研究人員發表了許多從不曾在其他物種看過的各式稀奇古怪的突變。例如有一名研究人員，曾觀察到一隻果蠅長了兩對翅膀。正常的果蠅只有一對翅膀從胸部伸出，但這隻突變的果蠅則在胸部和腹部間長著兩節胸腔，各具備了一對羽翅。更奇怪的是，還曾有人發現果蠅頭部應為觸角的部位，竟然長出腳來（圖 8-4）。

在科學不發達的年代，這類畸形若不是遭丟棄，就是被指為是惡魔或超自然力量作用的結果。但到了連神祕的胚胎發育都被認為是自然現象、且有可能去瞭解的年代，這些怪異的果蠅則被遺傳學

圖 8-4　右圖顯示正常的果蠅在兩個紅眼睛的附近會長出一對毛狀的觸鬚，而左邊的果蠅則帶有突變基因，使眼睛附近的細胞誤以為自己位在身體後端應長腳的位置，造成細胞表現長腳基因，而不是觸鬚基因。（此圖片由 Matthew Scott 教授提供。）

家視為是自然界歡迎我們去研究的實驗，是揭露長久隱密現象的最佳良機。

雖然突變可能發生在果蠅的不同部位，然而這些變異均非因某一部位嚴重扭曲所造成，而是在錯誤的地點長出了一個完全正常的身體結構。如果胚胎發育的過程是因細胞接受到化學訊息，告訴它們在整個身體所處的位置，那麼靠近眼睛的細胞，是如何收到使細胞表現腳部基因的訊息呢？

答案在科學家找出異常果蠅的突變基因之後揭曉。在每個突變的案例中，通常都只有一個基因遭改變，但在這些受損的基因中，都含有一段長約一百八十三個鹼基所組成的特別序列，埋藏在數千個鹼基長的完整基因中。也就是說，這些基因生產出來的蛋白質，都具有一段六十一個胺基酸構成的類似區域。分子生物學家還發現這一部位在蛋白質摺疊後，可形成與 DNA 結合的形狀，因此所有具備這段相似序列的蛋白質，可能都是具有調節基因表現的 DNA 結合蛋白。

分子生物學家還發現，相同的蛋白質會以集體行動的方式，同時阻斷或促進一群功能相近的基因。以頭上長腳的果蠅為例，突變的基因原本應生產一種抑制蛋白，使一群建構腳部的基因在眼細胞中維持休止狀態。但是當基因受損而無法製造出正常功能的蛋白質時，這群失去了煞車系統的基因，便自由按照細胞內的歐式住房計畫，在眼部細胞中建構起腳部組織了。

在其他的例子中，帶有類似序列的突變基因，則可能生產的是促進基因表現的蛋白質。無論結果是抑制或促進，基本觀念都是相同的，這些蛋白質藉由同時抑制一群基因，或同時啟動一群基因，達到協調基因活性、使遭影響的細胞發展出某些重要結構的目的。

神奇的同源匣基因

科學家替這些含有類似序列的基因，取了個或許合適、但卻古怪難解的名字，稱為「同源匣基因」(homeobox gene，homeo 為希臘文「類似」之意，box 則是分子生物學家在描述一串相同或近似的鹼基序列的說法)。同源匣基因的發現最初是基於好奇心，且被認為只與昆蟲的發育有關。

同源匣基因的運作方式，與所在的體節有明確的關係。一般臆測：當細胞由四面八方擴散而來的梯度訊息中，獲得所在體節的資訊後，如果該體節應長出腳部，這些訊息便會開啟含有類似序列的基因，活化製造腳部的首腦基因，再讓那些建構腳部結構的「軟體程式」自行運轉。也就是說，發生在正常體節的事件，和發生在錯誤地點的突變，有著同樣的效果，都可使細胞發展出同樣的特殊結構。還有一些更詭異的突變，則是因為帶有缺陷的同源匣基因，誤解自己所處的體節，例如有兩對羽翼的果蠅，是因相鄰體節同時認為自己是形成翅膀唯一且正確的體節。

科學家很快就發現，昆蟲並不是唯一具有同源匣基因的生物，一旦分子生物學家學會如何尋找它們的方法，便在其他高等實驗動物身上，也找到了同源匣基因，並驚訝的發現：各個物種的同源匣基因，遺傳序列竟是如此相似！

事實上，小鼠與人類的同源匣基因，要較小鼠與人類的血紅素基因還要更像。同源匣基因在各物種之間的高度相似性，代表這些基因所製造的蛋白質均含有相同的單元，且具有相同的功能。

由於演化總是不斷對所有的基因，做些微小而隨機的改變，因此兩種源自同一祖先的生物分開得愈久，基因的差異也就愈大。換句話說，小鼠與人類的血紅素基因雖有不同，但和青蛙的血紅素基因比較起來，小鼠還是與人類具有較高的相似性。

生物學家推測，只有那些能使生物生存占有優勢的突變，或至少無害的突變，才能在殘忍無情的天擇中保留下來。而同源匣基因在經歷了數億年來的演化，卻依然穩定不變，顯示同源匣基因扮演了重要且不可或缺的角色，因為一點點序列的改變大多都會造成有害的結果。

這項發現同時也顯示人類胚胎的發育，密切倚靠同源匣基因的作用，再度證明了所有生物的基本相似性。同源匣基因的普遍性，說明一旦演化發展出使類似基因成功運作的方法，便會保存同樣的方法，使用在新繁衍出來的物種身上。這些基因在不同的物種中，或許會有不同的影響（事實上，其間差異極微），但操控這些基因的機制都是完全相同的。

人類胚胎也有體節

在人類胚胎發育初期，也可見到像昆蟲體節，或像蚯蚓等演化上更原始生物的遺跡。大約在第三、四週，沿著胚胎頭尾體軸的兩旁，開始出現成對的突起，像是並排的兩串珍珠。這約有四十二到四十四對的突起，即為人類的體節（somite，soma 為希臘文的身體之意）。許多發育過程就是以體節為單位來發展的，像是脊椎骨的形成，特定的肌肉，在某些體節中還有肋骨的形成，或是一片片皮膚的形成，都是自體節中生成。

這些對早期胚胎發育極為重要的體節，到了成人時還殘餘的主要痕跡，就是脊椎與肋骨了。然而有趣的是，在成人體內的一節脊椎，並不等於原來胚胎的一段體節，而是由兩段相鄰體節各出一半形成的產物。也就是說，胚胎每個體節劃分為一半，分別組成兩個相鄰的脊椎，而體節的中心則衍生出分隔一節節脊椎的軟骨層。

雖然目前還沒有人將體節與同源匣基因的作用連在一起，但有充分的理由使我們相信，人類的同源匣基因也和果蠅的一樣，在協調胚胎的發育上，扮演了首腦的角色。不幸的是，誠如曾任職於美國國家兒童健康暨人類發展研究所的辛德勒（Joel M. Schindler）所言：「我們對這些基因如何完成其生物功能，仍一無所悉。」如能繼續探索果蠅的同源匣基因，將對改善人類的情況有直接的助益。美國每年都有超過二十五萬的新生兒，不幸帶有先天畸形，其中有很高的比率，就是肇因於引導胚胎發育的基因有瑕疵。

當胚胎發育出差錯時

任職於同一研究所的胚胎學家塔斯卡（Richard Tasca）則說：「當你考慮整個胚胎發育時，你知道所有的過程都必須正確無誤，你也會想到有些步驟可能發生錯誤，令人驚嘆的是：並不是它有時會出錯，而是它居然常常能正確順利的發展！」

雖然如此，當發育過程偶爾出錯時，就可能造成令人心碎的不幸結果。在一長串令人悲哀的名單中，從可利用手術治療的兔唇，到無醫可施的腦部缺陷，數百種不同的先天缺陷，都是因為胚胎發育時某一重要階段出了問題。例如許多婦女在懷孕期間，服用一種名為沙利竇邁（Thalidomide）的鎮定劑，就會造成嬰兒手臂有如魚鰭的畸形症狀。由於正常胚胎大約在懷孕四十二天，長成正常的比例（雖然還未達最終的大小），因此可推算出沙利竇邁是作用在前四十二天的胚胎發育過程。

還有一種影響較有限的缺陷，則是稱為「龍蝦爪」的畸形，嬰兒有兩根以上的手指仍緊黏在一起。問題發生的時間則可追溯到第四十二天到四十三天、大約只有二點二公分長的胚胎，那時手指間的蹼應該要進行程式化細胞死亡而消失分解，但在龍蝦爪的例子，細胞死亡程式卻未啟動。細胞是如何得知為了其他細胞的發展，自己必須選擇自殺一途，仍是生物界的一大謎題。

但近年來的研究，已使我們對程式化細胞死亡有初步的瞭解。簡單說，所有細胞的遺傳程式其實都是設定在自殺的指令下，但因受到了社會規範——相鄰細胞釋出的化學訊號，而暫緩了自我摧毀的程序。不過，不僅在胚胎發育期間，在成人的一生中，體內都會發生「救援信號」停止的事件，這時細胞就會啟動如祭典般準確的自殺程式，細胞開始萎縮、碎裂，最後被附近的細胞所吞食。

這種又稱為「凋亡」的過程，與病理上細胞的「壞死」，極為不同。如果細胞是死於疾病或受傷，通常會腫脹爆裂，將其內容物濺得到處都是，包括原本儲存在溶體中的酵素，因而會傷到毗鄰的細胞，造成發炎反應。相反的，凋亡則乾淨清爽，絕不會傷及無辜細胞。

「我想近幾年來的實驗證據，已強烈顯示凋亡是常見的自然現象，」在倫敦大學學院領導程式化細胞死亡研究的羅夫（Martin C. Raff）說：「動物細胞命中注定要面對死亡，這是使一群生活在一起的細胞，仍能像單細胞生物般和諧運作的社會公約，總是要有細胞得犧牲的。」

胚胎融合實驗

在胚胎發育的早期，有時是受精後的一週內，內細胞團的細胞可能分裂為二，使單一胚體形成兩個人類個體，也就是所謂的「孿生雙胞胎」。然而，有時分開的內細胞團仍有部分相連，結果就造成充滿悲劇的連體嬰。他們可能是兩個完整的個體，僅有部分血肉相連，也有可能靠近到兩個頭共用一個身軀。

雙胞胎可算是大自然的實驗，而胚胎學家則曾反其道而行，將兩個小鼠胚胎融合在一起，形成一隻小鼠。例如受精一週後的白小鼠早期胚體和一隻同時期的黑小鼠胚體融合（大約是八或十六個細胞的時期），再植入母鼠子宮內，母鼠最後會產下一隻具有兩種色調、四個親生父母的小鼠。塔斯卡感嘆：「這樣的實驗使你不由得重新思考個體的定義是什麼。」

胚胎融合的實驗，為發育之謎揭露了一線曙光。從這隻一塊黑一塊白的小鼠身上，可看出身體的相鄰部位各源自哪個胚胎細胞。如果有一個黑細胞位在右肩附近，那些由黑細胞衍生出來的皮膚細胞，便會冒出黑色的毛來。如果相鄰的胚胎細胞是來自白小鼠，我們就會見到黑白相間的毛色。雖然這些混雜在一起的細胞各具有不同的特質，但卻合作創建出一個完美的生物個體。

胚胎融合的實驗還顯示了另一項重要的結論：雖然細胞只能表現它們所遺傳到的基因，例如黑細胞長黑毛，白細胞長白毛，但決定細胞應該表現哪些基因的訊息，例如使細胞變為毛皮細胞或是肌肉細胞，則存於單個細胞之外。

形成神經管

神經系統是胚胎發育中最早開始生成的主要結構，常被讚譽為「演化的顛峰之作」的人類大腦，大約在受精後兩週半開始建構。當然，其他如小鼠、鳥類、蜥蜴的腦，也是在同一時期形成。人類的腦之所以與眾不同，是因為人腦的發育不僅貫穿整個懷孕過程，甚至一直持續到出生之後數年。事實上，在幼年期之前，人腦的解剖結構，無論是腦細胞、或是各腦區之間的連結，都仍未達到最完備的階段。

大約在第十八天，還不及零點一六公分長的胚胎，便展開建構脊髓和大腦的第一項工程——形成神經溝（neural groove）。這項工程是沿著原條所定出的軸線開始的，整片外胚層細胞滑動、彎曲，形成兩道平行的山脊，而位於兩道山脊之間的，即是神經溝。細胞會繼續移動，使山脊愈長愈高，並向中心彎曲，直到最後，脊頂相互接觸密合，形成中空的神經管。神經管的癒合由胚胎體軸的中間開始，然後向頭尾兩方延展。

這看似簡單的過程倘使出錯，將會造成嚴重的先天缺陷。例如脊柱裂（spina bifida）就是神經管的某一點閉合不全，使脊椎突出胎兒的背部，引起種種異常。更嚴重而且常會致命的缺陷，則是神經管的閉合並未完全進展到頭端，使腦部無法正常發育。其中最嚴重的案例是一名嬰兒在出生時，完全沒有腦部（無腦畸形），這樣的悲劇在懷孕第二十三天到二十六天，就已注定。

事實上，神經管的形成要比上述的過程更加複雜許多。當神經脊將要閉合時，由兩山脊頂衍生出來一群特別的細胞——神經脊細胞（neural crest cell），會紛紛從脊頂跳下，奔向胚胎其他部位，追尋各自的命運。神經管閉合後，則會沉降到胚胎內，使表面仍維持平坦，其餘的外胚層細胞則會覆蓋住神經管。在這些保護性的外胚層細胞和神經管之間，則零星散布了許多神經脊細胞的部隊。

角色多變的神經脊細胞

這支零星散布的神經脊細胞部隊，將會擔負各式廣泛的任務：有些細胞形成神經系統的各式組件，包括所有的感覺神經；有些協助牙齒的建構；有些負責製造臉部的軟骨和硬骨；有些成為腎上腺的一員；還有些脊細胞遷移至未來成為皮膚的部位，在那兒定居下來，製造起賜予毛髮和皮膚顏色的黑色素來。

神經脊細胞廣泛又多變的角色，讓胚胎學家既驚愕又迷惑：看起來都是相同的未分化細胞，卻在離開神經管後，成為特化細胞，各自肩負起生物體內不同的任務，並都具有自己獨特的活化基因。譬如說，製造硬骨的細胞一定會關閉黑色素基因，而黑色素細胞（melanocyte）也必定會廢棄製造骨骼的基因。

這些細胞在離開神經管時，是早已立定好未來的方向？還是沿途接收訊息，待抵達終點時才下的決定？法國科學研究中心的勒杜蘭（Nicole M. Le Douarin, 1930-）曾培養雞胚的神經脊細胞，並測試細胞表現的基因和特化的形態。她發現：有些細胞在跳離神經脊時，就已決定了某些特化的角色，例如以特定的條件分離和培養脊細胞時，細胞很快就會改變外形，變成神經細胞的模樣。但其他的脊細胞則仍未許下任何承諾，當它們剛離開神經脊時，可誘導細胞表現各種特化的基因，然而隨著細胞在胚胎中遷移，一個接著一個的基因陸續遭停用，當細胞遊走數天後，幾乎所有基因都休止了，只剩下擔負某一特別任務的基因。

第三、四、五週的發育

到了受精第三週，原始神經系統剛開始建構不久，胚胎發育的速度開始明顯加快起來（見次頁的圖 8-5）。心臟血管同時出現，心臟也在第四週開始搏動。奇怪的是，此時的心臟竟位在頭的前面。胚胎的頭部也長出了兩個蕈狀突起，開始發展眼睛的結構。從胚胎的身軀上，也冒出了四個小肢芽，未來將形成手和腳。同樣也是在第四週，原本平坦的胚胎開始彎曲成 C 形，這樣的移動使心臟適巧擠入胸腔，在沿著卵黃囊彎曲的同時，也將卵黃囊收進了原始的消化道內。

到了第五週的第一天，嘴巴和鼻孔也開始形成，不過若和發育完全時的標準比較起來，此時胚胎的長相醜怪極了，它的眼睛長在頭的兩側，鼻孔分得開開的，嘴巴簡直和頭部一樣寬。當第五週接近尾聲時，由胚胎身軀冒出的肢芽（limb bud）已變長，且在末端長出平板蹼狀的構造，頭部也因腦的迅速成長而膨大，這過程會一直延續到嬰兒出生後數年。

第五週還有一些特別的細胞會開始聚集，這些稠密的細胞塊，散落在胚胎各處，像一座座小島，它們是塑造骨骼的基本模型。有些小島的細胞會先分泌強韌的纖維蛋白，形成軟骨，隨後才由硬骨取代軟骨。有些小島細胞則直接製造硬骨——它們分泌出某種蛋白基質，使細胞間流體所含的磷酸鈣，可以迅速在基質上結晶，隨著愈多磷酸鈣滲入基質，逐漸將基質轉變為真正的硬骨。

原本負責分泌蛋白基質的細胞，最後則困陷在硬骨之中，不過這些細胞仍可伸展細長的管道，以攝取營養和氧為生。骨骼中的另一類細胞則會不斷咬噬骨頭，卻也因而釋放出受禁錮的細胞，以鋪設新的蛋白基質。這兩種細胞合作無間的塑造硬骨結構，使骨骼能隨著胚胎的成長而變長變硬（或是修復好成人的斷骨）。

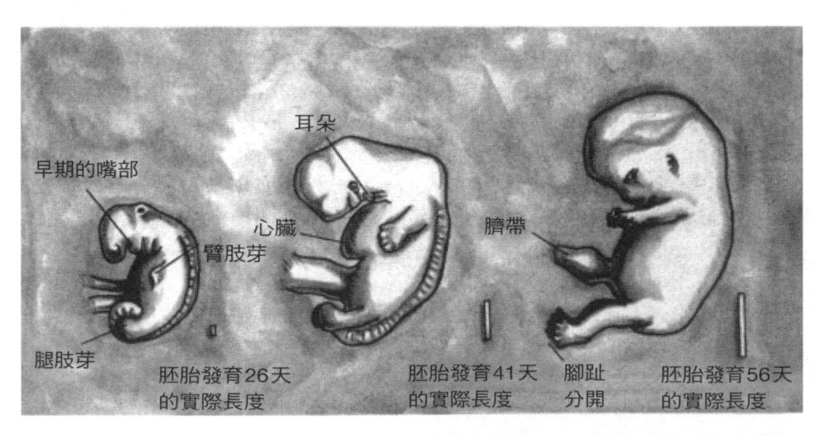

圖8-5　人類胚胎的成長。在大約受精後一個月時，胚胎的大小只有芝麻般大，到了第二個月快結束時則長至蠶豆般的大小。雖然此時胚胎體積很小，但所有器官系統的基本雛形都已具備，傳統上從這時開始就可改稱為「胎兒」了。

在胚胎發育過程中，還有一件有趣的現象斷斷續續的進行。在大多數情況下，人體細胞都會同時使用父親和母親所貢獻的基因，但也有極少數的例子，來自父方或母方的基因，被細胞永久摒棄。細胞會在基因序列上裝飾許多甲基分子，使基因變得毫無功能，這種阻斷基因表現的化學修飾，還會在每回細胞分裂時，傳給子代。因此從裝上甲基的那一刻起，生物個體就很難再使用遭到修飾的基因了。

遺傳學家現在才開始瞭解這類修飾作用的後果，科學家相信這所謂「基因組印記」（genomic imprinting）的現象，與某些罕見疾病有關，像是貝克威斯一魏德曼症候群、小胖威利症候群。這項關聯在較為人知的亨丁頓氏舞蹈症中，稍微清楚一些：如果缺陷基因是遺傳自父親，病人在成年就會顯露病徵，且情況較嚴重；如果缺陷基因是來自母親，病徵則會遲至中年後才出現，這種差異被認為是基因甲基化的多寡所造成。

從「胚胎」改稱「胎兒」

在第八週將結束之前，胚胎已具備了所有重要的器官，或至少已有初步的雛形，使任何人一眼見到，都可認出這是人類的胚胎。他的身軀已長好了手腳，即使是手指和腳趾也已分開，而且還長出了指甲，然而臉部看起來仍有些怪異，從頭兩端長出的眼睛，正往前方移動（事實上，眼睛看起來並沒有移動多少，而是眼睛後方的頭部膨大起來的關係）。原本分得開開的鼻孔，也靠攏成為一個鼻子了。由於嘴唇尚未形成，因此嘴巴看起來像是一條細長的裂縫。整個臉部還需要一到二個月，才會發展成正常的比例。

此時婦女才第二次錯過月經週期，甚至可能還未察覺自己懷孕了。這如核桃般大的八週胚胎，已打好所有器官和結構的基礎了，所有未分化的細胞也已遠征至新的地點；三個基礎胚層的細胞也像萬花筒的千變萬化，或攀爬、或沉潛、或纏繞的，改變相對排列位置，建立了許多微環境，以誘導特殊基因的表現，使原本模稜兩可的細胞，轉變為具有特殊形態和功能的細胞。

根據程式化細胞死亡的學說，生活在這微環境中的細胞，還會不斷送出社會規範的訊息，使社群中的細胞能避開自殺的命運。透過這些機制，讓生活在這日漸成長的身體中的細胞都能適得其所。在受孕八週，每個器官內的微環境都已建立，每塊骨骼、每塊肌肉都已開始形成。醫學界不再用「胚胎」一詞來稱呼了，而開始改稱以「胎兒」。

從現在算起、一直到出生之時，中間有三十週的時間，胎兒最主要的變化就是體積的成長，和發展那些成長中器官更細部複雜的結構。而不同的組織有不同的成長速度，因而塑造胎兒成為正常嬰兒的比例。

胎兒的早期行為

大約也是在這一時期，胎兒首度展示了初步的行為跡象。由於肌肉神經的發展，使胎兒逐漸獲得運動的能力，不過八週大胎兒的手腳運動，仍只是胡亂零星、沒有任何目的和功能的抽動，當肌肉獲得同步收縮的能力時，就會使胎兒彎曲一下手臂或轉動一下頭。胚胎學家能得知這些訊息，是因為在許多年前，曾有一些實驗將剛墮下的胎兒保持在溫水中，在他們死去之前觀察數小時。（這些胎兒在墮胎過程中並未受到損傷，但是還沒有任何方法能讓這麼小的胎兒存活。）

科學家發現：在這最早期的行為反應中，胎兒並不會對任何刺激做出反應，也無法產生蓄意的行為。另一個使科學家如此肯定的因素則是，胎兒腦部的網路系統尚未安裝好。腦部雖有神經細胞，但細胞之間並未形成突觸，而突觸又是一切心智功能的基礎，即使像痛覺這種最原始的感覺，都需要突觸的存在。

然而過了第八週不久後，肌肉和神經的發育就已成熟到「可對外界刺激產生反射性的肌肉收縮」了。這一類的運動仍無須牽涉到腦部，只要有兩個相連的神經細胞即可發生：感覺神經接收刺激，將訊息傳至脊髓中的運動神經，再由運動神經通知肌肉收縮。神經學家稱這一傳遞路徑為「反射弧」（reflex arc）。反射現象同樣也可在成人身上看到，例如當醫生輕敲肌腱時，小腿彈起的現象，或是手無意間碰到灼熱的爐子時，在腦部尚未感到疼痛時，手就猛然縮回的反應。

七十多年前利用墮胎兒所做的實驗顯示，八週大的胎兒在嘴部和頸部肌肉間，已有簡單的反射弧，當研究人員以細毛輕拂胎兒的嘴唇時，胎兒會緩慢的將頭部轉向受刺激的方向。這類反射若進一步發展，便會形成所謂的「覓食反射」（rooting reflex）現象，可幫助新生兒尋找母親的乳頭——當有東西拂過新生兒臉頰或嘴唇時，嬰兒很自然的將頭側向刺激源，並開始吸吮。八週大胎兒的反射動作，絕非來自腦部意識，因為腦細胞的連結，還需再十週的時間來發展。

雖然母親還無法感覺到八週大胎兒輕微的活動，但這種情形將會有所改變。在第十七週到二十週，母親將可強烈感受到胎兒在腹中的運動。遠在數世紀前，這段期間又稱為「胎動期」，當時的天主教會對墮胎的容忍度要較今日寬鬆，胎動期之前的墮胎仍是允許的。因為根據神學家的解釋，胎動期正是上帝將靈魂放入胎兒的時期，因此在胎動之前的胎兒仍被視為「死者」。這古老的信仰又再度顯示，從前人們對「生物的自主性運動是由上天賜予」的觀念。

二十週大的胎兒，腦部還無法思考

其實胚胎發育過程與墮胎議題最息息相關的，莫過於未出生的胎兒是否具有內在經驗（即使是最模糊原始的形式）？胎兒是否能感到疼痛，或有一絲的不適？顯然，想知道這些並不是一件易事，但從胚胎與胎兒的研究中，還是可尋到一些重要的線索：如果胎兒要有感覺、思想、或經驗，必須先要有神經的功能。

事實上，就像大眾已普遍接受的「腦死」觀念：即使一個人的心臟仍在跳動，但當他的腦細胞無法再傳遞訊息、中樞神經系統停止工作時，這個人也就等於不存在了。若以較強烈的俗語來形容，沒有腦功能的人就像植物一樣。

依據這項普世的概念，一些設法調停墮胎爭論的科學家和其他人士，就建議以相同的條件來衡量這議題。他們的論點是：如果未出生的胎兒不具有中樞神經系統的功能，無法產生任何像疼痛之類的內在經驗，那麼就還不算是一個完整的人。在胎兒尚未發展出腦死病人所遺失的心智功能之前，胎兒也就像植物一般。

任何的內在經驗都需要腦，而這對於二十週之前的胎兒是不可能存在的，有時甚至連二十五週大的胎兒也還無法辦到，一直要到大約三十週，看起來才有些思想形式存在。人類大腦的獨特能力，並不是源自一群分散的細胞，而是連接細胞間異常複雜的網路、迴路系統。在二十週之前，胎兒的腦還無法思考，就像一箱未連線的半導體晶片，無法驅動電腦運作一樣。

每個位在發育完全的腦中的細胞，都會與其他上萬個腦細胞溝通交流。正是神經細胞之間的這種豐富聯繫，才使感覺和思想變得可行。

搭建神經網路

腦部連結線路的建立，也像體內大多數的發育過程一樣，仰賴程式化細胞死亡。當神經細胞生成，並朝其聯繫的目標（例如其他神經細胞、肌肉細胞、感覺器官內的細胞）伸出觸手時，觸手會像獵犬追蹤氣味般，循著目標細胞所分泌的化學訊息伸展。這些化學訊息即為神經細胞的社會規範，沒有目標訊息的神經細胞，將無法存活太久。因此如果沒有化學分子的引領，或誤入歧途而失去訊息的細胞，就會自殺；而有適當目標可聯繫的神經細胞，則會接收到穩定的維生訊號。在視神經發育的研究中，科學家發現：每天都有一萬個神經細胞死亡。另外還有一些估計指出，在出生前或幼兒早期，有半數的腦細胞會死亡。

不過我們無需為此感到惋惜，因為這正是保證發育中的身體能有適當數目的神經細胞，和適當數目的目標細胞的方法，它同時也確保了細胞之間能形成最恰當的連結。舉例來說，腦部一些應送出神經纖維絲到眼睛的神經元，只會被眼睛細胞釋出的化學訊息所吸引，如果神經纖維絲誤跑到耳朵，神經元就會失去訊息而死亡。

然而，即使當大腦皮質（cortex）內第一個突觸形成時，皮質本身仍孤立於腦部其他結構之外，無法接收到感覺訊息。一直要到第二十二週，坐落於腦部中心的視丘（thalamus），才會伸出神經纖維，深入大腦皮質。視丘有如腦的中樞控制器，可整合由感覺神經傳來的訊息，再轉送到大腦皮質，並在大腦皮質送出指令到運動神經之前，先行處理這些資訊。一個內部網路已安裝好、卻尚未與視丘連線的大腦皮質，就像一臺連接好的電腦，卻沒有鍵盤或數據機可輸入待處理的資訊。

當視丘的神經纖維與大腦皮質的神經元之間形成突觸時，大約已是受精後二十五週的事了，這也是早產兒在嚴密護理下，能存活的年紀。儘管如此，要像出生嬰兒般真正使用這些連結，或至少可用腦波圖來測量腦波，還需要再五週的時間。唯有到三十週，這新形成的腦送出的訊息，才會顯現出發育完全的腦的典型行為模式。換句話說，懷孕前六個月的胎兒是無法產生感覺、思想、或任何出生人類可辨認的內在經驗的。只有到第七個月，胎兒才一定可產生感覺，或有某種層次的思想。胎兒是否擁有一些不需大腦皮質、而在發育較早較原始的腦，如腦幹、脊髓，即可產生的內在經驗呢？沒有人知道，而如何回答這問題，也沒有明確的方法。

出生前的準備工作

無論胎兒在母親體內的發育情形如何，要轉換到子宮外生活，都是很大的改變。從出生前一週到出生後數週、數月間，在分子層面上均有許多的變化，有些在胎兒中運作的基因逐漸遭關閉，而一些對子宮外生存較適合、而從前休止的基因，則一一被活化啟用。

在所有例子中，最為人所知的就是血紅素。如同第 5 章所述，胚胎為了要攫取母親胎盤中成人型血紅素所帶的氧，而使用攜氧能力較強的胚胎型血紅素；一旦嬰兒可從肺部獲得氧氣，帶氧力較弱的成人型血紅素就足以應付了。若成人仍使用胚胎型血紅素的話，當她有下一代時，胎兒將無法獲得氧。

胎盤除了是胎兒的肺之外，在功能上也等於是胎兒的腎（經由血流移除代謝廢物）、胎兒的腸（自母親的血流中攝取養分）、胎兒的肝（可製造消化酵素等物質，處理由母親血流中萃取的養分，轉換成胎兒可利用的形式）。當胎兒出生時，所有的內臟器官都必須擔負起前所未有的任務。

當胚胎發育成熟時，便會通知子宮準備生產的工作。雖然出生時所用的傳訊系統還未完全釐清，但目前至少對兩個關鍵步驟已有所瞭解。原本在整個懷孕過程中都密閉、以防止胎兒滑出的子宮開口——由強韌纖維所構成的子宮頸，在準備生產時，會因子宮和卵巢中的黃體所分泌的恥骨鬆弛素（relaxin），而分解掉厚實的膠原質纖維網，使子宮頸軟化，讓胎兒能輕易穿過子宮頸。

另一個重要的因子，則是由母體的下視丘（hypothalamus）所分泌、並儲存在腦下腺的催產素（oxytocin）。當位於子宮頸和子宮其他部位的神經末梢，感到懷孕已接近完成時，會通知腦部將催產素釋出，經血液流到子宮後，刺激那號稱全身最有力的子宮肌肉，產生強烈的收縮，將胎兒推出已軟化的子宮頸。

新生兒仍將繼續發育

在新生兒體內，則有更劇烈的變化發生。原本胎兒由臍帶獲得氧和養分，現在則必須改由從未真正運轉過的肺部和小腸來攝取。原本進出胎盤的循環系統會迂迴繞過肺部和大部分的肝臟，現在則必須關閉進出臍帶的動脈和靜脈，開啟流向新生兒各器官的通路。在出生後，臍帶的兩條動脈會立即收縮關閉，以免嬰兒的血繼續流向現已無用的胎盤。大約一分鐘後，胎盤的血液流回嬰兒體內後，臍帶中的靜脈也隨之關閉，環繞在臍帶附近的膠狀物質，一遇到空氣立即迅速萎縮，將臍帶的循環系統永久束緊，數天後臍帶便自然脫落。

當新生兒的胸腔肌肉收縮時，液體自肺部排出，並吸入空氣，使肺部內的小囊膨脹起來。由於小囊的膜很薄，空氣可直接進出血流。氧氣湧入後造成的第一個效果，就是激化肺臟細胞釋放一種稱為舒緩肽（bradykinin）的蛋白質，命令環繞在特定血管開口的擴約肌收縮。由於這些擴約肌一收縮之後，就會一直保持收縮，因而關閉掉一些使血流繞過肝臟而流到胎盤的血管，將血液導入肝臟，讓肝臟開始執行各項任務，包括清除血液中不要的物質。閉合血管壁上的纖維母細胞，則會逐漸繁殖，織造永久性的纖維封印。

其他有些血管的擴約肌，收縮較為緩慢，要完全閉合一條循環路徑，可能需要數週的時間。在出生前，由於氧來自胎盤，因此在兩個心房之間有一小孔，使胎兒的肺也能獲得有氧的血。出生後肺臟則成為氧氣的來源，當擴約肌變更新生兒血流路徑時，心房間的壓力逆轉，使一塊扁平的組織覆蓋住心房間的小孔，將之關閉，而永久區隔兩個心房。有時如果嬰兒的扁平組織太小、無法完全堵住小孔時，缺氧血就會流到體循環中，使嬰兒呈現輕微的藍色。這種藍嬰症可經精密的外科手術修補，像是疏通水管般，完成造人工程的最後數千個步驟之一。

過了青春期，才算發育完全

事實上，這樣的說法可能言過其實，即使九個月的時間，仍不足以產生一個完整的人，許多器官系統要到出生後數月或數年，才能發育好。例如：可以確定的是，神經系統尤其會維持在未分化狀態，散布全身的神經纖維仍缺乏髓鞘（myelin sheath）的包裹，以提供電絕緣層，進而加快訊息傳遞速度。往後數年，腦部的大小和內部連線的複雜度，仍將持續成長。

若考慮到整個物種，則一直要到個體的生殖系統成熟後，人類的發育才算完全，而這通常至少還需十二年的時間。只有到那時，個體才能完成其生物使命，透過精子或卵，將生命的薪火傳給下一代。

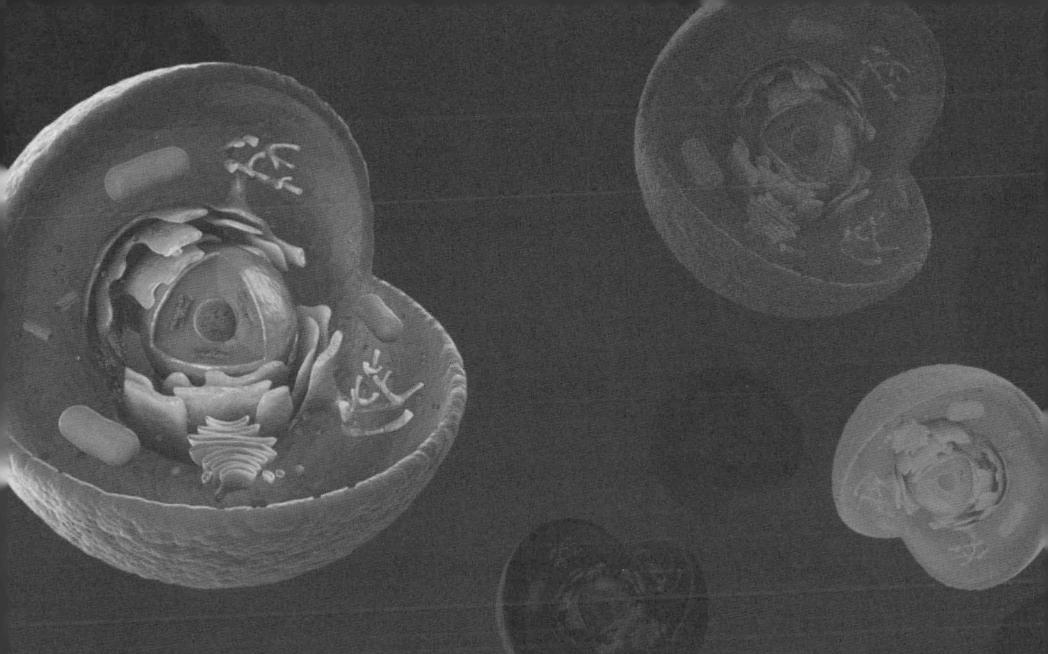

第9章

能屈能伸的超級纖維

人體內數以千計的神經肌肉會合處，

正是哲學家數百年來

嘗試連結人類的「思想」和「行為」

這兩大範疇的轉接點。

當你唸完這段文字後，請暫時放下手中的書，實際體會以下的建議。首先，請你注視著手腕，然後握緊、放鬆手指數次，你會看到在手腕處有些皮膚凸起，有些地方凹陷。如果你再捲起衣袖，一邊重複同樣的動作，一邊檢查手臂，你將會看見手臂上也有些起伏運動呢！

這些現象一直都存在，但除非我們停下來仔細檢查身體是如何移動的，我們常將生命最顯著的特性——活動，視為理所當然。你剛剛所體會的運動，並不是微細的囊泡在細胞內滑行，當然也不是細胞好似在培養皿上匍匐的移動，而是生命最能凸顯的躍動，是物質能組織自己，以執行特定機制的最明顯跡象。

你可能已注意到在握拳運動中，大部分控制手指的肌肉，並不在手指，而是位於手臂接近腕關節的地方。當你握緊手指時，是否感覺到肌肉逐漸由柔軟變堅硬呢？這些肌肉透過一束長纖維蛋白分子（即由纖維母細胞所分泌的膠原蛋白）組成的肌鍵，連接到手指上，每塊肌肉都像是一群用力拉扯繩子的人，而肌鍵則是將這些力量傳導到受力物的那條繩子。當你想握緊拳頭時，手臂上的肌肉收縮，牽動那些穿過手腕、連接至手指的肌鍵，使原本鬆弛的肌鍵在扯緊後，推移手腕內其他的組織，造成手指的彎曲。

到處都需要肌肉

這些連接在骨頭上，使我們能移動身體的骨骼肌，當然不是身體唯一的一種肌肉。在我們體內的其他種肌肉中，有些可能只有在出生時收縮一次；有些則像心肌，在有生之年都不停歇；還有在血管壁內收縮，以推動血流的肌肉。

人類能夠說話，是靠著肌肉牽動聲帶與舌頭，當然，還需壓縮肺部使氣體排出的肌肉；腎臟有肌肉使液體由一個腔室射入另一個腔室；胃則有肌肉磨碎食物，並混合消化液；小腸有肌肉使分解的食物在腸中蠕動；子宮有肌肉在生產時將小嬰兒推出；甚至在每根毛髮旁都有相連的小肌肉，會在寒冷時豎起毛髮，這是使動物皮毛蓬鬆，以便獲得最佳禦寒效果的演化遺跡。這些小肌肉也存在其他沒有毛髮的皮囊旁，這就是讓我們冒起雞皮疙瘩的肌肉。

同樣為了禦寒，身體還有其他肌肉會藉由顫抖，釋放熱能。人類的眼睛更是配備了許多精細的肌肉，例如眨眼睛的肌肉、使眼球轉動的肌肉、拉扯水晶體使目光對焦的肌肉，還有環繞在瞳孔旁的帶狀肌肉（當肌肉收縮時，可使瞳孔縮小、關閉虹膜，而其他由瞳孔向周圍輻射的肌肉在拉扯時，則可使瞳孔放大）。

各種肌肉的基本運作原理都相同

雖然解剖學家將上述肌肉劃分成數種不同類型，但它們產生動作與力量的基本原理都是相同的。更奧妙的是，操控這些肌肉細胞的分子和機制，與在其他種類的細胞運作時所利用的分子和機制，如出一轍。同樣的機制，也使得收縮環有如細胞內的肌肉，能將細胞從中束緊、分割為二。當然，也是因為相同的機制，使細胞能夠四處爬行。

因此，肌肉組織提供了另一項強而有力的佐證，顯示演化如何調整相同的基本分子，以應付各種不同的任務。人類和原生動物早在數億年前，就已在演化的路徑上分道揚鑣了，但兩者卻擁有完全相同的機制，因此最原始的構造一定在數億年前即已形成。至於造成細胞分裂的機制與造成手指彎曲的機制，這兩種機制之間的差別僅只是：造成手指彎曲的肌肉細胞中，有較多可產生力量的分子，且有永久性的結構安排。而分裂細胞的機制則只在需要時，才當場架構特殊的構造（形成一圈收縮環），並在任務完成後隨即解散。

肌肉中可產生力量的分子，和第 2 章的致動蛋白馬達分子，或是以手牽手方式拉動微管、使纖毛和鞭毛擺動的動力蛋白分子，結構都非常相似。肌肉中的馬達分子——肌凝蛋白，外形頗似一根高爾夫球桿，膨大用以擊球的部位是肌凝蛋白可彎曲扭轉的頭部，而球桿的把手則是肌凝蛋白集結成束的尾部（圖 9-1 和圖 9-2）。

在肌肉細胞內，數個肌凝蛋白的尾巴會相互纏繞成較長的肌凝蛋白束，沿著束絲則有突出的頭部伸向各個方向，像是綁成一串的

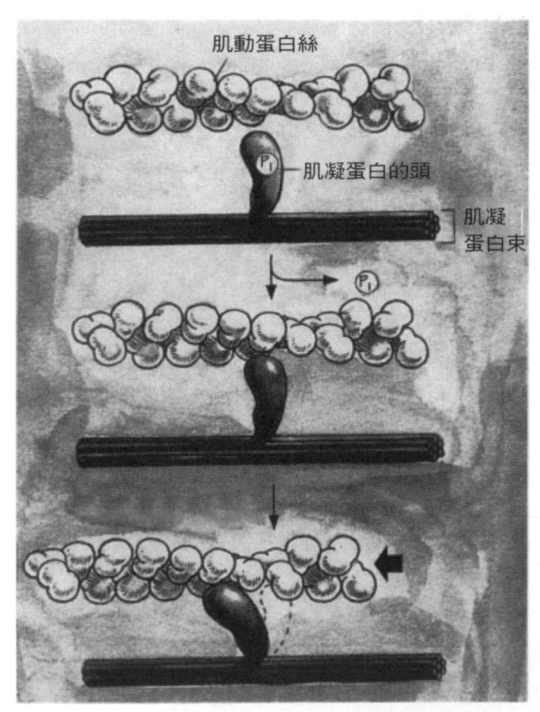

圖 9-1　肌肉細胞內，有無數平行的肌動蛋白絲和肌凝蛋白束。每束肌凝蛋白旁都環繞有肌動蛋白絲，在適當的訊息傳入時，肌凝蛋白束上突出的頭部，就會與肌動蛋白絲結合，並彎曲分子結構而造成肌動蛋白絲在平行方向上移動，然後肌凝蛋白束的頭部就鬆開，回復原狀。下一次又再度拉扯肌動蛋白絲、再鬆開。如此反覆進行，造成兩種纖維束絲之間出現平行的位移，最終導致肌肉的收縮。

大蒜一樣。與肌凝蛋白束平行且重疊排列的，則有六條較細的肌動蛋白絲。當肌肉收縮時，肌凝蛋白束的頭部便向外伸展，抓住相鄰的肌動蛋白絲，用力彎曲拉扯，造成肌動蛋白絲的滑動。接著肌凝蛋白束的頭部鬆開，伸向更遠處，再度抓住肌動蛋白絲使力。

每個肌凝蛋白頭的行動並不一致，但在肌肉收縮的任一時刻，都會有好幾個肌凝蛋白頭，正使勁拉扯肌動蛋白絲，導致肌肉中的這兩種纖維束絲能持續出現平行的位移。如果以擬人化的方式想像整個過程，就像是在一艘平行停泊於碼頭邊的獨木舟上，有二、三

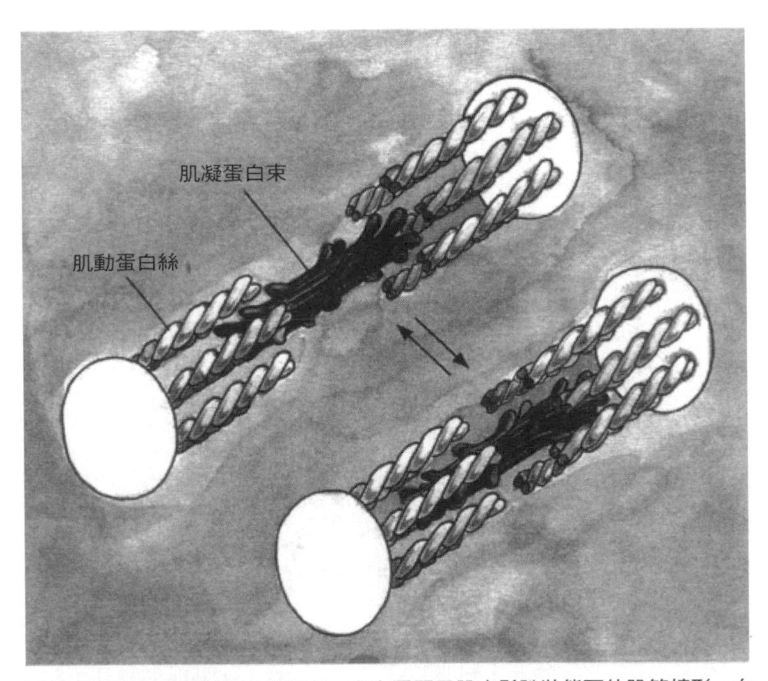

圖9-2　圖解肌肉的基本功能單元。左上圖顯示肌肉鬆弛狀態下的肌節情形，右下圖則顯示當肌凝蛋白束拉動圍繞其四周的肌動蛋白絲時，將造成兩組肌動蛋白絲相互靠近，使肌肉變短。而圖中的圓盤構造則代表其他同樣的功能單元相接的位置，肌纖維就由這樣一節一節的單元構成，而可延伸很長的距離。

個人正伸出手來抓住岸邊，想讓船沿著碼頭移動。船上的人七手八腳，朝同一個方向使力，雖然在某一刻有些人的手離開了碼頭而正伸向前方，但其他人的手還抓著岸邊使勁拉著，使得獨木舟能一直沿著碼頭前進。

第一個特化成形的肌肉——心肌

在肌肉細胞中，造成纖維絲平行移動的動力來源是由 ATP 提供。為了能供給肌肉收縮的能量，肌肉細胞裝滿了許多粒線體，以從食物中萃取能量合成 ATP。

在人類胚胎發育期間，第一個特化成形的肌肉細胞，大約出現在受精第三週的後期，那是用來運轉胚胎原始管狀心臟的心肌。此時的胚胎才只有芝麻般大呢！但倘若沒有血液的循環，迅速成長中的胚胎細胞將無法獲得氧與養分。

肌肉可算是最早形成類似成人的組織之一，這些原始的心肌細胞，若和成人體內使雞皮疙瘩冒起的肌肉相比，或是和跳高時所利用的肌肉相比，內部構造基本上大同小異。原始的心臟最初是由某些未分化的細胞，開始延長成紡錘形，並大量製造肌凝蛋白束和肌動蛋白絲，相互重疊且排列成特別的結構，使肌凝蛋白束上突起的頭部，都能接觸到環繞在四周的肌動蛋白絲，而每根肌動蛋白絲則位在三束較粗的肌凝蛋白束的伸展範圍內。如果自橫切面來看，肌肉那規則的間隔排列，有如特殊的晶體結構一般，又像是正六角形的蜂窩，六角形的每一角都是由肌動蛋白絲構成，而在六角形的正中心則有肌凝蛋白束穿過。

然而，這兩種纖維束絲並不是延續不斷、由細胞的一端延伸至另一端，而是分節排列而成。單看每一節的構造，像是由兩把相對的髮梳所組成，而由肌動蛋白絲構成的刷毛則遙遙相對，漂浮在刷毛間的則是肌凝蛋白束。當肌凝蛋白束抓住肌動蛋白絲時，便會將兩組刷毛相互拉近（圖 9-2）。

但再觀察整個結構時，你將會發現，這些構成肌肉的髮梳都是雙面的。也就是說它們有兩組刷毛。一組如果向左，與另一把髮梳相對形成一節，另一組刷毛就向右，與其他髮梳形成另一節單元。肌肉細胞就是由一節一節的纖維束絲所構成。當每一肌節的肌凝蛋白束都拉扯肌動蛋白絲時，就會將相對的雙面髮梳拉近，使整個肌肉細胞縮短變厚，因此擠壓到原始心肌細胞所環繞的血管壁，推動血液的流動。隨著肌肉的發展，有愈來愈多類似的細胞肩並肩、頭接尾的，排列組成胚胎的心臟。

形成骨骼肌、平滑肌

當胚胎發育到第四週，骨骼肌（skeletal muscle）也開始形成。構成人體四肢的肌肉在第四週後期，由胚胎的軀幹向外長出肢芽；等到第五週，它們開始排列在正合成軟骨的細胞旁，軟骨逐漸會為硬骨所取代，而肌肉細胞便依附硬骨一起成長。

骨骼肌和心肌不同的地方是：它不像心肌細胞仍維持獨立的單位，數百個骨骼肌會相互融合成一個很長的超級細胞，直徑是一般細胞的數倍，長度則可延伸好幾公分。在超級細胞裡，有數百個細胞核，這些超級細胞又稱為「肌纖維」（muscle fiber）。

來自數百個小肌肉細胞的肌凝蛋白和肌動蛋白，通力合作，盤繞出一束束的肌凝蛋白束和肌動蛋白絲，並進一步契合成數千個刷毛相對的雙面髮梳。當許多肌纖維平行紮成一束時，便構成了一塊完整的骨骼肌。在每塊骨骼肌的兩端，都會逐漸縮小變細，使肌肉中無數肌凝蛋白頭所產成的拉力，都能集中在連接肌肉和骨骼的肌鍵上。

任何撕過雞腿的人都知道，肌肉細胞與肌鍵間的黏合是如此牢固，而由膠原蛋白構成的肌鍵本身也相當強韌。儘管如此，人們有時仍會發生肌肉拉傷或扭傷肌鍵的意外，這是由於肌肉細胞與膠原蛋白間的接合點斷裂，也可能是膠原蛋白的磨損。幸好纖維母細胞總是埋守在一旁，可分泌出新的膠原蛋白，以黏合斷裂點，逐漸修補好受傷的肌鍵。

除了心肌和骨骼肌之外，胚胎還會形成第三種肌肉——「平滑肌」(smooth muscle)。它構成了消化道、子宮、血管、肺臟等器官的內壁，讓人毛髮豎立的肌肉也屬於平滑肌。平滑肌和心肌一樣，每個細胞都維持獨立的單位，但它們的肌凝蛋白束和肌動蛋白絲卻不會整齊的鎖合成髮梳狀的結構，而是伸向各個方向並交叉疊織於細胞內。平滑肌細胞彼此會緊密連接，形成一層覆蓋組織的薄膜，當纖維束絲經啟動後，扁平的平滑肌便會收縮成圓球形，而勒緊它們所圍繞的組織。

不同肌肉，不同調控方式

人體內這三種肌肉各有不同的調控方式：骨骼肌可受意志的控制，你可選擇何時彎曲骨骼肌；心肌則受自己的指令調控，在心臟中有一群特別的細胞所組成的節律點(pacemaker)，可協調整個器官產生自主規律的收縮。但節律點也可受到來自腦部的神經脈衝所影響，而加快或減緩收縮的速率。

事實上，在實驗室培養的心肌細胞，即使沒有節律點存在，每個心肌細胞仍會產生規律的收縮，甚至聚集成較大的幫浦構造。雖然它們無法組成真正的心臟結構，但許多科學家相信，未來應該有辦法從心臟病人身上取得心肌細胞，並誘導細胞形成具有一個腔室的幫浦構造，再植回該名心臟病人。由於細胞都來自同一人，因此將不會有器官移植時常見的免疫系統排斥問題。

至於第三種使許多內臟蠕動的平滑肌，則受自主神經的控制，接受腦部非意識區所下的指令。人體內也有些肌肉，例如呼吸肌，可同時接受意識與非意識的調控。

胎兒在出生前或出生後數月，都已配備好所有必要的肌肉。一旦肌肉細胞完全特化，具備了完整可產生力量的分子結構後，就失去了細胞分裂的能力。然而，當骨骼肌受傷而使肌肉細胞死亡時，有些胚胎狀的肌肉母細胞仍可生產新的肌肉細胞。它們平常靜靜的蟄伏在肌肉細胞旁，保持未分化狀態，一旦接收到受傷的訊號，就會啟動細胞的分裂，修補恢復大部分肌肉的功能。但若肌肉受損過於嚴重，將永遠無法像正常時那般強壯了。

運動影響肌肉耐力與強度

不過，肌肉細胞的確可隨著人的成長和運動而變大。許多熱中健身運動的人都知道，有兩種基本的運動型式，可對肌肉產生不同的效果。像是長跑或游泳等低強度但持久的運動，可增加肌肉的耐力，但不會影響肌肉收縮時可產生的力量。另一方面，像是舉重這種激烈而短暫的運動，則可增加肌肉的力量，卻不會改變其耐力。這是因為骨骼肌纖維（也就是超級細胞）有三種不同的基本類型，它們獲取和消耗能量的方法各不相同。而上述的兩類運動則在細胞層次上，可產生不同的功效。

一般說來，持久性的運動可使肌肉細胞製造較多的粒線體，以合成 ATP，還可促使肌肉內血管的生長，以更有效的運送氧和養分，並移除代謝後的廢物。而強化力量的運動，則使肌肉生產更多的肌凝蛋白束和肌動蛋白絲，組裝在既存的纖維旁。進行重量訓練時，如果讓肌肉做功超過其能力的百分之四十，肌肉就會變粗。耐力訓練雖使肌肉能運作較久，但卻會使肌肉比較纖細。

由於每塊肌肉都是由三種骨骼肌纖維，依不同比例組成，因此運動的效果也會因肌肉的不同而有差異。

第一種骨骼肌纖維富含較多收縮緩慢、但不易疲憊的細胞（因為這一型細胞的肌凝蛋白利用 ATP 的速率較慢）。例如保持身體挺立的背部肌肉，它們除了可直接利用粒線體獲取 ATP 外，還具有一種肌紅素（myoglobin），可像血紅素一樣攜帶氧，然後在細胞需要時釋出。由於肌紅素也是紅色的，因此若含肌紅素較多的肌肉，顏色將會比較深。

第二種骨骼肌纖維則含有較具爆發力的肌細胞，它們的肌凝蛋白束收縮快、可產生的力量強，上臂肌肉即屬於此型。這類細胞的 ATP 主要靠分解平常儲存於細胞中的肝醣（由葡萄糖串連成的巨大碳水化合物）。由於分解過程不需立即消耗氧，細胞內也缺少肌紅素，使這型肌肉看起來顏色較淡，像白色的雞肉一般。

第三種骨骼肌纖維則是上述兩種骨骼肌纖維的綜合，它們可迅速收縮，但持久性（不易感到疲累）則介於其他兩種骨骼肌纖維之間。哪一種骨骼肌纖維可獲益成長，端視你選擇的運動類型。可以肯定的是，倘若沒有固定適量的運動，所有肌肉細胞內的肌凝蛋白和肌動蛋白都會被分解掉，粒線體數目也會降低，原本豐足的血液供給也會減少，肌肉將逐漸萎縮。然而只要再度恢復運動，大部分肌肉萎縮的現象都是可以消除的。

電流使肌肉收縮

肌肉是如何得知何時應收縮呢？最初的線索是由義大利醫師伽伐尼（Luigi Galvani, 1737-1798）在 1791 年發現的。當時伽伐尼正解剖著一隻死青蛙多肉的腿部時，後腿肌肉突然抽搐了一下，而青蛙的其他部位則仍靜止不動。當時他心想，他發現了一種存在於肌肉的電流型式。

但數年後，他的物理學家朋友伏打（Allessandro Volta, 1745-1827）卻提出一個更合理的解釋，並因此發明了電池。伏打認為青蛙腿部並未產生任何電流，而是解剖刀在碰觸蛙腿的同時，還接觸到一塊潮濕的黃銅片，這兩種金屬就像電池一樣，產生了一小股電流，造成肌肉的收縮。

伏打的想法其實並非完全正確，就某種層次而言，所有的活細胞皆可產生電流，我們的身體也是利用電流通知肌肉做功的。為了瞭解其中的詳細機制，讓我們先來認識電流對身體細胞的重要性。

由於大部分細胞都浸浴在充滿正電離子的液體中，使得細胞內帶負電的離子或分子，因異性電荷相吸的力量，而聚集在細胞膜的內緣，如果這些帶電的離子或分子可穿過細胞膜的話，一定會相互結合。這兩種電荷嘗試想要結合的熱切渴望，使它們具有做功的潛力，我們以伏特（volt）為單位來計量這種潛能（這是為了紀念我們剛提到的電池發明人伏打）。而細胞膜內外電荷的分布，雖然只有千分之一伏特而已，但卻足以做為通知骨骼肌收縮的指令。

意識從中樞神經系統出發

使肌肉收縮的電流，最初由腦和脊髓所組成的中樞神經系統為起點。如果你有嘗試本章前面所建議的握拳運動的話，電流即由腦的意識區開始，經頸部脊髓的運動神經，傳至前臂肌肉。每一個運動神經元的細胞本體（cell body）均位在脊髓或腦幹，從每個細胞本體則有綿長的軸突向外延伸，有時可達數十公分。

當軸突快要接觸到肌肉時，運動神經的頂端會分叉形成十個到一百個數目不等的分支，使每個分支都接觸一條肌纖維的中段，形成一對一的特殊結構：神經肌肉會合處（neuromuscular junction）。

人體內數以千計的神經肌肉會合處，正是哲學家數百年來嘗試連結人類的「思想」和「行為」這兩大範疇的轉接點。如果你比較偏好形上學的說法，這個特殊的構造就是聯繫精神與肉體的環節。這是腦和神經系統施展其影響力，所能達到最遠的範圍。如果神經肌肉會合處運作正常的話，它就是人類行為的起點。

訊號由運動神經的軸突傳來後，穿過層層的分支，最後激活每根分支所聯繫的肌纖維。每塊肌肉可能同時受到數個軸突所控制，它們各自負責轄區內的肌纖維，這種保險的設計，可避免單一神經死亡後，身體就失去了對這塊肌肉的控制。

將思想化為行動的過程

當神經訊息以電脈衝的形式抵達軸突分支，而快要觸及神經肌肉會合處時，情況就有了轉變。電脈衝會將神經細胞膜上的鈣離子通道打開，鈣離子在許多細胞的運作中都扮演了重要角色，而在這將思想化為行動的過程中，鈣離子也參與了多項工作。當胞外帶正電的鈣離子進入軸突後，造成裝滿了乙醯膽鹼（acetylcholine）這種神經傳遞物質的細胞囊泡，與細胞膜融合，而將乙醯膽鹼傾倒在細胞外。

至此，神經系統的任務即宣告完成，思想的力量已無法再多做什麼了。漂浮在神經與肌肉間隙的乙醯膽鹼，則會與肌肉細胞膜上的受體結合，啟動了另一股電脈衝，沿著包裹肌纖維的膜，向肌肉兩端擴散。這股電脈衝引起了肌肉細胞內部的反應，而釋出儲存於胞器內的鈣離子。

鈣離子在與覆蓋在肌動蛋白上的一種蛋白質結合後，蛋白質因形變而裸露出肌動蛋白與肌凝蛋白的結合點，使肌凝蛋白的頭部可抓住肌動蛋白絲使力，造成肌肉的收縮。

雖然整個過程看來如此繁複，但從神經脈衝抵達神經肌肉會合處算起，到肌肉產生收縮，中間只需百分之一秒的時間。想想整個過程如果要花較長的時間的話，打網球將變成一項非常緩慢的運動了。

鈣離子在這過程中的重要性，意外啟發了治療心臟病的新法。由於心臟病人有心跳速率太快的情況，在面對壓力時尤其嚴重。現在有許多病人在服用阻斷鈣離子通道的藥物後，就可減少流入心肌細胞內鈣離子的量，使整個心臟的搏動較慢，因而降低了血壓，減少心臟耗氧量，使心臟較能從粥狀硬化的窄小動脈中獲得血液的供給。當然，就像所有的藥物都可能會產生副作用，這類藥物也會作用於其他肌肉細胞，而降低肌肉的力量。

乙醯膽鹼受體的角色

然而，神經肌肉會合處雖有上述的功能，但它也是許多疾病或問題的根源。像是導致了將近十萬名美國人肌肉嚴重衰竭的重症肌無力（myasthenia gravis），病因就出在病人的免疫系統不知什麼原因，失去了辨識外來蛋白質與自身蛋白質的能力，而莫名其妙的合成抗體，對神經肌肉會合處上的乙醯膽鹼受體發動猛烈的攻擊。受體數目在經年累月的侵襲下，逐漸消蝕，來自神經的訊息難以送達肌肉，使肌肉無法產生有力的收縮，於是麻痺現象更形嚴重。

深入亞馬遜河叢林內，許多部落則發現更快速抑制乙醯膽鹼作用、造成肌肉麻痺的方法。他們利用浸泡過某種植物汁液的毒箭來打獵，使中箭的動物很快麻痺倒地。醫學研究人員探究了這種稱為「箭毒」（curare）的植物汁液，發現毒性物質經血液流至神經肌肉會合處後，會與乙醯膽鹼受體形成強固的鍵結，但卻不激發受體的後續反應，這使得神經訊息傳至肌肉時，沒有受體可和真正的神經傳遞物質結合，因而造成肌肉的麻痺。箭毒和類似的藥物目前已有新的醫學用途，可在手術中防止肌肉痙攣，待手術後再以其他藥物分解箭毒。

在正常的神經肌肉會合處上，用過的乙醯膽鹼會有專門的酵素將其分解，使受體能夠再次接受其他的神經訊息。而在化學戰爭中使用的神經瓦斯，則會摧毀分解酵素，使肌肉無法休息，以迎接下一次的訊息。在這種狀況下，同樣也會造成肌肉的麻痺。

另一個可能造成麻痺的成因，同樣也作用在神經肌肉會合處，這是由所有食物中毒中，最易致命的肉毒桿菌毒素（一種由肉毒桿菌 *Clostridium botulinum* 分泌的蛋白質）所引起的，它可阻斷神經末梢釋放乙醯膽鹼，因此腦部雖然送出了要肌肉收縮的訊息，卻無法自神經中傳出。

還有 1950 年代在美國造成流行的小兒麻痺症，因病毒徹底殺死了脊髓內的運動神經元，永久剝除了肌肉收縮所需的神經訊息，無法收縮的肌肉就只能一直萎縮下去。

節律點控制心跳

負責許多內臟器官運轉的平滑肌，則受腦部非意識區下達的數種指令所控制。由於平滑肌細胞仍維持獨立的單位，並不會融合為超級細胞，因此在傳遞神經訊息時，神經末梢必須要與許多肌肉細胞接觸；不然在細胞與細胞之間就要有隙型連結，使鈣離子能在微小的間隙穿梭，以傳遞訊息。事實上，這兩種方法都存在，而不同的肌肉使用不同的方法。

平滑肌的收縮也會受到荷爾蒙的影響，例如在生產過程中，子宮的收縮就會受胎兒分泌的荷爾蒙所刺激。至於來自神經的指令則可分為兩種，一種可促進平滑肌的收縮，另一種則阻斷肌肉對其他因子（如荷爾蒙）的反應。

心肌細胞也同樣以獨立單位存在，細胞之間也是隙型連結，允許鈣離子流通，以啟動肌凝蛋白與肌動蛋白的收縮。然而心肌的收縮是自主性的，沒有任何神經可指揮心肌的運作，僅能改變心搏的速率而已。而控制心跳速率的，是位於心臟頂端一小群骰子般大小的細胞所組成的節律點，這些細胞也像其他所有的細胞一樣，會受到離子進出細胞膜上通道的影響。

許多細胞在運作時，都會長期維持帶電的特性。當胞外帶正電的粒子如鈉離子，經由各種孔道進入細胞後，細胞都會利用膜上的其他幫浦結構，將它們打出細胞，並補充負電荷。因此一般而言，細胞都能將兩種電荷分布在膜的兩邊，而維持極化狀態。但仍有一些特定的事件，會攪亂細胞的極化，激起細胞內劇烈的變化。這種突然的去極化現象，不僅可導致肌肉的收縮，還有在第7章，精子穿入卵時，啟動卵的細胞分裂，也是利用相同的原理。

然而，心臟的節律點細胞並不像一般細胞，一直維持在恆定的極化狀態，而是讓自己緩慢的去極化。這是由於胞外帶正電的鈉離子在滲入細胞後，節律點細胞並不立即使用鈉離子幫浦，而是任由細胞極性逐漸降低。當低到某一臨界點時，離子幫浦又突然運作起來，恢復細胞的極性。

這種突然爆發的極化現象，就相當於神經的電脈衝一樣，而節律點產生的脈衝，經由一種纖維狀的特別心肌細胞，以像神經傳遞訊息般的方式，將脈衝傳至心臟的其他部位，刺激心肌收縮搏動。醫學界使用的心電圖，就是研讀節律點的訊號傳達到心臟其他部位的情形。貼在測試者皮膚上的電極，可接受到脈衝行進時所散出的電磁波，原理就如同收音機天線可接收廣播電臺發出的電波。

脫水與電解質失衡

電解質和離子在肌肉功能中扮演的角色，不單純是學術上的興趣而已，它也是運動飲料能風行的原因。當運動員因激烈運動而流汗時，失水的同時也流失了鈉離子和鉀離子，造成電解質失衡，使肌肉力量無法發揮到極致。即使是一般人發生脫水現象時，也可能因電解質失衡而有肌肉失去功能的危險：肌肉可能因此痙攣抽筋，神經訊息無法刺激肌肉，或是肌肉在沒有接受神經訊息的情況下，仍自行活化。最嚴重的問題是，胞外鈣離子濃度降得太低時，將造成肌肉緊縮，散布在肌膜上的電脈衝可能每秒觸發三百次，迫使肌肉很痛苦的持續收縮。

運動飲料之所以成為運動員的最愛，是因為飲料中含有足量的鈉、鉀、鈣離子，可彌補運動造成的流失。然而如果仔細研究運動員的表現，你將會發現：飲料的暢銷主要是因廣告名聲的關係，而非實際的助益。運動飲料中最有價值的成分，其實是水。

對一個健康人而言，造成電解質失衡的主因並不是離子流失，而是水分的蒸散。因此只要能防止失水現象，體內其實保有足夠的電解質，且濃度皆維持在理想狀態。因此有正常均衡的飲食，將比臨時彌補流失的成分，更能儲存足夠的電解質，以應付長時間的流失。

肌肉萎縮症之因

在所有失去肌肉功能的情況中，肌肉萎縮症應當是最嚴重的一種，也是美國最常見的遺傳疾病之一。每三千五百名美國男童中，就會有一人罹患此疾，並在三歲到五歲之間，開始出現肌肉衰弱的徵兆；到了十二歲之前，所有的病人都已跌入輪椅中；然而麻痺現象仍持續惡化，大約在男童青少年時期就奪走他們的生命。很少有病人能活過二十歲，更不幸的是，這種惡疾還沒有特別有效的治療方法。

在經歷了數代的折磨，穿梭在數十年的生化謎陣後，戰勝肌肉萎縮症的時刻，可能很快就要來臨了！現代分子醫學已展現了卓然的貢獻，從細胞分子的層面上，解釋了疾病的成因。這項知識不僅指出可能的治療方法，甚至指出完全治癒的新方向。

造成肌肉萎縮的缺陷基因，是在1980年代末期發現的。由於疾病似乎是針對男性而來，研究人員很早以前就推測：缺陷基因必定是位在X染色體上。因為女性具有兩條X染色體，即使其中一個基因損壞，另一個好基因仍可獨立運作，使女性逃避這種厄運。但是男性則只有一條X染色體，一旦上面的基因有任何缺陷，完全沒有後路可退。

長久以來，由於肌肉萎縮症的早期症狀和其他許多肌肉疾病類似，使診斷工作異常困難。哈佛大學醫學院的康克爾（Louis M. Kunkel, 1949-）和他的同事，找到了令肌肉萎縮的基因，同時也使醫療單位能夠在早期就精確診斷出疾病的存在。目前研究人員正熱切想瞭解基因產物（即蛋白質）在肌肉細胞中的功能，並開始思考如何治療這種尚無藥可醫的疾病。

康克爾所發現的基因，全長有二百二十萬個鹼基，約占人類基因組中可表現基因的千分之一，是目前所發現最巨大的基因。如果其他基因也都這麼長的話，人類大概只能有一千個基因了（人類實際上有兩萬五千個基因）。即使整段序列中含有許多內含子，但它最後的蛋白質產物仍是目前已知最大的，共由四千七百個胺基酸組成。康克爾將它命名為「肌肉萎縮蛋白」（dystrophin）。

在檢查過數百名肌肉萎縮症的病人後，研究人員發現：所有病人的肌肉萎縮基因都帶有突變，至少遺失了一個或一個以上的外顯子。根據遺失的類型可再分為二型，剛好對應了兩種肌肉萎縮症：較嚴重的裘馨氏肌肉萎縮症（Duchenne muscular dystrophy），以及症狀較輕微的貝克氏肌肉萎縮症（Becker muscular dystrophy）。

裘馨氏肌肉萎縮症病人的基因缺失，造成了「讀框移位」。在第 5 章我們曾談到基因每三個鹼基組成一個密碼子，對應了一個胺基酸。由於密碼子與密碼子緊密相連，中間沒有任何「標點符號」相隔，當核糖體在讀取 mRNA 的遺傳訊息時，很自然會將下三個鹼基視為一個密碼子，而找出對應的胺基酸，因此三字密碼子只有在核糖體利用正確的讀框時，才會有正確的意義。

若以英文 thefatcatsat 為例，每三字一組來唸的話，為「肥貓坐下」之意。倘若第一個密碼子的前二個字母遺失了，讀框將成為 efa tca tsa t 這毫無意義的字串。裘馨氏肌肉萎縮症的病人正是遺傳到這樣的讀框突變，核糖體組出了一串錯誤且無法工作的胺基酸序列，因而此型病人的細胞內完全沒有肌肉萎縮蛋白。

症狀較輕微的貝克型病人，則遺失了恰巧一組密碼子，而仍保全了正確的讀框。如果同樣以「肥貓坐下」的英文句子為例，可能最後變成 the cat sat（貓坐下）。雖然缺少了某些含意，但整個句子仍有意義。貝克型病人的基因缺失，使核糖體組出的肌肉萎縮蛋白帶有某些缺陷，無法百分之百的有效工作。而由於遺失的密碼子，重要性各有不同，因此病人會有輕微到中度不等的肌肉缺陷。

植入肌肉萎縮基因

至於肌肉萎縮蛋白在細胞內所擔負的工作為何？至今尚未有完整的解釋。但已知肌肉萎縮蛋白和另一種連接細胞骨架與細胞膜的蛋白質非常相似，而肌肉萎縮蛋白也位在細胞膜內緣，恰巧是肌肉細胞聯繫胞內收縮機制的關鍵部位。顯然它對肌肉細胞極為重要，若欠缺適當的蛋白質結構，肌肉就會嚴重萎縮、甚至完全無用。

附帶一提的是，肌肉萎縮蛋白也出現在人體內另一個截然不同的部位——負責思想的大腦神經細胞。一些研究顯示，肌肉萎縮蛋白分布在神經元的突觸接受神經訊息的一端，使得科學家臆測，肌肉萎縮蛋白可能可用來固定「突觸後（postsynaptic）結構」，而在神經的層面上影響肌肉萎縮。

生物醫學研究人員曾在一次實驗中，治癒好一塊萎縮的肌肉。他們從兩名病人身上取出未分化的肌肉修補細胞，植入完好無缺的肌肉萎縮基因。再將處理過的細胞注射回病人的肌肉。在數週內，這些細胞就像感應出肌肉的損傷，而開始增生配備有完好的肌肉萎縮蛋白的肌纖維，原本癱瘓的肌肉得以重獲一些力量。然而由於人體有上百塊肌肉，而治療每塊肌肉都需注射數次修補細胞，就算如此也無法恢復肌肉全部的力量，因此無法實際施用在全身萎縮病人的治療上。

須深入探究生命在細胞和分子層面的運作

不過這些發現卻引出一個問題：如果完全缺乏肌肉萎縮蛋白，會造成像裘馨氏病人的癱瘓，那麼為何嬰兒在出生時並未癱瘓呢？根據康克爾的解釋是：在胚胎和幼兒期，肌肉利用了不同的蛋白質來執行同樣的工作。但隨著孩童的成長，生產該蛋白質的基因關閉了，而由肌肉萎縮基因取代。這種胚胎和成人使用不同蛋白質的情況，也可在其他蛋白質身上看到，像血紅素就是很好的例子。

如果這項推測是真的，將開創一項可行且有趣的治療新方法。胚胎基因應仍存在於所有肌肉細胞內，有沒有可能重新啟動它們的表現呢？或許我們可以找到某些藥物，在進入細胞後開啟基因。雖然目前還沒有人能得知這項計畫是否可行，但如果真的成功的話，將可戰勝這個使人類蒙受莫大痛苦的惡疾。

就像其他在生物醫學領域中竄起的新興研究，這一切觀念和想法的進展，只有在詳細探討生命在細胞和分子層面的運作之後，才會浮現出來。

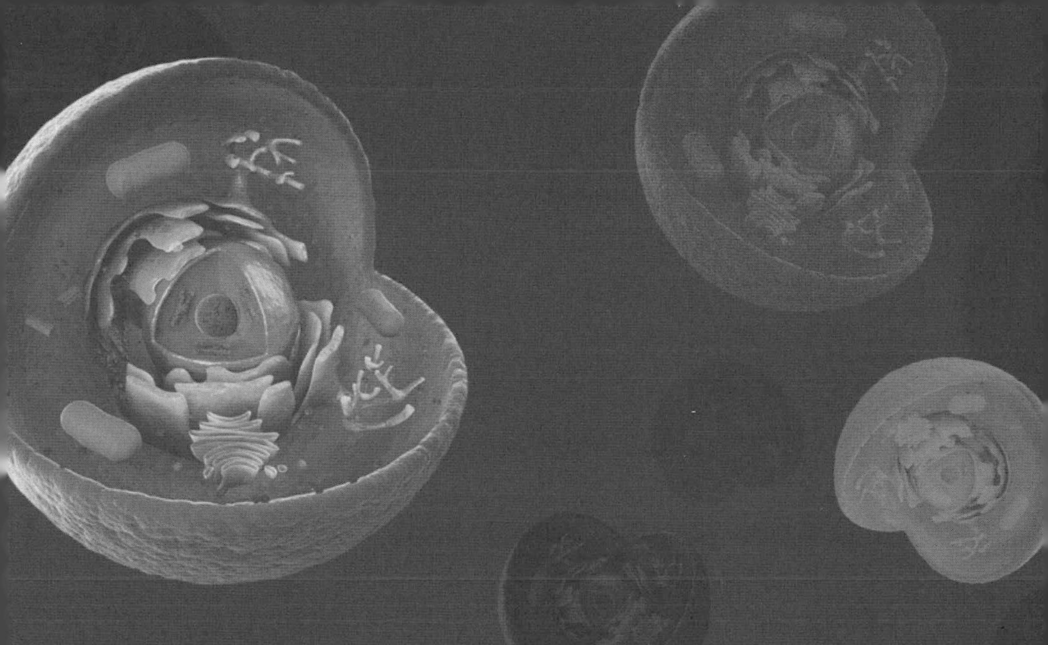

第10章

傷口救援行動

血液凝固的現象有如雙面刀，
它雖可止住失血而救人一命，
卻也可能造成心肌梗塞
而奪人性命。

當細胞共和國受到傷害的威脅時，全身上下馬上全副武裝，戒備起來，體內的 119 急救中心、霹靂特勤小組、緊急部署部隊、紅十字和其他緊急反應機制，立刻迅速展開救援行動。有些原本在血液中巡邏的細胞，有些是靜靜蟄伏在特定組織中的細胞，也都動員起來執行急救任務。救援細胞首先止住失血，清除死掉和受損的細胞，最後開始修補損失的結構。

當救援行動終結時，受傷組織通常都會恢復得像新的一般。復原過程是如此可靠，使大部分人將嚴重的割傷、擦傷、燒傷、以及斷骨的癒合，視為理所當然的事。然而，修復機制對斷臂或失明等重大傷害，卻也束手無策。細胞具有修補傷口的能力，是如此神奇奧妙的事，而細胞缺乏再生能力，同樣也是神奇奧妙的事。

低等動物反而有超強再生能力

有些看起來像是大災難的傷口，對許多低等動物來說，只是微不足道的小挫折。例如當一隻蜥蜴遭蛇攻擊，或被好奇的生物學家切斷整隻腳時，蜥蜴很自然的就再長出一隻腳來。整個細胞層次的變化，就像是胚胎發育過程的重演一樣：從斷足處先冒出一個小肢芽，經過了數天或數週的時間，小肢芽逐漸長成全新的肢體，有完整的骨骼、肌肉、神經、皮膚，當然也有適當的關節、腳掌、和數目正確的腳趾。

生物學家長久以來都很困惑：為什麼人類的身體不能做相同的事呢？如果可以的話，即使再生的過程緩慢，需要花上一年或更久的時間，都將可使殘障人士蒙受莫大的利益。然而哺乳類和鳥類卻謎樣的失去了這項對生存有明顯價值的能力，顯然天擇一定用它來交換了其他更有生存價值的能力，只不過還沒有人知道在這場交易中，我們獲得的是什麼。如今人類僅存的再生能力，就只剩皮膚和血液，還有肝臟組織仍具備相當的再生能力。

蜥蜴的再生能力，在動物界並不算是什麼特別稀奇的事，青蛙也有同樣的能力。如果追溯演化上更原始的物種，再生的現象就更驚人了。例如某些海星，就比兩棲類更有療傷止痛的本領。數十年前，當潛水夫為保護南太平洋上慘遭海星蹂躪的珊瑚礁石，曾將海星的五星形腕足一塊一塊切下，再丟回海中。不久，每塊帶有一小部分中央盤的截肢，都再長出了其餘的四隻腕，成為另一隻完整的海星。在高中的生物實驗課堂，我們也曾將生活在池塘中的渦蟲，從中橫切為兩半，只見頭端的那一半長出了新的尾巴，而尾端的一半則生出一個新的頭。

再觀察演化上最簡單的多細胞生物——海綿，科學家早在二十世紀初就發現，可用細網將海綿篩磨成一個個獨立的細胞，這些細胞便在水族箱落腳，四處爬行尋找同伴，形成數百個迷你海綿團，最後每個團塊都長成完整的海綿體。

再看最原始的單細胞原生動物，傷口癒合和細胞分裂是一體兩面的事。當單細胞將自己從中切開，再長回原來的大小，製造出適量的胞器，這在某種意義上而言，就相當於傷口的癒合。當然，多細胞生物的細胞在修補傷口時，也需要展開龐大的細胞分裂工程，不斷裂開又復原，以再生受傷損毀的組織。

究竟是什麼訊息指示細胞開始傷口癒合的過程，目前還不完全明朗。有證據顯示，當細胞環境受到干擾時，可活化一群正常時只在胚胎發育時運作的基因。器官組織或更大結構的再生，其實就是動物發育過程的重演，一待細胞所處的微環境重新達到成熟時的狀態，原本為復原而快速分裂的細胞，又會放慢速度，逐漸和未受傷的毗鄰細胞腳步一致。

以蜥蜴的斷足為例，傷口處「微環境」的改變，顯然活化了原本蟄伏的間質細胞（mesenchyme cell）。這群未分化的細胞，性質很像是胚胎發育期間遷移至胚胎各處、然後轉變成特別形狀的細胞。然而在發育過程中，並非所有的細胞都進行特化，有些仍維持著不定的狀態，散居在體內許多組織中。因此，間質細胞就像是細胞共和國度的游離票一樣，仍保有多種發育的選擇。

只要蜥蜴的腳仍長在原處，間質細胞就會保持在退隱的狀態，一旦腳斷了，間質細胞便像胚胎時期的肢芽一般，迅速分裂繁殖。新生細胞在四處爬行時，也遇到了不同的微環境，於是分化出所有蜥蜴腳該有的細胞形態，逐漸架構出一隻新的腳來。當細胞所處的微環境再度趨向成熟組織的環境條件時，細胞便停掉發育程式，關閉長腳的基因群。不過在長新腳的過程中，舊的間質細胞也在腳部各處留下了少量的新間質細胞，以監控腳部的微環境，等待下一次的再生復原行動。

血小板凝聚成栓子

當血管受到傷害時，人體的首要工作就是止住失血。

止血過程牽涉了多種機制，其中包括血液中一種有趣的物質——血小板（platelet）。血小板看起來像是袖珍型的細胞，但卻不含細胞核，也沒有其他的胞器。事實上，血小板是骨髓中體型龐大的巨核細胞（megakaryocyte），其細胞邊緣裂開時所形成的碎片，數以萬計的碎片進入血流後，就成了血液中循環的血小板。

血小板含有許多肌動蛋白，這些使細胞能夠爬行、使肌肉能夠收縮的蛋白質，在血小板中則因被另一種蛋白質——肌動蛋白抑制蛋白（profilin），覆蓋住聚合所需的部位，而保持在單體的狀態。

當血小板由血管切口處外溢，而接觸到堅固的膠原蛋白纖維網所構成的胞外間質時，膜上帶有膠原蛋白受體的血小板，立刻牢牢黏附上去，結合的作用活化了血小板，使肌動蛋白單體可聚合成肌動蛋白絲，並使細胞膜向外突出，形成觸手狀的構造。活化的血小板同時還會分泌一種物質，以活化鄰近的血小板，一起加入這項工作。於是在這連鎖反應下，數分鐘之內，微小的血小板就聚集、成長為巨大的團塊，像個栓子似的，堵住了血管的缺口，防止血液繼續決堤而出，使後續的復原機制得以執行任務。

但是為什麼血小板的連鎖反應不會一直進行下去，造成體內所有的血小板都集結起來，而堵塞所有的血流呢？就像體內許多反應機制一樣，血小板的作用也有煞車系統，使反應保持在控制之下：血管壁的細胞會釋出一種酵素，作用在血小板釋出的活化因子上，將活化因子轉變為前列腺素（prostaglandin），讓血小板無法再呼朋引伴，招喚其他的血小板。

前列腺素是一群結構類似的化學分子（最早發現於前列腺中，而被誤以為是這器官所獨有）。經血管酵素轉化產生的前列腺素，恰巧對血小板的聚集反應有強烈的抑制效果。於是在活化因子與抑制因子的競爭之下，血小板所形成的血塊只會在受傷區域附近形成。

血纖維蛋白的角色

然而，血小板所形成的栓子只是暫時應急的方法，血液還得建立起更持久的屏障，來阻止血液流失。在循環的血液中，除了有血小板之外，還有許多凝血因子，也會在接觸血管外的膠原蛋白時活化，而引發層層的化學反應。

也就是說，當酵素A活化後，可將分子B轉化為分子C，而新形成的分子C恰巧也是酵素，而將血液中的分子D轉變為分子E，酵素E繼續將F轉化成G，就這樣經過了七個階段的反應後，最後將血液中的「血纖維蛋白原」(fibrinogen),分解為「血纖維蛋白」(fibrin)。

血纖維蛋白原是由肝臟製造分泌的一種桿狀分子,漂浮在血液中時,並不會黏附任何結構。但經酵素切割後,較大的那塊碎片即為血纖維蛋白,可彼此聚合成繩索構造,在繩索交叉處更會形成緊密的鍵結,以穩固結構,而將血小板、紅血球和其他居住在血液中的細胞,網羅在糾結雜纏的纖維中,使液態的血在很短的時間內,變為濃稠的膠質,而後硬化成塊。

由於大部分的情況下,傷口都不會太大,血塊可像牢固的繃帶一樣封住血管,防止血液滲出。血塊形成的過程在受傷後數秒鐘開始,並可持續數天,逐漸擴大屏障。血友病的病人由於某個凝血因子基因帶有缺損,造成凝血機能遲緩,而有持續失血的情形。

凝血現象猶如雙面刀

但是血液凝固的現象卻有如雙面刀,它雖可止住失血而救人一命,卻也可能造成心肌梗塞而奪人性命。這是因為有時在未受傷的血管,尤其是因膽固醇堆積而變粗糙的血管內壁,也可能引發凝血因子的酵素反應,導致血塊生成。當動脈血管因脂肪分子的堆積變窄時,流過的血流也就相對減少,缺氧組織開始會感到疼痛。這種現象若發生在供應心肌的冠狀動脈,就會造成所謂的「心絞痛」。

但更可怕的危險是,如果此時又有血塊堵塞原本就已窄化的腔道,無論血塊是在動脈形成,或是在別處形成之後、因鬆動而漂流到這窄小的動脈,都可能因此阻斷所有的血流。當這種現象發生在冠狀動脈時,將使部分心肌因缺氧而死。這種心肌梗塞,或稱「冠狀動脈血栓」的病變,是全世界最常見的死亡原因。如果血塊堵塞的是供給腦部的動脈時,則會引起中風。

目前有些最新治療心肌梗塞的藥物，就是人工合成的人體血塊分解酵素。人體為防止血塊生長太大，而固化了所有的血液，會製造一些酵素，以分解將血塊凝聚在一起的凝血酶纖維絲（thrombin filament）。因此只要在病人心臟受損還沒有太嚴重之前，將血塊溶解，就可使損害減到最低。

但如果是發生在皮肉處的傷口的話，血塊通常都會較受傷組織略大一點，並覆蓋保護著傷口。埋伏在血管外的纖維母細胞，更會爬在傷口表面，分泌出纖網蛋白，將周邊組織的血纖維蛋白絲黏著起來，使結構更穩固。

長出新皮膚

巨噬細胞也是最早加入傷口癒合的細胞之一。這些居住在血液和人體各部位的貪吃細胞，蜂擁至受傷的組織，囫圇吞食著壞損細胞和死亡細胞的殘骸。如果有細菌侵入傷口的話，最後也會落入巨噬細胞的五臟廟中，這是免疫系統保護身體免於感染的初步措施。

經過了種種前處理之後，復原的工作現在可以正式展開了。在血小板和巨噬細胞分泌的訊息分子的號召下，其他類型的細胞也加入修補的工作。這些招喚細胞的訊息分子，都隸屬於一個龐大的集團，集團中至少有三十個成員，它們就是可激活一種到數種細胞進行分裂的生長因子。

在傷口處，首先展開行動的是「纖維母細胞生長因子」（FGF, fibroblast growth factor），纖維母細胞衍生自間質細胞，同樣也保有嬗變成各式特化細胞的能力。例如特化成專門製造膠原蛋白、軟骨或硬骨等結締組織的細胞。

當纖維母細胞的受體接收到訊息之後，便將消息傳回細胞核，以活化一組特別的基因。原本蟄伏的細胞便開始分裂，生產更多的纖維母細胞，向外爬出而來到傷口表面，堆建纖維蛋白表層，為下一個登場的細胞鋪路。

當其他的生長因子到達皮膚附近時，也鼓舞了皮膚細胞加入修復的工作。在正常時以點狀橋粒緊密相接的皮膚細胞，此時縮回彼此之間的連結，拆解掉點狀橋粒，並重新策劃細胞膜旁肌動蛋白所形成的骨架網路，以協助長久固定不動的細胞能遷移到新地點。表皮細胞也會生產新的受體，特別是使表皮細胞能抓附剛由纖維母細胞所鋪設的纖維蛋白表層的受體。

在受傷後的數小時內，表皮細胞在傷口表面迅速分裂，並分散排列成只有單一細胞厚度的薄層，然後定居下來，繼續細胞分裂。但此時，子細胞不再到處爬行，而是在舊皮膚層上堆建另一層新皮膚層。經過數天後，原本的單細胞薄層愈長愈厚，最後終於修復出像受傷前一樣堅實的新皮膚結構。

整個癒合的過程可能持續數週到數月，端視皮膚層所受傷害的嚴重程度。如果肌肉也有損傷時，肌肉組織中特別的間質細胞則會活化，以製造新肌肉細胞。至於骨骼，原本就有細胞持續分解與堆建構成骨骼的分子，當骨骼斷裂時，則有更多的細胞加入重塑骨骼結構的工程。即使是血管也可重建，從傷口釋出的一種生長因子，可導引既有的血管冒出小芽，並延長微血管，蜿蜒鑽進癒合中的組織，使每個新生細胞離血液的供給，僅有少數幾層細胞的厚度。

對生長因子寄厚望

最早被探知的生長因子，是在第二次世界大戰時，由義大利生物學家李維蒙塔希妮（Rita Levi-Montalcini, 1909-2012）所發現。當時她的實驗室因戰爭而遭關閉，但是李維蒙塔希妮仍鍥而不捨，在自己的臥室中繼續實驗。她發現了一種因子，是雞胚發育過程中神經生長所必須的。這就是現在稱為「神經生長因子」(NGF, nerve growth factor)的物質。生長因子的研究一直到1980年代，才有更多的進展，使得李維蒙塔希妮當年的工作益發顯得前瞻先進，而她也贏得了1986年諾貝爾生理醫學獎的榮耀，實至名歸。

生長因子的知識會如此難以掌握，是因為它們在生物體內的含量實在太少了。要偵測生長因子的存在，已夠棘手了，而要從組織中蒐集足夠的量來進行實驗，更是難上加難。然而近幾年來由於基因重組技術的進步，使科學家能將生長因子的基因轉殖到細菌內，大量製造生長因子。

一直要到1980年代末期，研究人員終於分離出足量的生長因子，可做為加速傷口癒合的藥物。臨床試驗已測試了在潰瘍的皮膚或復原緩慢的傷口，局部敷用生長因子的效果，結果顯示，原本一直潰爛化膿的傷口都突然開始有癒合的現象。

還有一個與生長因子相關且有趣的發現顯示，在動物的唾液中都含有表皮生長因子(EGF, epidermal growth factor)，這解釋了為何許多動物都有舔拭傷口的行為，而且也顯示人類亦可如此照做。事實上，根據一些非正式的實驗結果，舔拭表皮的傷口，的確可使傷口復原得較快，而且還可減少感染的危險，因為唾液中還含有天然的抗生素。這也是為什麼嘴巴的傷，很少會造成感染的原因。

人工培養器官

傷口癒合的研究，已使一些科學家興起了更遠大的抱負：或許未來，我們可在實驗室中培育人類的器官，以供研究或移植所需。支持這個遠景的基礎之一，就是所謂「器官發生」(organogenesis)的研究。就像在第8章曾提到小鼠乳腺細胞，在有正確的胞外蛋白質刺激之下，即可形成原始的乳腺。其他類似的研究也發現，分散的肝臟細胞會重組成原始的肝組織；即使是培養的神經細胞，彼此也會試圖建立突觸，形成簡單的神經系統。還有一些細胞可在實驗室中製造軟骨或硬骨。這些研究都顯示：如果有適當的生理環境，細胞就會表現特化的基因，重塑出特別的結構形態。

生長因子的研究，則是另一個達成器官培育展望的基石。目前我們已知的生長因子，已有數十種，每種都有特定的作用細胞。幾乎每個月，都有新的研究結果將某個細胞組織，對應到某個生長因子。這使得一些人臆測，如果供給細胞一套完整調配且劑量適當的生長因子，或許能讓細胞以為自己身處於胚胎中，而發育出肝臟、心臟，甚至完整的手指或手臂。只要從可能的移植對象身上取得一些起始細胞，在培育成器官後，就可完美的植入移植者體內，而不會產生任何免疫系統排斥的危險。

如果醫學的進展真的可以辦到，它不過顯示人類又重新獲得了長久以來，演化就賦予低等動物的一項基本能力，而人類則在演化的過程中犧牲了這項能力。畢竟人類的細胞和其他生物的細胞，基本差異並不大，那些使渦蟲長出新頭，或使蜥蜴生出新腳的過程，也可在精密控制的實驗室培養液中發生。

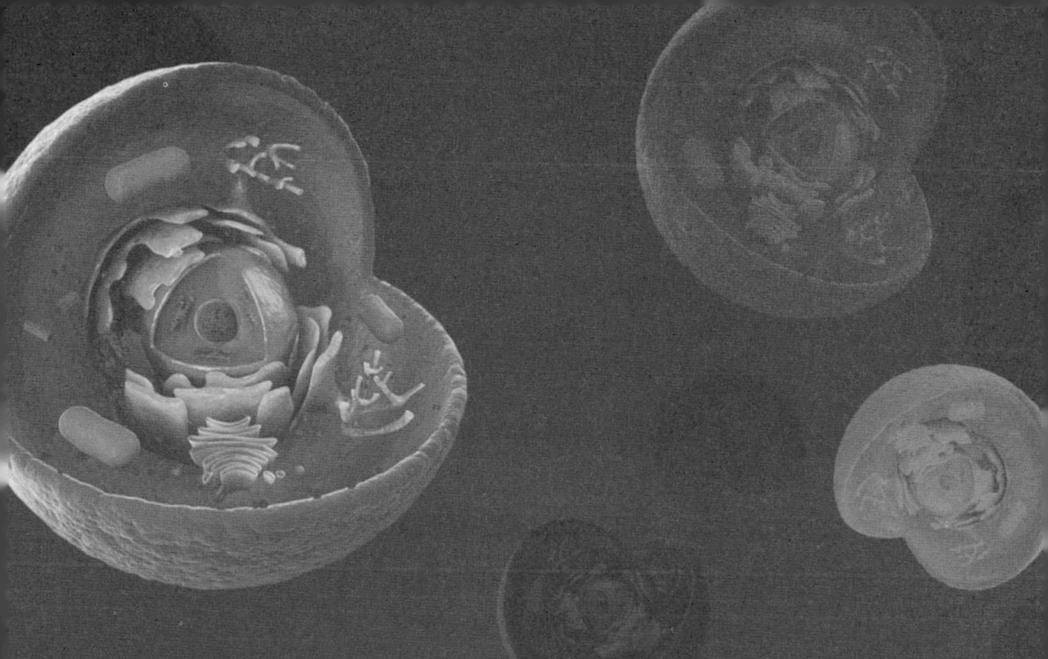

第11章

自我防衛靠免疫

除了誘導自殺的方法外，
免疫細胞還可透過「謀殺」的方法
來保護人體，
免於特定微生物的長期感染。

在擠滿了數千萬種各式各樣生命形式的自然環境中，我們不難想像，有許多生物經由演化，以探索每個生態環境的角落與隙縫的情形，也不會驚訝溫暖、潮濕、富含有機營養物質的人體，是最豐饒的寄居場所。

因此，人體成了各式微小生物的家——細菌、病毒、黴菌和酵母菌，有時甚至連原生動物和寄生蟲都搬進來了。有些寄居的微生物對人體有益，例如腸道中幫助消化的細菌，但有些生物如果在體內繁殖過量的話，將會損害人體的健康。當然，也有少數的微生物，一旦成功入侵，將帶來莫大的危機。

免疫系統——體內自衛隊

從幾百年前席捲歐洲，使四分之一人口喪命，而後又神祕消失的（黑死病）鼠疫桿菌，到二十世紀末讓人聞之色變的愛滋病毒，人類史上許多嚴重的世紀災害，都是這些入侵者造成的。還有其他更常見的流行性感冒、單核白血球增多症（mononucleosis）、陰道酵母菌感染，也是微生物所引起的不適。更嚴重的還有經性行為傳播病媒的疱疹、淋病、梅毒，和長久以來一直是第三世界重擔的瘧疾、霍亂、血吸蟲病、肺結核、蟠尾絲蟲病（onchocericiasis）、非洲昏睡病等等，微生物侵害人體的例子不勝枚舉。

在所有侵襲全球的瘟疫中，只有天花真正遭到根絕；曾經一度使美國人聞之喪膽，如同現代人畏懼愛滋病的小兒麻痺症，也從西半球消失了；而麻疹、腮腺炎、腥紅熱、百日咳、白喉等疾病，如今在工業社會中已幾乎遭遺忘，不過近幾年來，也曾一度銷聲匿跡的肺結核，又有再度興起之勢。在這一長串名單之外，還有許多寄居在人體內，造成數種惡疾的入侵者，一直到最近才受到生物醫學研究人員的重視。例如有數種病毒會造成癌症，像是人類乳突狀瘤病毒（HPV, human papillomavirus），就會引起從良性疣到致命的子宮頸癌等腫瘤。還有匿藏在大約百分之八十的美國人體內的巨細胞病毒（cytomegalovirus），也是到最近才被發現是造成智力退化的原因之一，只不過大部分的情況都能保持在控制之下。

在每天的分分秒秒中，人體都宛如一個戰場，與不斷想侵略擴張的微生物，進行著持久戰。當然，大部分的時候人體都能驅逐入侵者，或至少控制它們的蔓延，而保全身體的健康。這些保疆衛土的戰士即為人體的免疫系統，這是除了腦之外，最複雜也是所知最少的系統。它不像肝臟或腦部，是單一的器官，免疫系統是由許多散布在人體各處的獨立組織所組成，成員包括骨髓、胰臟、胸腺、淋巴結，和數種可四處游走的淋巴球。淋巴球是白血球的一種，外型小而不規則，由骨髓製造，有些另外還受到胸腺的培訓之後，便散居在身體所有的部位（除了腦之外）。

整個免疫系統是由許多功能不同的細胞，組成極其精巧的防衛系統。每種細胞都會對不同的刺激產生反應。但通常細胞自己是無法單獨應戰的，必須互相結為同盟，共同抵禦外敵。大部分嘗試介紹免疫系統的通俗書，都喜歡以軍隊層層指揮和各式武器來比喻，但這無法完善描述免疫系統。如果可一次專心檢查一部分，免疫系統的精髓其實不難掌握。

第一道防線——皮膚

皮膚以及排列在鼻喉等與外界接觸的膜，是人體防衛系統的第一線。很少有微生物能穿過完整的皮膚，這是因為皮膚最表層的細胞都是死細胞，不怕受到傷害。皮膚內微小的腺體，例如汗腺、淚腺或皮脂腺，以及位在鼻喉處製造唾液和黏液的細胞，也都會分泌抗微生物的化學物質。這些天然的抗生素，可透過我們尚未完全瞭解的機制殺死細菌，抑制微生物的繁殖。

另一個可接觸外界環境的肺臟，則由阿米巴蟲般、四處搜查的巨噬細胞，提供更積極的防衛。所有活的、死的和有毒的粒子，在吸進肺部後，很多都會黏在肺部潮濕微小的氣囊表面，而氣囊上則有隸屬於巨噬細胞部隊的塵埃細胞（dust cell）梭巡著，吞食幾乎任何它們遇到的雜渣，而後由胞內溶體中的酵素，將大部分的細菌及有機物質分解。

如果塵埃細胞吞入了無法消化的物質，也會將這些物質囤積在一個如同垃圾桶的囊泡內，直到塞滿、無法再吞食更多雜渣。這時塵埃細胞似乎也感知自己的清掃事業已告終結，於是爬出肺部，向上來到氣管與咽喉的交會口，塵埃細胞就可在此被吞入胃部，消化分解。因此胃酸也可視為人體的防衛機制之一，因為它不僅可處理塵埃細胞，也會殺死其他吞入的細菌。

呼吸系統還有其他機制，可移除塵埃細胞無法攜帶的雜渣或過多的黏液。排列在氣管及相連支氣管壁上的纖毛細胞，會以類似將卵撥入輸卵管的方式，將不想要的物體輕拂至咽喉，然後就可像塵埃細胞一樣進入消化道。

雖然皮膚或氣管中的纖毛，並不常被視為免疫系統的一部分，但這些構造對保護人體內部細胞，都功不可沒。不幸的是，微生物仍有可能穿越這些防線，只要皮膚上有一點傷口，例如刀子割傷或指甲劃傷，都可能讓刀子或指甲上的細菌穿過皮膚，進入人體內。

發炎反應

免疫系統第一道積極的防禦措施，可能也是最早演化出來、最原始的主動防衛反應，就是發炎。這種常伴隨各種傷害而來的紅腫現象，是許多原始無脊椎動物唯一的防禦機制。

原本在皮膚下過著寧靜生活的組織，在被傷口攪亂時，鄰近的細胞便會迅速釋出儲存於囊泡中的各種物質，引起發炎反應。在許多組織內，甚至還有一種肥大細胞（mast cell），專門應付這樣的麻煩狀況，一旦組織有危機出現，肥大細胞就釋放出組織胺等物質。離傷口只有幾層細胞遠的循環系統，在受到組織胺的刺激後，會產生兩種反應：血管壁細胞會較正常時更為扁平，使血管擴張、直徑增大，讓更多的血液能通過這一區域；同時，管壁細胞間也會稍微分開，留下一些間隙，恰好讓血液中的流質部分——血漿，可滲出血管，夾帶各式白血球進入受傷組織。隨著愈多血漿的滲入，受傷區域也變得愈臃腫。

當液體占滿了所有的胞外間隙時，就造成所謂的「水腫」。然而腫脹本身並沒有任何療效，它只是人體為改善血流，運送免疫細胞到受傷組織的副產物而已。最早出現在受傷區域的，都是一些可吞食微生物或受傷細胞、死亡細胞的「吞噬細胞」(phagocyte)，像是嗜中性球（neutrophil，因對中性染料的反應特性而得名）會最早出現在現場，巨噬細胞則緊跟而來。

在發炎反應開始的一小時內，原本循環於血液中的嗜中性球，在偵測到微血管擴張而出現在膜上的化學記號後，便吸附在管壁細胞上，並伸出觸手尋找細胞間的開口，然後將觸手伸進開口，努力擠縮著身體，像細沙流過狹小的玻璃瓶口般，鑽過這狹小的開口。利用這種方式，大量的嗜中性球離開血液進入發炎組織。

大約也是在一個小時內，單核球（monocyte）這第二種白血球也尾隨而至，它們利用相同的方法鑽出微血管，進入組織。然而單核球一進到組織後，便立刻展開轉型發育的過程，像平凡的新聞記者克拉克變身為超人一般，單核球則變身為飢餓貪食的巨噬細胞。

單核球／巨噬細胞和其他白血球一樣，都是在骨髓中製造，待發育成熟後，才進入血液中，成為免疫系統中最強而有力、且分布最廣的一員。除了血液中充滿了它們的身影外，在身體各部位也可看到巨噬細胞四處爬行；與外界直接接觸的鼻、喉、消化道等上皮組織，更是有數量龐大的巨噬細胞埋伏一旁。這些原本寄居在受傷組織附近的巨噬細胞，現在也活躍、忙碌了起來。

瘋狂的吞食細菌大賽

在嗜中性球和單核球／巨噬細胞尚未湧入受傷區域之前，細菌正猖狂的以每二十分鐘繁殖一倍菌數的速率爆增。所有的感染，都是一場細菌繁殖速率與免疫系統動員速率的競賽，如果免疫細胞從未遭遇過這種微生物，在大部分的情況下，入侵者都會取得初期領先的優勢，直到免疫系統聚集並激發足夠的力量，消滅了入侵者。然而若是重複感染，也就是免疫系統已領教過相同微生物的情況，人體則可生產抗體，快速而有效的擊倒敵人。現在先讓我們考慮遭遇新感染時的起始免疫反應，稍後再詳述抗體的作用。

當嗜中性球和巨噬細胞撞見細菌後，可區別出細菌是外來者，而將整隻細菌包裹在細胞膜所形成的液泡中。待液泡與細胞內的溶體結合後，這隻不幸的細菌也被拆解得支離破碎，而一命嗚呼。然而吞噬細胞可不會這樣安靜斯文的自己躲起來享用大餐，它一邊咀嚼、還一邊還吐出許多蛋白質殘骸，以刺激其他吞噬細胞一起加入這場瘋狂的吞食大賽。這些物質同時也會刺激發炎反應，使血管進一步擴張，好吸引更多的嗜中性球、單核球，當然還有飢餓的巨噬細胞。

在這些吞噬細胞所吐出的物質中，有一些可調節血液凝固的反應，使血液能夠很順暢的流到所需的區域，卻不至於造成身體失血過多。這些活化的吞噬細胞，還能直接釋出可殺死細菌的物質，例如可分解細菌的酵素，或可將細菌漂白致死的過氧化氫，還有毒素一氧化氮（一般所知有麻醉效果的笑氣則為氧化亞氮）。

這些被化學物質殺死的微生物殘骸，最後仍是由吞噬細胞負責清理。但就像所有的化學戰一樣，釋出的毒素是無法區別敵我的。吞噬細胞釋出的毒物在殺死敵人的同時，也傷及了身體的細胞，這就是為什麼有時候小傷口在復原前，反而有惡化的現象。

補體蛋白進入備戰狀態

除了吞噬細胞外，血液中的「補體」（complement）也參與了防衛性的發炎反應。補體是由超過二十種不同的蛋白質分子所組成的龐大家族，平常補體蛋白處於休止狀態，被動漂浮在血液中，沒有任何作用。直到有特定的誘發分子出現，例如細菌表面的碳水化合物，補體蛋白便在瞬間改變形狀，並一直保持這種活化的形式。形變的補體再撞上其他不同的補體分子時，第二個補體也會因而活化，於是補體二號又活化補體三號。細菌的碳水化合物誘發了精巧的活化補體連鎖反應，使反應蔓延開來。原本鬆散的補體蛋白，現在已整裝備戰了。

有些活化的補體會通知微血管進一步擴張，有些補體聯絡肥大細胞，釋放更多的組織胺，又再次增強了血管擴張的效果，大量流過的血液使發炎區域摸起來有些燙。有些補體則可吸引更多的巨噬細胞進入發炎組織；另外還有三種補體，會形成複合體，直接在細菌表面打洞，並形成管狀構造，任由細菌內部物質流乾致死；還有一種補體則會像標籤一樣，黏在細菌表面，由於吞噬細胞具有這類補體的受體，因此可更快解決那些帶有標記的細菌，生物學家稱這種現象為「調理作用」（opsonization，希臘文「準備餐點」之意）。

由此可知，整個發炎反應是許多種類的細胞和分子，互相交流溝通後，所形成的精緻網路，而部分網路還備有回饋機制，使起始的小反應能急速擴大成巨反應。就像原本小發炎所產生的組織胺，在擴大發炎反應後，造成更多組織胺釋出，更增加發炎的效果。

正常情況下，這些交互作用都會精準的維持平衡，一點點的失衡就有可能造成脫序的連鎖反應，使小傷口嚴重惡化。這就是為什麼對某些人而言是毫無反應的小傷，對另一個體質略為不同的人，卻會造成腫脹數天的傷口。

過敏反應則是另一個隨體質而異的現象，但通常過敏反應還牽涉了抗體——待稍後介紹到這較先進的免疫系統時，我們再來討論過敏和其他免疫系統失衡造成的不適。

教導淋巴球辨識敵方

當細菌終於被各種參與防衛的機制消滅後，發炎反應也就平息下來，受傷組織開始準備癒合的工程。

初遇新型微生物時，發炎反應進展緩慢，有些感染物可能在被完全清除之前，已造成了嚴重的疾病。然而，當免疫系統再次面臨同種微生物的攻擊時，就會有較快的反應了。在免疫系統的快速反應中，除了仍有令人感到疼痛的原始發炎反應外，還會有演化上較先進和專一的機制參與。這種專一的免疫反應，有效得讓你感覺不出體內曾發生過一場戰役。

在這先進的免疫機制中，巨噬細胞仍擔負了重要角色。貪吃的巨噬細胞在吞下細菌、病毒、或其他入侵者後，溶體內的酵素並不會將它們完全拆解成碎片，然後酒酣飯飽的，拍拍屁股離開。

相反的，巨噬細胞會將入侵者的表面蛋白進行部分分解後，嵌入自己的細胞膜中，呈現給其他數種淋巴球看，教導這些專一的免疫機制如何辨識敵方的特徵。一旦再次面對相同的敵人時，就可激發那些淋巴球加入戰鬥，以攻擊帶有相同表面蛋白片段的頑抗細菌殘兵。巨噬細胞就如同警察一樣，讓嗅覺靈敏的警犬聞一下在逃嫌犯的衣物，以追查敵蹤。免疫學家將這些細菌的片段稱為「抗原」（antigen），事實上，抗原泛指任何可激起免疫反應的分子。

當然，免疫系統並非如此單純，人體內還有許多細胞也具有追蹤抗原的功能，就像是數支警力部隊，分頭追查嫌犯留下的作案痕跡。免疫細胞很善於團隊合作，互相激勵彼此的行動。

在抗原呈現巨噬細胞蒐集到的嫌犯特徵後，接下來的重任就由「輔助T細胞」（helper T cell）擔負了。輔助T細胞是淋巴球的一種，最初在骨髓中生成，而後送至位在心臟上方的胸腺發育成熟，最後才轉移至淋巴組織。輔助T細胞的T，即代表其發育處——胸腺（thymus）。然而，由於免疫學上命名系統的不同，有時又稱輔助T細胞為「T4細胞」或「CD4細胞」。

輔助T細胞對激化其他免疫細胞，加入抵抗入侵者的戰鬥，扮演了極重要的角色。巧的是，它也是人類免疫不全症病毒（HIV, human immunodeficiency virus，即愛滋病毒）的主要攻擊目標。當HIV侵入輔助T細胞後，將其病毒基因鑲嵌在宿主的基因中，並迫使宿主細胞生產數百個新病毒。當病毒最後破細胞而出時，也就殺死了輔助T細胞。

一個人的輔助T細胞遭大量殘殺時，也就減弱了免疫系統的功能。更糟的是，HIV也會攻擊和殺害巨噬細胞，這是侵入腦部後的主要攻擊行動，也是導致愛滋病人健忘症的原因。

B細胞生產抗體

在免疫系統中，另一種重要的淋巴球——B細胞，就需要輔助T細胞的一臂之力。B細胞是免疫系統專門生產抗體的細胞，由於鳥類的此種細胞在法式囊（bursa of Fabricius）發育成熟，因此取其發源處的英文字首命名。不過，人體的 B 細胞則是直接在骨髓中發育。

B 細胞所生產的抗體分子，外形有如英文字母 Y，而 Y 那兩隻上揚的手臂，具有如同受體般專一的特別結構，只與可精確吻合的分子相結合。這些抗體可透過 Y 腳柱連接在 B 細胞的表面上，也可從細胞釋出，自由漂浮於血液中。任何可與抗體結合的分子，都可稱為抗原。抗原可以是蛋白質、醣類、或核苷酸分子。

人體內可能有數萬到數百萬不同形狀的抗體，以應付形形色色的抗原。每個 B 細胞只生產一種抗體，專門辨識可與表面抗體結合的一種抗原，因此雖然 B 細胞的基本結構都相同，但每個細胞表面的抗體卻大相逕庭。在胰臟或淋巴系統等有血液或血漿循環的組織中，都有無以計數的 B 細胞，如警犬般搜尋著數千個可能的逃犯。

當 B 細胞遇上了抗原呈現細胞（APC, antigen presenting cell，即呈現抗原的巨噬細胞），且抗原又是恰可與其表面抗體吻合時，B 細胞即在瞬間活化備戰。然而 B 細胞卻不會因而攻擊抗原呈現細胞，因為這些抗原呈現細胞上有 B 細胞可辨識的友軍標誌。活化的 B 細胞雖已準備應戰，但單一個細胞孤掌難鳴，無法與大舉入侵的細菌相抗衡，此時就需輔助 T 細胞的一臂之力了。

輔助 T 細胞也備有自己的抗體，更正確說，是縛在細胞膜上的受體。當輔助 T 細胞與抗原呈現細胞的抗原短暫結合時，輔助 T 細胞也接收到了抗原呈現細胞所分泌的化學物質，而被活化，並不斷進行細胞分裂。增生的輔助 T 細胞會釋出另一種刺激物，作用於 B 細胞上，使 B 細胞也開始進行分裂。

這樣的設計，使免疫系統可有效篩選出帶有適當抗體的 B 細胞，並專門刺激這類細胞的繁殖，以穩定的提高可對抗侵略細菌的B細胞族群。這些居住在淋巴結、胰臟、和人體其他部位的B細胞，將抗體釋放到血液中，隨著血流漂浮擴散，追緝可能藏匿在人體任一角落的細菌。

一旦抗體遇到帶有抗原的細菌，便立刻鎖緊目標，引發兩種致命的反應：第一，任何表面上塗了一層抗體的細菌，在嗜中性球或巨噬細胞的眼中，看起來都格外美味可口。第二，B細胞所釋出的抗體不僅可覆蓋在整個細菌表面，還可與細菌所分泌的毒素蛋白結合，使這些造成人體疾病的毒素無法繼續肆虐。

如何對抗病毒入侵？

如果感染原是病毒，抗體也可黏附在病毒表面，這對於病毒的威脅可要比對細菌的威脅嚴重多了。因為細菌是發育完全的生物，雖然是單細胞生物，但可自給自足的覓食、成長和繁殖。而病毒則連單細胞生物都算不上，病毒主要的組成就只有一小段的DNA或RNA（上面帶有少於一打的基因），以及包裹遺傳物質的蛋白質外殼。

由於缺乏解讀基因和轉譯基因指令的工具，病毒根本無法進行代謝，也無法自我繁殖，它們基本上是沒有活性的，在一般的概念裡，也不算真的存活。它們唯一的繁殖之道，就是侵入細胞，竊取細胞的代謝工具。而病毒入侵細胞的方法，就是利用它的蛋白質外殼，偽裝成可被受體接受、並帶入胞內的蛋白質。因此，一旦抗體與病毒外殼蛋白質結合後，這些病毒也就失去了與細胞受體接觸的機會，因而阻斷了病毒入侵的途徑。

在B細胞防衛系統剛開始動員時，每個活化B細胞的內質網都因為要處理龐大數量的新胺基酸鏈，而變得愈來愈腫脹，膨大增生的內質網使 B 細胞得以加速抗體的生產，達到每秒製造數千個抗體的產量。在此加速生產的情況下，雖然 B 細胞只有一、二天的壽命，但免疫系統的防衛力量卻能暴增，以抗衡細菌的攻擊。只要還有致病微生物在體內作亂，整個巨噬細胞的吞噬作用、輔助 T 細胞的活化，和 B 細胞抗體的生產，就會持續下去。但當敵人的勢力減退時，免疫系統的反攻也隨之減弱。

然而當病毒侵入細胞後，B 細胞的抗體就看不到病毒了，也無法鑽入感染的細胞內揪出病毒，難道人體就只能坐以待斃嗎？這些犯下錯誤、引狼入室的細胞，可不會繼續幫敵人保密，它們很快就會被「胞毒 T 細胞」（cytotoxic T cell）識破，迅速將細胞連同胞內的病毒一併殲滅。

胞毒 T 細胞之所以能識破病毒的詭計，是因為：當無助的體細胞在病毒基因的劫持下，合成新的外殼蛋白質，以組合完整的新病毒時，會先將外套蛋白嵌入細胞膜中，而胞毒 T 細胞則配備有形狀類似抗體的受體，可與病毒蛋白結合，很輕易就偵測出病毒藏身的所在。胞毒 T 細胞一旦發現敵蹤，立刻釋出分子，誘導受感染的細胞啟動內在的自殺程式。受感染的細胞一定得死，但它的死也使入侵的病毒隨之湮滅，阻止細胞製造更多危害人體的新病毒。

除了誘導自殺的方法外，免疫細胞還可透過「謀殺」的方法來保護人體，免於特定微生物所造成的長期感染。有一種特別的輔助 T 細胞，在識出遭外來物侵入的細胞後，便會開始製造一些化學物質，刺激單核球進行像超人變身般的過程，轉化為無比貪食的巨噬細胞，吞食受感染的細胞。

然而，這些制敵措施為何都無法掃蕩那些被愛滋病毒寄居的細胞呢？這是因為免疫系統還需要一個重要的因子。由於當微生物第一次入侵人體時，很少有 B 細胞配備有正確的抗體，可吻合這類微生物形式，也很少巨噬細胞和胞毒T細胞帶有適當的受體，可辨認出受感染細胞上的外來蛋白質。

要讓這些少數免疫細胞繁殖到足以抵禦外侮的數量，還需要一些時間。而免疫系統的中樞協調者——輔助T細胞，則可大量製造一種類似荷爾蒙的介白素-2（interleukin-2，簡稱IL-2），以刺激這些細胞增殖。IL-2是超過四十餘種「細胞介素」（cytokine）家族的一員，這些免疫系統的荷爾蒙，可調節各式免疫細胞的生長和功能，包括調節輔助T細胞自身。

由於輔助T細胞正是愛滋病毒攻擊和殺害的目標，使得愛滋病人體內的輔助T細胞數量降低，因而減少了IL-2和其他胞毒T細胞所需的細胞介素，以及使單核球變身為巨噬細胞的因子。愛滋病毒長驅直入，摧毀了人體防禦機制的核心，也就減弱了人體抵抗任何感染的能力。這就是為什麼愛滋病研究人員會認為，愛滋病毒是最凶惡的病毒。

自然殺手細胞

人體內還有另一種細胞，也可像胞毒T細胞一樣，釋出物質啟動目標細胞的自殺程式，它的名字可能是免疫學中最能一目瞭然其功能的，那就是「自然殺手細胞」（NK, natural killer cell）。然而自然殺手細胞所追緝的對象，並不是被微生物感染的細胞，而是那些土生土長、卻帶有缺陷的人類細胞，包括癌細胞。由於癌細胞經歷過數次遺傳上的突變（這也是造成癌細胞惡行惡狀的因素），使癌細胞表面攜帶了不正常的蛋白質，而可被自然殺手細胞偵測到。許多研究人員相信，倘若沒有自然殺手細胞，人們將時時有罹癌的危險。（有關癌症的形成與發展，請見下一章。）

一旦感染被清除後，人體就變得有些不同了，它已對同型入侵者產生了免疫力。當大部分膨大的抗體生產機器（即B細胞）死亡時，仍會有一小部分的B細胞被保留下來，存活數年，它們就是免疫學家所說的記憶細胞。人體不再像第一次被微生物侵襲時，只有少數B細胞帶有正確形狀的抗體了。現在假如再有攜帶相同抗原的入侵者出現，人體已有較多的正確形式的細胞守備應戰，並保存有偵查和攻擊特種致病原所需的抗體和受體的記憶，使這些再度來襲的入侵者尚未威脅到人體健康之前，即被消滅殆盡。

抗體種類，有求必應

不過，在所有上述有關抗體的敘述中，有一項重要的細節都含糊帶過了，這也是幾十年來免疫學中最大的難題。

由動物實驗顯示，無論是何種外來物質注射到動物體內，免疫系統都能針對各個物質，製造出能精準吻合的抗體，就像是鑰匙與鎖的關係一樣。免疫系統是怎麼辦到的？

自然界有上百萬種蛋白質、碳水化合物、以及其他可做為抗原的物質，很難想像免疫系統對所有物質的形狀都具備完整的知識。研究人員甚至還創造出一些自然界從來沒有的蛋白質形狀，再注射到小鼠體內，小鼠的免疫系統依然能在一天的時間內，即產生正確的抗體，就和針對天然抗原蛋白質的反應一樣快。

由於抗體本身也是由蛋白質構成，而蛋白質又是依基因的指令合成的，如果每種形狀的抗體都有相對的基因，那麼根據估計，人體大約可製造出一百萬到一億種不同的抗體，但人類基因組卻只有兩萬五千個基因，究竟免疫系統是如何產生這麼多專一抗體的？

這個謎題一直到1970年代中期，才獲得解答。結果是：並非每個抗體都有其相對的基因，基因組含有數百個抗體基因片段，它們可依不同方式混合、配對、連接。當B細胞在骨髓中發育時，它們的前驅細胞會隨機排列組合這些片段，然後讓B細胞帶著抗體在表面，出去試探看看這種組合是否管用。如果生產這種抗體的B細胞一直不能遇到可與其相合的抗原，這個B細胞就會過著無趣的一生，從不曾被活化，也沒有機會受刺激而繁殖。

如果隨機產生的抗體確實能與某種抗原吻合，即使是非常粗略的吻合，但只要足以活化細胞，使細胞能有適當速率的繁殖，在每次細胞分裂時，子細胞的抗體基因就可在DNA上做些細微的改變。這時候，DNA片段不再被隨機組合，因為那會徹底改變抗體的結構。相反的，在這些可被運用的片段上，某些特定位置的序列會產生些微的突變，在既有的結構主幹上製造眾多的小變異，結果使下一代可能有一個或數個細胞，能生產更吻合抗原結構的抗體。而這些細胞在篩選下，更能被有力的刺激活化和分裂，它們子細胞的抗體結構將更進一步修飾。如果因而能產生更吻合的抗體，自然會在刺激下增殖更多。

免疫細胞的演化

這正像自然界中推動演化的天擇現象！能適應環境的生物，會比適應較差的生物產生更多的後代，而成為該環境的優勢物種。而它們的子代在親代傳下的基因上，又因隨機的突變，而可能發展出更能成功生存的特性，在一系列的細部調整下，演化出最適合該生態環境的物種。

免疫系統的情形也是如此，愈能製造較吻合抗原的抗體細胞，分裂也愈頻繁。自然界可能要花數千年、乃至數百萬年，才能產生的重大改變，免疫系統的B細胞通常只需數天，便能設計出與抗原完美契合的抗體。

當你在感冒或被其他微生物侵襲的初期，症狀最嚴重的時候，那也正是免疫細胞正在進行演化之時。待免疫系統塑造出最完美的抗體，整個戰況將開始逆轉，不需多時，免疫系統所集結的防衛部隊，將遙遙領先微生物所繁殖的攻擊部隊。數天之後，當最後頑抗的入侵者都被敉平時，人體留下了豐富的記憶細胞，保有合成正確抗體所需的遺傳訊息，日後可驅逐相同病毒或細菌發動的新攻擊。

疫苗刺激記憶細胞形成

疫苗的目的，就是要刺激這樣的過程，使免疫系統以為一場真正的感染正進行著。例如疫苗可能含有死掉的細菌，這些細菌殘骸雖無法造成人體任何不適，但仍帶有特殊的表面抗原。無法區別活細菌和死細菌的免疫系統，看到抗原且辨認出是外來者後，便發動攻擊。巨噬細胞吞食死去的細菌疫苗後，忠實的將細菌蛋白展示在細胞表面，讓免疫系統的其他成員生產正確的抗體，以及帶有適當受體的 T 細胞，以迎接戰鬥。

在這過程中產生的記憶細胞，從不曾意識到根本沒有任何戰鬥發生過，仍殷殷擔負起守備的職責，等待下次的攻擊行動。有時若單一劑量的疫苗只能產生少量的記憶細胞，或記憶細胞尚未完全演化出吻合微生物的結構，則需多次預防接種，以持續刺激免疫系統的發展，並留下最後一次劑量，在有感染危機時，加強免疫系統的防禦。

用來接種的疫苗，有些是使用死掉的細菌和病毒（由於病毒本來就不算是真的存活，因此也沒有死亡可言。至於死病毒疫苗，則是指經化學方法處理而不能再侵入細胞的病毒疫苗），有些疫苗則利用活的細菌或病毒，不過這些微生物都已經過修飾，使它們雖能在人體繁殖，卻無法造成疾病。這種活疫苗的效果通常較有效，因為這些微生物會繁殖，也就和連續接種有異曲同工的效果。

目前最新型的疫苗則不含任何微生物，只帶有一些抗原分子，這方法已運用在一些注射活的或死的微生物，都可能造成危險的疾病預防上。例如在疫苗製備的過程中，倘若殺死或降低微生物活性的步驟失效，原本應保護人體的疫苗，反而會成為帶來疾病的罪魁禍首。

這樣不幸的案例曾發生在1950年代初期，當時有二百六十名孩童因接種沙克小兒痲痺疫苗，不慎感染了小兒痲痺症，其中十一名小孩在製造商尚未發現錯誤、並找尋較可靠的方法來製備疫苗之前，就已身亡。今日的研究人員也不願冒風險，將任何形式的愛滋病毒注射到人體內，因此他們嘗試研發只含數種病毒蛋白的疫苗。

天花疫苗

人類最早使用的疫苗是在十八世紀，由英國醫師金納（Edward Jenner, 1749-1823）所發展的天花疫苗，這種疫苗是以另一種截然不同的形式來激發免疫能力。當時金納注意到許多在農場工作的人，因接觸感染牛痘的牛隻，而冒出輕微的牛痘疹，但這些人卻從不曾罹患天花。

由於農場工作人員身上的抓傷，碰到了從牛痘泡滲出的液體，而意外獲得天花的免疫力，使金納揣測，如果謹慎的給予一般人同樣的牛痘，應該也可使他們對天花產生免疫力。於是，金納從擠牛奶婦人的痘泡，蒐集了一些「物質」，塗抹在其他病人的新鮮抓痕上。雖然金納當時對免疫系統一無所知，但顯然這些抓傷使免疫系統的細胞能接觸牛痘病毒，而做出適當的反應。金納所發展的牛痘接種，是全世界最安全有效的天花預防方法。

疫苗的英文vaccine，就是從拉丁文的「牛」（vacca），衍生而來的。

金納的疫苗能成功，其實是運氣好，碰對了：牛痘病毒和天花病毒恰巧都帶有相同的表面抗原，使得針對牛痘產生的抗體，也能與天花病毒上的抗原結合。由於人體在接種牛痘時，這些病毒都沒有被殺死或減弱其活性，它們的繁殖，更提供了人體持續的挑戰，使免疫系統的反應更為活躍有效。

到了 1970 年代，天花已完全從人類社會根除，這是第一個因預防工作而能完全消弭的疾病。世界衛生組織鍥而不捨的推行全球性的接種，追蹤到每個曾接觸天花病毒的人（最後一個案例出現在衣索比亞），並給予預防注射。從此除了少數一、二個人因在實驗室中研究病毒而不慎感染之外，天花已從地球上銷聲匿跡了。

但牛痘病毒並未就此功成身退，經過兩百年來反覆驗證其安全性之後，醫學研究人員已嘗試將這匹老戰馬加以遺傳修飾，使它帶有其他微生物的表面蛋白，如此一來可使病毒在進入人體後，只造成微弱甚至可忽略的不適，但卻又能引發免疫系統有效針對所有的抗原，量身訂作特別的抗體和記憶細胞，包括對抗那些用遺傳工程方法剪接進來的其他微生物的抗原。

器官移植為何會產生排斥作用？

數十年前，外科醫生開始嘗試利用器官移植來治療病人時，醫學界也開始面對免疫系統最困難的問題：幾乎無可避免的，病人的免疫系統都會殺死移入的器官。

免疫系統為什麼會這樣呢？區區的免疫細胞是如何辨別自身組織和外來組織的不同呢？

解答此問題，成為當時免疫學界最大的挑戰之一。答案的本身也是錯綜複雜，但基本原理卻很簡單：在每個人體細胞的表面，都攜帶了特別的標記蛋白，這就像是標示友軍的徽章。這些蛋白質的基因有許多不同的版本，在組合後，每個人展示出來的標記都是獨一無二的（除非是同卵雙胞胎）。免疫系統細胞則配備了形狀吻合的標記蛋白受體，可以辨識自己身體的特有標記，並攻擊那些標記不同的細胞。這些標記蛋白的正式名稱為「主要組織相容性複體」（MHC, major histocompatibility complex）。

雖然原理看起來簡單，但這套標記蛋白系統的發現，卻引出另一個更深奧的問題。由於 MHC 蛋白只存在脊椎動物體內，任何會被免疫系統攻擊的微生物或無脊椎寄生蟲，都不具有這類蛋白。免疫系統為什麼會早在器官移植可行之前，就已演化出偵測並攻擊其他脊椎動物組織的能力呢？脊椎動物並不會侵入另一種脊椎動物體內，照理應該無這層防衛機制的需要呀？

當免疫學家更進一步瞭解 T 細胞是如何辨識外來抗原的詳細機制時，也找到了問題的答案。就像前面所述，微生物或無脊椎生物的入侵者要能被免疫系統識破，是透過巨噬細胞在吞食入侵者之後，將它們的蛋白質片段呈現在細胞表面。這樣呈現的舉動也可能發生在其他被病毒侵入、而被迫生產病毒外套蛋白的細胞。

T 細胞上則備有受體，四處巡邏檢查每個細胞共和國居民是否持有合法的護照，也就是 MHC 蛋白。只有在 MHC 護照檢查無誤時，細胞才能通行無阻。但 MHC 蛋白還具有第二種功能，它會黏附任何細胞膜上異常的外來蛋白，整個結構因而改變，不再是 T 細胞受體所認識的結構了。因此當 T 細胞發現了 MHC 蛋白上的違禁品時，會立刻迅速送出化學訊息，召來其他免疫細胞，追殺這持偽造護照的細胞。

器官移植時的排斥現象，就是相同的機制造成的。由於移入的器官細胞上的 MHC 蛋白不同，足以激起 T 細胞發動免疫系統的攻擊。醫師只能尋找 MHC 蛋白結構相似的器官捐贈者，而解決部分問題。器官捐贈者的 MHC 蛋白與器官移植者的愈相似，愈不容易發生排斥現象。另外，給予病人降低免疫系統活性的藥物，也是克服排斥現象的方法。

自體免疫疾病

由於免疫系統的細胞具有區別外來者和自身細胞的能力，在大部分時候，它們都能表現良好，節制有禮的不去攻擊自身的細胞和蛋白質。

然而有時候，免疫系統也可能會失去辨別敵我的能力，例如 B 細胞和 T 細胞的基因在組合和突變後，產生了追緝人體正常蛋白質的抗體或受體，這些細胞共和國中的警察就會失去控制，宛若發狂般，攻擊起自己共和國的居民，像追殺細菌一樣輕易就殺死體細胞。結果就是造成所謂「自體免疫疾病」(autoimmune disease)。

不幸的是，這種免疫系統變節的情形屢見不鮮。像是多發性硬化症(multiple sclerosis)，就是免疫系統攻擊包裹在神經外的絕緣髓鞘，造成神經傳遞短路的現象；風濕性關節炎則是免疫系統攻擊關節組織，引起關節疼痛腫脹的發炎反應；而重症肌無力是因免疫系統攻擊肌肉細胞上接收神經訊息的受體，使肌肉不再能接受指令而伸縮，因而逐漸麻痺的現象；還有第一型糖尿病，也是免疫系統對胰臟中合成胰島素的細胞，發動攻擊造成的疾病。

所有這些常見或是其他不為人知的疾病，都肇因於免疫系統喪失區別外來抗原和自體蛋白的能力，而猛烈無情的襲擊土生土長的細胞，有如對待不共戴天的仇敵一樣。有些研究人員懷疑，許多我們尚未瞭解的疾病，可能也都是免疫系統的錯亂造成的。

過敏反應

很多人可能都體會過，雖然難以控制的免疫系統並不總是如此要命，但它也可以搞得你悲慘不堪。像過敏反應就是免疫系統對外來的抗原過度反應的結果。

過敏原可以是花粉、灰塵、食物成分、貓的皮屑，甚至還有少數不幸的人，對所有大自然的香氣都會過敏。

在過敏反應中，免疫系統會生產各式抗體，但使人悲慘難受的罪魁禍首，則是由某一亞型的B細胞所製造的抗體——免疫球蛋白E（IgE, immunoglobulin E）所引起的。免疫球蛋白E的職責是保衛身體免於寄生蟲的侵入，但它並不會直接攻擊外來的抗原，而是黏附到與發炎反應有關的肥大細胞上，誘發肥大細胞釋出大量的組織胺和其他物質，使血管擴張，並刺激發炎的連鎖反應。

這樣的反應使免疫系統能抵禦較大的寄生蟲，但對於處理無害的過敏原卻沒有好處。當過敏原被吸入後，發炎反應主要發生在鼻喉處，造成該處腫脹，分泌出黏液，像是感冒一樣，感到鼻塞、流鼻水，並且呼吸困難。

至於為什麼某些人會產生過敏反應，則是因他們免疫系統的調節不當。過敏者體內含有太多生產免疫球蛋白E抗體的細胞，通知肥大細胞分泌組織胺，而導致對環境因子產生嚴重的反應。症狀還可能由鼻喉擴散、引發整個循環系統的衰竭，這種過敏性的休克（anaphylactic shock）嚴重時甚至會造成死亡。例如，美國每年都有將近百人因單純的蜂螫而喪命。

免疫系統的運作雖非十全十美，但也非常接近了。無數的微生物想要寄居在人體內，盜食那豐富的有機物質，但只要免疫系統健康，微生物的詭計就無法得逞，至少是無法作惡太久的。麵包上會生出菌絲，垃圾桶中的肉會腐敗，都是因為沒有免疫系統的緣故。我們人類如果沒有免疫系統，也會在很早以前就腐朽了。

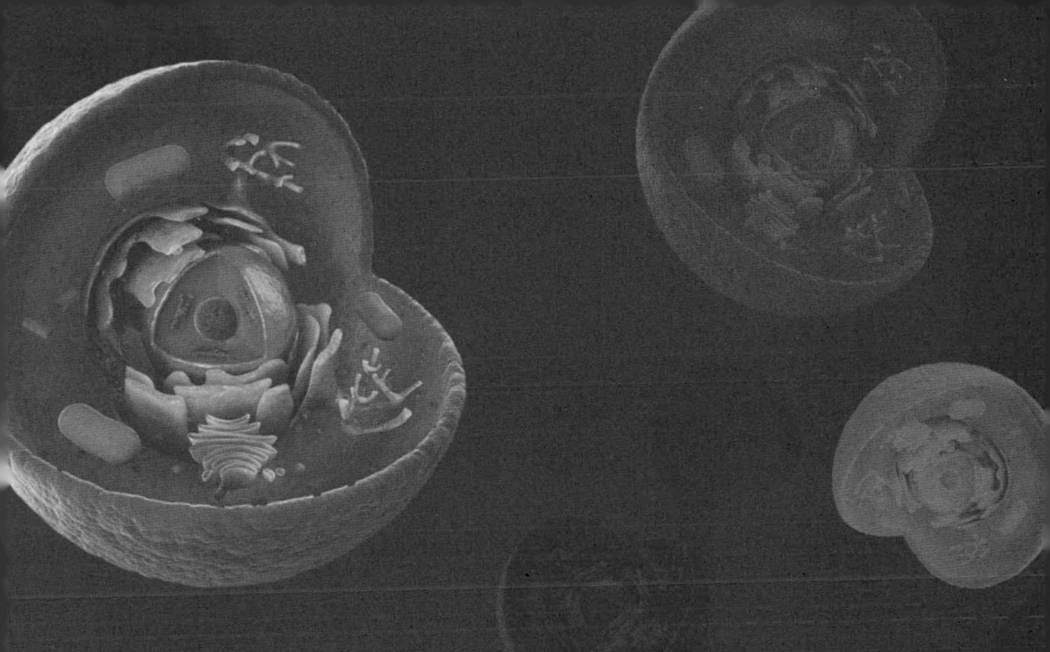

第12章 癌症就像叛軍突起

於是，最初形成的癌細胞
和它徒子徒孫組成的反叛兵團，
將在人體各處建立新殖民地，
獨占所有的食物來源……

癌症是生命最奧妙的現象之一，卻也是對人類生命的大威脅。然而，隨著分子與細胞生物學家對它的形成與發展，有了更深入的瞭解之後，不但使醫學界有機會征服癌症（假如這是可能的話），同時也使科學家從這非比尋常的癌發展過程中，學習到許多關於生命基本運作的新知識。

人們對於治癒癌症的渴望，是強烈趨動政府與民間投資於生物醫學研究的主要動機之一。然而長久以來，每回新聞報導加油添醋的宣布有了新希望、幾乎可完全治癒癌症的消息之後，卻往往是雷聲大、雨點小，或無疾而終。而每隔幾年，新的科學研究總是進一步顯示：癌症要比我們原先想像的更為複雜、更為頑固，治癒癌症的希望也就更渺茫了。

如今當我們已邁入二十一世紀，新的樂觀想法又再度興起。然而這回的希望並非只來自臨床科學，而是結合了數個傳統上與癌症病房或實驗室毫不相干的基礎研究領域。例如：利用酵母菌研究細胞分裂的領域與演化理論的結合；或是探討 DNA 機制的研究結果與程式化細胞死亡（細胞自殺）觀念的融合。在融貫所有過去冷僻的研究範疇之後，加上原本主流的癌症研究，一個統一的癌症理論的輪廓逐漸浮現。或許這些知識，將可做為治療這長久以來難以捉摸的癌症的基礎。

癌細胞——高速演化的產物

癌症並非單純僅是一群無秩序的細胞快速繁殖的結果，癌症顯現的是一個高度協調與合乎邏輯的過程。如果我們以細胞共和國的革命來描繪的話，癌症是一群細胞在獲得一系列特別的能力後，走上變節叛逃之路。

在人體內生成的癌細胞，是一場高速演化過程的產物。隨機而起的突變，以瘋狂的速度發生在每個細胞的基因上，而人體內的環境又偏好那些不受控制而任意繁殖的細胞，偏好那些離開出生地去侵略其他組織的細胞。

整個過程正符合達爾文的天擇說，癌細胞的子代遺傳到各種突變的基因，授予細胞一套特殊的能力，使它們與細胞共和國其他願意捐棄權力而互助合作的正常細胞比較起來，擁有著更卓越的生存能力，最後演化出最適合生存的細胞，終於成為致命的殺手。

「癌症基因」是錯誤命名

新的研究同時也發現，造成癌症的一連串事件，其實也參與了許多生命最基礎的運作。但是癌症將這些原本良性的必要運作，顛覆成最危險的結果。

舉例來說，許多證據顯示：某些腫瘤細胞之所以毫無節制的繁殖，是濫用了原本治癒傷口的指令，癌細胞在劫持了使皮膚細胞生長的基因和酵素後，用於癒合傷口之外的事。

我們在其他例子則發現，腫瘤細胞重新啟動了只在胚胎發育期間運作、之後即關閉的基因。一旦獲得胚胎基因的能力，許多癌細胞變回未分化的狀態，同時也除去了原本限制其自由繁殖的枷鎖，從此癌細胞便可漫遊於身體其他部位，散布和根植在其他組織中，繼續將其無法無天的行為，傳遞給它為數眾多的徒子徒孫。

近幾年來，這些受到矚目的「癌症基因」，其實是一種錯誤的命名，會使我們誤以為，細胞內帶有造成癌症的基因。但真實的情況並非如此，這些被我們質疑的基因其實是完全正常的，也是生命過程中必要的基因。然而，當這些基因的序列或表現發生異常變化時，修飾過的基因將有能力使細胞癌化。因此，許多專家比較喜歡稱它們為「原癌基因」(proto-oncogene)。而造成這些正常基因突變成為非作歹的「致癌基因」(oncogene),很可能是單一的點突變(point mutation,一個鹼基為另一個鹼基取代),或是基因內部的重組,還有可能是因不慎與其他基因的調節序列連接在一起,而加快了基因的表現。

癌症不是一蹴可幾的

無論是哪種情況,單一的改變並不足以造成如此嚴重的後果。細胞至少還需要兩個以上原癌基因的改變,或可能十到二十個其他類型基因的突變,才能將一個循規蹈矩的特化細胞,轉變為狂暴肆虐的殺手。如果有適當的突變發生,毫無疑問會讓一個細胞癌化,不過,這經常是漫長且不太可能發生的一連串事件,所造成的最終結果。

事實上,癌症要想在人體內形成,必須經歷一系列很罕見的變化。對許多種類的癌症來說,除非細胞暴露在香菸、紫外線或其他致癌物的環境下,並生長繁殖數十年,否則要湊出這樣組合的機率幾乎為零。許多人都可以一直過著健康無癌的生活,雖然在他們體內可能有部分細胞正往癌化途徑發展,但在癌症尚未形成之前,他們可能就因其他高齡的毛病而逝世。

由於造成癌症形成的一連串變化,必須要有一定的程序排列,這樣的機會看起來是微乎其微,使我們不禁揣測,真的會有人得癌症嗎?

然而,這種惡疾卻真的不幸發生在數百萬人的身上,平均每四人,就有一人罹患癌症,顯示我們正普遍且持續暴露在一些可改變基因的環境因素下。雖然情況如此,但是在進一步的研究發展下,我們仍然有希望在造成惡性腫瘤的一連串錯誤完成之前,去干擾或阻斷最後惡果的發生。

突變為癌細胞的第一步

許多癌症的形成是因接觸致癌物而引起的。在人體的肝臟、皮膚、胎盤或其他器官中，分布了一些特化的解毒細胞，可將細胞不想要的分子，轉變成較易排泄的形式。因此幾乎所有致癌物在進入人體後，都可妥善去毒，排出體外。然而某些致癌物，例如香菸中的苯并芘（benzopyrene），它們的作用卻與一般的想法相反，這些物質在進入人體之前的原始狀態是無毒無害的，但在經過解毒細胞的處理之後，反而被轉化成潛在的殺手。

美國國家癌症研究所的研究人員就發現，每人體內解毒酵素的數量，會因體質而異。錯誤的酵素不僅不能將致癌物無害的排出，更可能因錯誤的修飾，而使化學物質的致癌效果更強，使致癌物更易進入細胞核，甚至與DNA結合，進而影響基因的活性。科學家將此類致癌物的修飾作用，稱為「活化作用」（activation），這是造成許多癌症突變的第一步。

「長久以來，我們就知道每個人對癌症的敏感度各不相同，」美國國家癌症研究所的葛爾朋（Harry Gelboin, 1929-2010）說道：「這可能和解毒細胞內的酵素相對含量有關。如果你不幸有錯誤的酵素組合，致癌物對你造成的危險，可能要較對你鄰居的影響高出許多。」葛爾朋想像，或許有一天，我們可透過檢驗解毒酵素的組成，而檢查出誰是具有危險體質的人。

雖然活化的致癌物有和DNA結合的潛力，但大部分情況下，它們卻無法辦到。因為細胞具有一些類似清道夫的分子，可抓住外來的致癌物，使它們無從對細胞造成傷害。即使有些逃過了清道夫分子的注意，大部分也會無害的黏在蛋白質或細胞上，活化的致癌物僅有極小的機會，可溜進細胞核與DNA結合——然而這種情況一旦發生，致癌物將可大肆破壞基因、改變 DNA 序列，大大提高癌症的危險。

DNA 修復機制

DNA 的損壞也可能來自游離輻射。游離輻射會隨機擊中細胞核內的各式分子，包括具有高度活性的氧基，最後造成鹼基化學性質的變化、鹼基間的鍵結斷裂，甚至使兩相鄰的核苷酸形成無法切開的化學鍵。在人的一生中，這類在單一基因上自然發生的 DNA 損毀事件，大約有一百億次，然而有害的結果卻很少見，因為細胞備有一套防衛系統——DNA 修復機制。

在細胞核中，有一些特別的酵素會來回梭巡於 DNA 上，偵測有無外來分子鉗在 DNA 鏈上，或是有撞了就跑的致癌物所造成的突變。當酵素檢查到異常狀況時，立即對雙股螺旋的 DNA 實施「外科手術」。由於 DNA 的損壞通常只發生在一股，因此酵素可將有問題的片段切除，並以另一股 DNA 為模板，重新合成互補序列，以代替切除掉的片段。

這項工作如果可在下一次細胞分裂前完成的話，通常就可有效遏阻癌症的形成。但倘若連修補機制本身都有缺陷，或是在細胞完成 DNA 修復工作之前，即進行分裂，屆時子細胞內的 DNA 修復機制將因缺乏正確的版本可比對，而無法偵測出受損的遺傳訊息。從此，這些細胞的子代都會帶有相同的突變。

當癌症研究學者瞭解了修復機制所扮演的角色，也就馬上意識到 DNA 修補過程的錯誤，將會使某些人較易罹患癌症。臨床研究的確也找到了類似的關連，例如加州大學舊金山分校榮譽教授克萊佛（James Cleaver），就曾觀察到最著名的案例：遺傳有罕見的著色性乾皮病（xeroderma pigmentosum）的病人，他們的體細胞也會同時遺傳到有缺陷的 DNA 修復機制，而無法改正紫外線所造成的損壞，結果使這類病人有極高的機率也同時罹患皮膚癌。

許多與癌症有強烈關連的疾病，也都被發現牽涉了帶有缺陷的 DNA 修復機制。這些疾病雖然罕見，但研究人員懷疑，在所有人類癌症的病例中，可能有高達百分之二十與 DNA 修復機制有關。

突變致癌的機率微乎其微

但是單一突變的發生，並不自動等於癌症的形成。外來的致癌物可與 DNA 任何片段結合，且大部分染色體又是由不含基因的 DNA 序列組成；再者，細胞內大部分的基因都處在休止狀態，因此突變對細胞造成的影響可能很小，也可能完全沒有作用。就算最糟，也只能殺死或損害一個細胞。因此能導致癌症的突變，必定有超乎尋常的特性，起碼它不能損及維持細胞生命的正常功能。

突變還必須賦予細胞新的能力，使原本對細胞共和國忠誠柔順的細胞，可掙脫原有的桎梏。僅在這些條件並存時，一連串漫長致癌的變化，才會啟動。癌症學家稱引發癌症第一步的致癌物為「起始因子」(initiator)。

誘發實驗動物產生癌症的研究人員發現，在起始因子造成第一次突變後，細胞至少還需另一個突變，且在大部分情況下，需要更多突變的發生，癌症才會真正形成。

科學家有充分的證據顯示，腫瘤細胞都是由同一個癌細胞的子代所組成的，因此接下來的突變也必須發生在帶有第一個突變的細胞身上。想想這可能是肺臟千億個細胞的其中一個細胞，而同樣複雜的突變程序，要發生在該細胞的其他基因上，對任何細胞而言，這樣的機率實在微乎其微。

漫長的潛伏期

任職於美國國家癌症研究所的亞斯帕（Stuart Yuspa）認為：「細胞內一定發生了某些改變，提高了該細胞惡化的機會。」也就是說，被起始因子攻擊過的細胞和突變細胞的子代，必定經歷了某些變化，使細胞更易進行分裂，而增加突變累積的機率。

亞斯帕利用實驗動物得到的資料，闡明了細胞內發生的事件，也解釋了為什麼從「暴露在致癌物環境下」到「腫瘤出現」，中間會有這麼長的潛伏期。就像吸菸者通常需要十年到二十年的時間，肺癌才會出現。而廣島和長崎的居民在遭受原子彈襲擊的五年後，才首度出現白血病的病例，而在接下來的三年達到顛峰。

亞斯帕將已知的致癌物，塗在剃除毛髮的小鼠皮膚上，通常小鼠並不會馬上產生明顯的異狀，再觀察一段時日後，也未見腫瘤形成。但如果在小鼠以起始因子處理過的部位，塗上某些化學物質，腫瘤就會開始生成，科學家稱這些化學物質為「促進因子」（英文與基因上的「啟動子」相同，都叫 promoter）。而單單暴露在促進因子下的小鼠，也不會長出腫瘤。

科學家對上述實驗的結果分析如下：DNA 首次受損突變時，突變的效果並不會馬上顯現出來，除非刺激該細胞分裂得更頻繁。而突變的細胞似乎對促進因子的作用比較敏感，在促進因子的刺激下，突變細胞較相鄰的正常細胞繁殖得更為快速。只要突變細胞繼續暴露在促進因子之下，它們的細胞數目就要較其他細胞增加得更快，而逐漸增加子代細胞獲得第二次突變的機率。

亞斯帕說：「當你考慮細胞的繁殖速度和死亡速度，然後計算突變要一再發生在適切位置的機會，你就會知道，為什麼腫瘤的形成需要多年的發展。」

統計結果同時也說明，為什麼癌症常發生在細胞週期進展得較快速的細胞。大約有百分之九十的癌症，均源自同一類型的組織，那就是排列在消化道、子宮、肺臟、呼吸道、腺體、和皮膚上的上皮細胞。這類癌症通稱為「上皮癌」（carcinoma）。

其他常見的癌症還有淋巴癌（是淋巴系統的癌症）、白血病、肉瘤（肌肉、骨骼等結締組織的癌症）、骨髓瘤。癌症很少發生在成人腦細胞之類、從來不分裂的細胞種類，而腦瘤則是包裹和支持神經元的神經膠細胞的癌化，並非是神經元所形成的腫瘤。

到處都有促進因子

在我們所處的環境中，有許多化學物質都有促進因子的作用。每一種促進因子通常只對一種特別類型的細胞，有專一而強烈的效果，例如：苯巴比妥（phenobarbital）對肝臟細胞就是非常有效的促進因子；香菸的焦油中，則同時含有加快肺臟細胞繁殖的起始因子和促進因子；糖精和環已胺磺酸鹽（cyclamate）是兩種常引起爭議的人工甜味劑的成分，它們均是微弱的致癌物，但卻是強烈的促進因子。另外有些食用油脂，對乳房和大腸而言，是間接的促進因子；動情素（estrogen，女性荷爾蒙的一種）則為乳房和子宮的促進因子。

即使是一些機械性的擦傷或其他傷口，都可能成為致癌的促進因子。例如，當小鼠皮膚塗上致癌物後，再以刀片劃出一道傷口，在傷口癒合處，便會有一小串腫瘤冒出。這是因為在修補傷口的過程中，附近某些特別的細胞會分泌各式的生長因子，加速表皮細胞的繁殖。正常的細胞在傷口癒合後即停止生長，而突變的細胞卻不知何時該停止。

不過，人體也有對策，可防範促進因子引發的癌化過程。從均衡飲食中攝取的化學物質，例如維生素 A 的衍生物──類視色素（retinoid）是深黃或深綠色蔬菜的代謝副產品，似乎就有阻斷促進因子致癌的效果。當以富含類視色素的食物餵食動物，即使是曾以致癌物處理過的動物，對促進因子都有不尋常的抵抗力。研究人員推測，這類食物可能在致癌與抗癌的拉鋸戰中，使細胞偏向抗癌的一方。

但如果反應不幸傾向癌症的發展，細胞便會繼續累積突變，直到獲得一次毀滅性的改變，使細胞在移除促進因子之後，仍可持續分裂。此時細胞已藐視一切停止的訊號，而踩足加速繁殖的油門，開始以等比級數的方式成長。所有的子代也都遺傳到這關鍵性的突變，腫瘤愈長愈大，一旦大到無法忽視、可檢查到的大小時，裡面至少已有一億個細胞了。

輻射引發突變

並非所有致癌的突變都是由化學物質所引起，突變也可能肇因於輻射。來自陽光中的紫外線，僅能穿透皮膚數毫米的距離，但是放射性衰變所釋出的伽馬射線，則能掃射全身任一處的基因。

另外，在細胞分裂時，有時染色體會發生斷裂重組的現象，若基因片段在重組時發生錯誤，也可能造成突變。明尼蘇達大學的亞尼斯（Jorge Yunis）就發現，這種轉位（translocation）現象，幾乎可在所有罹患柏基特氏淋巴瘤（Burkitt's lymphoma）病人的腫瘤細胞中看到，而且大部分病人的斷裂點似乎都發生在相同的位置：人類八號染色體的尾端與十四號染色體尾端互換，使原本八號染色體上的原癌基因，連接在抗體基因的調節序列之後。而在免疫系統生產抗體的細胞中，這段調節序列處於高度活化狀態，造成原應休止的原癌基因也活化了。

無論是哪種機制引發突變，當細胞累積足夠且重要的變化後，最終的結果就是腫瘤的形成。不過這時期的腫瘤，有時還被委婉的稱為「良性腫瘤」，只是一團穩定成長的細胞塊，尚無法侵略周圍的組織，或擴張到身體其他部位。腫瘤細胞還需更多的突變，賦予它們對外侵略的能力，才會成為「惡性腫瘤」。

致癌基因

截至目前為止，我們都很自然的將癌症視為一種遺傳疾病，是DNA 分子在被攪亂後造成的結果。事實上，支持這項觀點的第一條堅實的線索，遲至 1975 年才出現；而完整連貫的癌症理論，則要到 1990 年代才發展成熟。

當然，癌症研究的軌跡可追溯到更早之前，在 1911 年，研究人員就發現某種病毒，可造成雞類肌肉細胞的癌症，然而這項事實從未得到主流癌症研究社群的青睞，一直塵封著。

到了 1970 年，科學家才發現雞病毒上，攜帶了一段特別的基因，如果把它植入正常時分裂緩慢的細胞，便會使細胞轉變成瘋狂繁殖的癌細胞。此類基因即稱為「致癌基因」(oncogene, 希臘文的 onkos 為「團塊」之意)。

1975 年，兩位美國科學家瓦慕斯（Harold E. Varmus, 1939-）和畢夏普（J. Michael Bishop, 1936-）發現：在人類和其他動物的正常細胞中，也含有與雞病毒非常類似的基因。這項發現讓他們獲得了 1989 年的諾貝爾生理醫學獎，也開展了癌症理論的現代觀點。

在人類或其他動物體內的這段基因，並不會造成癌症，但當它們的 DNA 序列發生了某種微小的突變之後，就會變成致癌基因，將細胞推往癌症之路。科學家隨後陸續發現了七十幾種基因，在突變後都可成為致癌基因。

雖然每個致癌基因在細胞內的確切功能尚未釐清，但可以肯定的是，它們在細胞癌化的過程中，必定扮演了某些角色。科學家可將致癌基因注射到正常的細胞中，而一再證實上述的結論。每當多加一個致癌基因，細胞便多獲得了一些通常只有癌細胞才擁有的新能力，細胞的外觀和行為逐漸改變，並將這些變異傳給子代。如果再將變異的細胞注射入實驗動物體內，動物就會因而罹患癌症。

從酵母菌到人類，有時甚至植物，都含有原癌基因。這是另一項線索，顯示這些基因的基本重要性。在經歷了十億年的演化，原癌基因卻鮮少改變，這也暗示它們對生命的維繫有關鍵性的功能。這不難想像：負責調節細胞週期的基因，它所製造的正常蛋白質，原本會在獲得外界某些訊息的情況下，才通知細胞進行分裂；但由於基因受損了，使這基因製造的異常蛋白質，根本不理會外界的訊息，就一味催促細胞進行分裂。

最早在小鼠肌瘤中發現的 *ras* 基因，正是這一型致癌基因的代表。在正常情況下，細胞膜上的受體接收了外界的訊息後，位於膜旁的 ras 蛋白，才會往細胞膜內傳遞訊息。而突變後的 ras 蛋白，即使在受體沒有接收到胞外的訊息分子時，仍不斷向細胞膜內傳遞不實的訊息。

蛋白激酶的功用

另有其他數種原癌基因的蛋白質產物，則具有磷酸化的酵素功能，或稱「蛋白激酶」(protein kinase)，可將磷酸分子黏貼在其他蛋白質的特定位置上，而使修飾後的蛋白質，在結構及生化功能上改變，但在去磷酸化之後，又可回復原來的模樣。這是細胞內最常見、也是最重要的調節機制，在本書前幾章提過許多維繫生命的重要過程，包括數種存在所有細胞中最基本的代謝反應，都是透過磷酸化的方式調控。由於蛋白激酶可作用在數種蛋白質分子上，因此一旦酵素的基因突變為致癌基因，將對整個細胞造成廣泛的影響。

「一個酵素分子可將一群蛋白質磷酸化，而劇烈改變細胞的功能，」畢夏普解釋：「癌症基因可能並不是外來的不速之客，而是細胞遺傳配備中的核心組成，僅在結構及調控被致癌物攪亂了之後，才背叛了細胞。」

表皮生長因子的受體，就是被致癌物破壞的例子之一。表皮生長因子（EGF）可將分裂的訊息，傳遞給許多種類的細胞（並非只有表皮細胞受影響），而它位在細胞膜上的受體，在接收到 EGF 的訊息後，胞內的尾部片段會變形為蛋白激酶，將其他數種特定蛋白質磷酸化，以驅動細胞的分裂。但是當 EGF 受體基因突變，而遺失了原本應接收訊息分子的部位後，尾部片段將自動維持在蛋白激酶的形式，不斷送出令細胞分裂的化學訊息。突變的 EGF 受體基因，此時已變為致癌基因了。

抑瘤基因

分子生物學家後來又發現了另一型癌症基因，它們突變的過程可能與致癌基因相同，但它們在正常狀態時的功能，卻是使細胞分裂保持在適當的控制之下。

如果說，致癌基因是開往致癌之路的油門，那麼這類稱為「抑瘤基因」（tumor suppressor gene）的產物，便是使細胞分裂減緩的煞車系統。當抑瘤基因受損時，細胞就好像鬆開了煞車，而自動跳成高速檔，直衝向癌症。因此抑瘤基因對癌症的形成，可能要較致癌基因更為重要。

在抑瘤基因中，最為人所知的是名為 *p53* 的基因。在半數以上的人類癌症中，包括乳癌、肺癌、直腸癌和其他數種常見的惡性腫瘤，*p53* 都扮演了關鍵性的角色。

雖然還有其他十多種抑瘤基因已被發現了，包括與乳癌有關的 *BRCA1* 基因，但目前研究得最為透徹的還是 *p53* 基因—— p 為蛋白質「protein」之意，53 則代表其分子量（53,000 道耳頓。道耳頓為分子量的單位，以紀念化學界的先驅道耳頓 John Dalton）。由於 p53 同時指涉基因和基因的蛋白質產物（指基因時，*p53* 為斜體字），有時這樣的簡稱可能會令人迷惑（指蛋白質時，以下將寫成 p53 蛋白）。

p53 蛋白的作用，則是最能串連細胞週期、DNA 突變、程式化細胞死亡（凋亡）等新知的機制。在這些研究領域中，每一支獨立的科學團隊，循著不同線索追查，最後發現都與 p53 蛋白相關。以下便是 p53 蛋白作用機制的簡略說明。

p53 蛋白扮演的角色

在細胞中，p53 蛋白擔負了許多重要任務，調節細胞週期的進度就是其中之一。更精確的說，p53 蛋白可敦促檢查和修復 DNA 的酵素認真工作，以防止細胞在所有必要的修補工作完成之前，就進行分裂。只有在檢查一切無誤時，p53 蛋白才容許細胞進行下一步的染色體複製。

然而，有時 DNA 的損壞過於嚴重，連 p53 蛋白也感到修復系統將無法使 DNA 恢復原狀，p53 蛋白便下令要求細胞啟動死亡程式，摧毀自己。由此可知，p53 蛋白相當於一個品質管制中樞，不僅對自己所在的細胞負責，也同時對細胞共和國盡忠，它的任務不僅是防止受損 DNA 蔓延而已，還要更進一步阻止受損 DNA 的存在。p53 蛋白是如何辦到這麼複雜的任務的？雖然整個詳細的機制尚未完全明朗，但我們已知 p53 蛋白是能與 DNA 結合的蛋白，可黏附在 DNA 上，調控數種特定基因的活性。

由此我們可想像：當某個細胞的 *p53* 基因發生突變時，會造成的可怕後果了。當細胞的品質管制中心失靈時，細胞將無法清除任何變異基因上的錯誤，只能任其繁殖、增加帶有遺傳缺陷的細胞數目。失去了 p53 蛋白促進 DNA 修復的能力，喪失了細胞分裂週期中的檢查哨，也沒有啟動細胞自殺的能力，這樣的缺陷細胞前景堪憂——它們可自由累積更多的突變，將原癌基因轉變為成熟的致癌基因，而賦予細胞癌化的能力。

由於 p53 蛋白的影響是如此廣泛而全面，當科學家將完好無缺的 *p53* 基因，注射入毫無節制繁殖的培養細胞中，即使是已有多處致癌基因突變的惡性腫瘤，都可回復正常時循規蹈矩的狀態。因此如果可以找出方法，將 *p53* 基因送到病人體內的數億個癌細胞內，就可終止這種惡疾了。但即使真有方法，顯然也不是一件容易的工程。

黃麴毒素造成特定的變異

致癌物是如何造成特定基因的損毀呢？ 1991 年，研究人員首次清楚檢視了一件案例。在此之前，雖然致癌物是大家耳熟能詳的字眼，但這些物質的存在都是依據間接的證據。例如吸菸的人容易罹患肺癌，使我們推測香菸可能含有致癌物，於是研究人員將可疑的致癌物和促進因子，塗抹在小鼠的背上，然後觀察腫瘤的形成。

當然，這些間接性的證據是如此穩固，沒有任何理性之士會質疑「特定化學物質可造成劇烈的改變，而將正常細胞轉變為癌細胞」的想法。但究竟致癌物是如何攪亂細胞，則沒有人能回答。

1991 年，兩組人員在分頭研究、但互相知曉對方進展的情況下，在同一基因的同一個密碼子上，發現了相同的突變。更重要的是，兩組研究結果也顯示：突變是由同一種致癌物——黃麴毒素（aflatoxin）所肇的禍。黃麴毒素是由一種生長在玉米、花生或其他食物中的黴菌，所分泌的毒素。這是科學家首次可確切證明，可疑的致癌物不但會造成 DNA 損壞，而且幾乎每次的破壞都發生在相同位置。

由於黃麴毒素所造成的損害是如此專一、固定，一位參與研究的人員認為，或許這項發現將開啟一門新興的分子法醫學。也許有一天，我們可透過檢查癌細胞損壞的部位，而斷定是哪一種致癌物惹的禍。不過在現今，除了少數特例，還沒有人真的有能力鐵口直斷是哪一種致癌因子造成特定的癌症。如果其他致癌物也像黃麴毒素一樣造成特定的遺傳變異，病人就可得知是哪一種殺蟲劑，或碎肉中的哪一種碳氫化合物，使他產生癌症。雖然這項訊息並無法安撫病人，但對於公共衛生人員而言，卻是無價的資訊，使他們可嘗試瞭解何種物質應從我們的環境中根除。

第 249 號密碼子

黃麴毒素所造成的損傷，正是發生在*p53* 抑瘤基因上。由於與*p53* 基因相關的各種癌症，突變的位置都各不相同，很難去探究突變的成因，或由何種致癌物所造成，這使得*p53* 基因與肝癌有關的這項新發現更加珍貴。

在這兩組研究人員採樣的肝癌病人中，有半數病人的突變均發生在*p53* 基因的第 249 號密碼子的第三個鹼基上，原來的 G 為 T 所取代，表示當細胞遵循基因的指令合成蛋白質時，p53 蛋白的第 249 個胺基酸，將被裝上錯誤的絲胺酸（serine），而非原來的精胺酸（arginine）。當科學家以黃麴毒素處理實驗室裡培養的細胞時，許多基因也發生從 G 到 T 的突變，這項關連也就益加穩固了。

從前科學家從未見過如此一致的突變，更令人驚奇的是，兩組人員的研究對象分別來自南非和中國，兩個區域都是肝癌的溫床，也是當地主要的死因。流行病學家也曾嘗試在這兩個地區，找出高肝癌率的共同解釋。黃麴毒素不僅在兩個區域都是常見的分子，而且也已確定是造成肝癌的危險因子。

肝癌的第二種危險因子是B型肝炎，這種傷害肝臟組織的病毒感染，不僅流行於非洲和中國，甚至美國也有。根據流行病學家在第三世界蒐集的證據顯示，黃麴毒素和B型肝炎都與形成肝癌有關。

如今的研究結果，讓我們可以推測一種合理的致病機轉：當肝炎病毒殺死細胞後，殘存的細胞為了修補受損的區域，便加快細胞繁殖的速率，這意謂突變的機率也因而提高，因為錯誤最有可能發生在染色體複製的過程中。此時，若有分子干擾DNA的複製，就有可能造成突變。如果這項推測是正確的話，黃麴毒素可能具有某些化學傾向，可在染色體複製時，作用於*p53*基因上的第249號密碼子。於是B型肝炎的作用有如促進因子，使細胞快速分裂，而增加黃麴毒素干擾DNA複製的機會。細胞就因*p53*基因上的一點微小改變，而走上致死癌症的不歸路。

癌細胞從哪裡得到端粒酶？

另外還有一項發現，解釋了癌細胞為什麼可以像原始單細胞生物一樣自由獨立，這與存在於所有染色體末端的一段重複的特別序列TTAGGG有關。這段稱為「端粒」（telomere）的DNA，並不是基因，亦非調節序列，它們是為彌補DNA聚合酶設計的缺失，而存在的。

當巨大的DNA聚合酶沿著已解開的DNA鏈合成互補股時，

需要像我們在啃玉米時一樣，抓穩工作區域的兩端。然而當複製工作進行到染色體末端時，DNA 聚合酶不得不鬆開一手，於是留下了五十到六十個鹼基沒有完成複製。

因此，大多數正常細胞在每回細胞分裂後，就會短少一截端粒 DNA。由於所有染色體末端都保持了數千個多餘的鹼基，因此剛開始並不會造成任何影響。但隨著保護末端的序列逐漸遺失，接續下來的細胞分裂，便會傷到真正的基因，使子細胞遺傳到殘缺不全的基因，最後因嚴重受損而死亡，人體也就失去了細胞所執行的這項功能。一般認為，這與下一章將討論的老化現象有關。

傑朗公司（Geron Corporation，位於加州的一家生技公司）的研究人員哈立（Calvin B. Harley）和他的同事發現，癌細胞可以生產一種端粒酶（見第 172 頁），在每回細胞分裂時重建端粒，而逃脫細胞必死的宿命。所以，儘管 DNA 聚合酶會遺漏染色體尾端的幾個鹼基，不過端粒酶都可在有絲分裂之前，抓住新合成的 DNA 鏈，重複製造 TTAGGG 片段，以彌補聚合酶未完成的工作。

端粒酶之所以有如此的功能，是因為它除了具有聚合酶功能的蛋白質本體外，還帶有一段短小的 RNA 片段，可充作合成端粒時所需的模板。哈立相信，這是使癌細胞不朽的關鍵因素。

但這些變節的癌細胞，是從哪裡得到端粒酶的呢？事實上，端粒酶的基因就位在所有細胞的細胞核中，它們在正常細胞中都保持休止狀態，唯有在生產精子或卵的性腺細胞裡例外。性腺細胞必須以端粒酶保護基因，使下一代能從完整長度的端粒開始發展。在測試超過八種以上的癌細胞後，哈立發現這些癌細胞，全都重新啟動了它們的端粒酶基因。

哈立還發現，如果奪走癌細胞的端粒酶，就可殺死癌細胞。他們將一段序列恰與端粒酶中 RNA 序列互補的片段，送入癌細胞中，兩股序列就會因鹼基間的配對而緊密結合，使端粒酶失去合成DNA 端粒的功能。

這樣的做法雖無法實際用在治療病人上，但它顯示了：只要能破壞癌細胞的端粒酶，就可殺死癌細胞的新治療方法。目前傑朗公司和其他許多研究人員仍致力尋找有同樣效果的新藥——可以在進入腫瘤細胞後，攪亂端粒酶的基因或基因的產物。

惡性腫瘤如何侵略？

但即使是細胞掙脫了原本控制其分裂速率的枷鎖，仍不算是惡性癌細胞。失控的細胞只產生了良性腫瘤，在這一瘤塊中的每個細胞，都是當初獲得適切突變細胞的子代。不過良性腫瘤仍有可能危害人體，例如當腫瘤長得太大，而堵塞了如氣管、血管、或消化道等重要的通道。但如果在腫瘤引起麻煩之前就發現，便可利用手術切除而完全治癒，因為良性腫瘤細胞還沒有侵犯其他組織、或脫離原產地而漫游身體其他部位的能力。

惡性腫瘤細胞則有截然不同的行為模式，它們不僅在原生組織中擴張，更會伸出觸手，侵入周邊組織，釋出特別的酵素摧毀鄰近的正常細胞。和它們從前所扮演屈從的角色相比，惡性腫瘤細胞展現了天壤之別的能力。古希臘醫師希波克拉底（Hippocrates, 西元前460-377）是首位在文獻中記錄良性與惡性腫瘤差異的人，那形似楔子尖尖插入正常組織、又極具侵略性的腫瘤，使他聯想到螃蟹的螯，因此以希臘字 karkinos（螃蟹）來命名這種疾病。（而 cancer 則為拉丁文中的螃蟹。）

惡性癌細胞可侵略其他組織，但良性腫瘤細胞不能，是因為惡性癌細胞又獲得了新的基因和新的功能。要使腫瘤能侵入相鄰的組織，細胞必須使用特別的酵素，分解正常細胞之間的胞外間質，並且從包圍整個組織的基底膜（basement membrane）中，吃出一條路來。（基底膜是由蛋白纖維組成的網狀結構，通常位於體腔或器官表面，或是皮膚上皮的下表面、或血管內皮的基底面。）

負責這項破壞工程的酵素，對細胞而言並不陌生，它們正是哺乳動物早期胚胎發育時，所使用的酵素。還記得當胚囊由輸卵管抵達子宮時，釋出酵素分解子宮壁以著床的過程嗎？而在胚胎發育的另一時期，特定細胞由胚胎的一端移動到其他部位時，也會分泌微量的酵素，為自己打開通路。當發育完成之後，合成這些酵素的基因也就遭關閉；而癌細胞則挖掘出這些長久棄置的基因，重新啟動它們的表現。

阻斷血管新生，以遏止癌症

儘管腫瘤細胞有種種特異的習性，它們仍像其他細胞一樣有維持生命的基本需求。因此當腫瘤長到超過二毫米（2 mm）時，就必須發展出另一套特別的能力：釋放出某些化學訊息，以召喚鄰近的血管長出分支，好將氧及養分送至腫瘤細胞，並帶走代謝廢物。為達目的，腫瘤細胞又再度濫用正常時，只在特定位置和時間表現的功能。

血管的生成在胚胎時期最為旺盛，以使循環系統的分支可散布到成長個體的每個角落。在胚胎發育期間，細胞會分泌「血管新生因子」（angiogenesis factor，希臘文 angio 為「血管」之意），當距離最近的血管收到訊息後，便冒出一條細小的枝芽，伸向訊息來源的方向，並進行細胞分裂，製造新的血管細胞，以更進一步朝缺氧的組織延展。隨著新生的微血管細胞逐漸增多，這些細胞也連接成中空通道，讓血液流通，讓微血管逐漸增長。

除此之外，血管新生現象也可在傷口癒合處，或體內脂肪層增生時看見。達生育年齡的女性，在每個月的月經來臨前建構子宮內襯時，也有血管新生的現象。而腫瘤細胞則重新啟動這血管新生的過程，使快速生長的腫瘤團塊，也能享受到循環系統的服務。

由於癌症幾乎是成人體內唯一還有血管新生的地方（除非受到外傷），使得哈佛大學醫師佛克曼（Judah Folkman, 1933-2008）所領導的研究小組，一直視這項特質為遏阻癌症成長的攻擊目標。事實上，已有數種可阻斷血管新生的藥物研發出來。在動物實驗中，這些藥物可明顯抑制腫瘤的成長，並延長動物的壽命。至於藥物對人體的功效，則尚在評估中。

即使癌細胞可使血管新生或侵入周圍組織，若沒有其他使細胞叛變的異常能力，都還不至於使癌症發展到如此危險的地步。真正使癌症成為致死原因的，是惡性腫瘤可派遣個別細胞，在身體其他部位建立新聚落的能力。這種轉移現象需要癌細胞突破聯繫腫瘤及周邊組織的接合點，並合成酵素溶蝕血管，使逃脫的惡性細胞可溜入血管中，隨波逐流，飄向新領地。

當這些沒有特定目標的旅行者，遇到窄小或彎曲的微血管時，便再度釋出侵蝕血管的酵素，然後鑽進附近組織中，只要新環境適宜，這些外來細胞馬上分裂繁殖，不斷增生新細胞、形成新腫瘤，並侵犯鄰近組織，還會送出自己的移民部隊。有些人類的腫瘤，大約每天都可派遣出數百萬個細胞，向外殖民。

細胞惡化轉型

惡性腫瘤細胞一步一步獲得更多能力的現象，就稱為「惡化」（progression），近年來，癌症學家也意識到惡化其實就是細胞演化天擇下的結果。

所有現存生物都是天擇下的產物。當親代基因發生隨機突變，將迫使子代面對自然環境的考驗，突變造成的改變可能是有害的，但也有少數的機會對生物有益。如果突變基因造成的新特質，使個體在既定環境中的生存率增加，則會比沒有突變的生物留下更多子代，並將突變基因繼續傳給後代。而新生個體同樣也有較佳的生存機會，最後使突變型成為該物種的主要族群。這種突變與天擇的過程一直持續發生，假以時日，就可累積足夠多的變異，發展出與遠古祖先截然不同的全新物種。

同樣的情況也發生在癌細胞身上，而人體就是篩選細胞的自然環境。細胞獲得的第一個突變，可能使它們在其他細胞都停止分裂時，仍可繼續繁殖，接續的突變則使癌細胞取得侵略毗鄰組織的能力，接著是使細胞可衝出原來腫瘤的能力，使細胞在身體各處不同環境下都可存活的能力。

許多腫瘤在初期的惡化過程中，皆發生 *p53* 基因生去活性的情形，如此使細胞在 DNA 受損的情況下，仍繼續分裂。這類具有細胞週期檢查哨功能的基因在缺損後，將使細胞的遺傳狀態非常不穩定，傾向累積更多的突變。

最後的結果是，癌細胞的演化要較自然過程中，受正常遺傳調控的生物還快許多。它們產生許多新的基因序列，甚至急進的重組染色體，以適應體內各種不同環境。它們還可以改變基因及調節序列，甚至改變細胞內的染色體數。

就某種層次而言，癌細胞已演化出「和正常人類細胞的遺傳物質差異極大」的生物形式了。事實上，由於調控癌細胞週期的機制嚴重錯亂，使它們和從酵母菌到人類所有真核生物的基本運作方式，已有極大的差異。這是癌症最令人感到陌生而可怕的一點。

不幸的是，對癌症最有效的天擇，時常是來自化學療法給予病人的抗癌藥物。雖然藥物可殺死大多數的癌細胞，然而只要一個癌細胞產生抗藥性，它就可以在藥物汙染的新環境下，繼續成長和壯大。在除去與其他癌細胞競爭食物和氧的障礙後，具有抗藥性的癌細胞更可肆無忌憚的繁殖。這就是為什麼，有時使用化學療法的病人，無可避免的會有復發的現象。

由於許多抗癌藥物的作用是透過誘導細胞自殺（程式化細胞死亡）來達到目的，因此癌細胞可獲得抗藥性的途徑之一，就是經由突變，破壞程式化細胞死亡所需的基因。

在癌細胞演化的早期，人體仍有機會發動防衛戰。這是因為腫瘤細胞常將產自突變基因的異常蛋白質，鑲嵌在細胞膜上，免疫系統就可據此，辨認出癌細胞為外來者，而在癌細胞茁壯以前，予以殲滅。免疫系統也可生產抗體與之結合，而自然殺手細胞更是這項任務的箇中能手。當自然殺手細胞偵測到癌細胞的存在時，便悄悄貼身靠近，釋出酵素在癌細胞的細胞膜上打洞，讓細胞內容物流失殆盡。於是這令人聞之色變的癌細胞，此時只有坐以待斃的份。

自然殺手細胞會來回在人體組織中巡邏，它們有可能在腫瘤尚未形成之前，就摧毀了癌細胞。有些癌症研究人員相信，人體內可能常有癌細胞生成，但是自然殺手細胞均可在它們惹出任何麻煩之前，便將它們收拾乾淨；只有在免疫系統出狀況時，腫瘤才有機會坐大到危險的地步。

不朽的兵團

不幸的是，惡性腫瘤卻常能逃脫細胞警察的追緝，在離開出生地不久後，另尋其他較遠的組織安居落戶，並恢復分裂繁殖，產生新的腫瘤。這些腫瘤最後也會成為轉移細胞，全都配備了一套相同的癌症基因。

於是，最初形成的癌細胞和它徒子徒孫組成的反叛兵團，將在人體各處建立新殖民地，獨占所有的食物來源，彷彿不朽般的繁殖著。如果將這些癌細胞移出體外，置於培養皿中，並供給充足的養分，腫瘤細胞的確看起來是不朽的，它們是實驗室中所有長壽細胞株的祖先。許多細胞就像海拉細胞一樣，在殺死最初賦予它們生命的人體後（拉克斯女士死於 1951 年），仍然繼續繁茂生長。

癌細胞打破了十億年前，當第一批自由生活的細胞生物，組成細胞共國時所定下的盟約。這些多細胞生物雖是演化上的成功者，但卻總是受到某些細胞想要叛變、獨立的威脅。事實上，癌症可能永遠會是多細胞生物生命中，不可避免的事實，即使從恐龍的骨頭中，科學家也發現石化了的骨頭腫瘤。

如今我們瞭解，維繫多細胞生物的原始合約，是建築在脆弱的遺傳環節上，而細胞則保有了一切掙脫這些桎梏，並自私繁殖的能力！

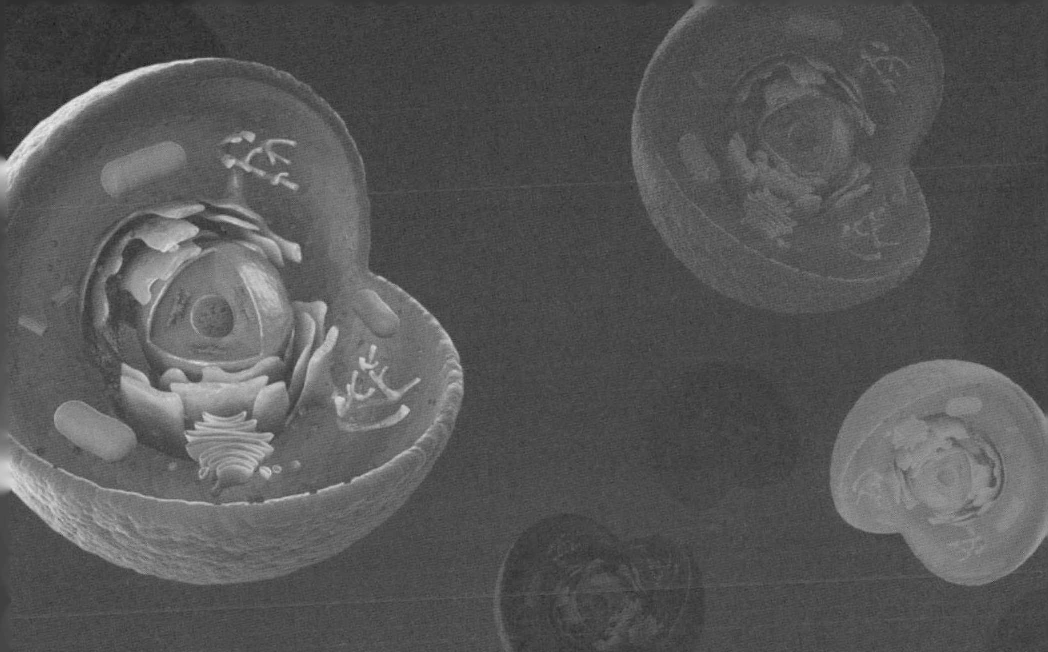

第13章

生命不死

死亡理論，百家爭鳴。

但有三種假說贏得了較廣泛的認同：

溶體「終極便祕」說、

自由基「吸血鬼」說、

細胞分裂「青春之泉」說。

死亡並不像傳統思想所認為，是生命必經的歷程。有些生命形式是不朽的，它們不曾面臨過死亡。

例如許多單細胞生物，除非發生特別的意外，從不知死亡為何物。當細菌或原生動物存活一段時間後，它們像急板的樂章一樣，在分裂的瞬間，化身為兩個年輕的個體，將生命的火花傳遞給下一代。年老的一代，也未留下任何軀殼。那從中勒緊老細胞的收縮環，將一個生命單位分割為二，每個子細胞都約略繼承了一半親代細胞的生命物質，然後自行覓食，愈長愈大。當細胞週期的鈴聲再度響起時，子細胞也再度施展那擊倒死亡的神技——細胞分裂。如果微生物也有任何老化現象的話，那麼在細胞分裂之後，它們又返老還童，重獲生命的新活力。

經由不斷成長和分裂，生命持續戰勝死亡，並擴張力量，改變所處的環境，合成更多 DNA、更多酵素、以及膜的結構。幼小的子細胞把環繞它們的世界，藉由養分的形式帶入體內，重組成生命的一部分。就分子層面來看，我們確實就是「我們所吃的食物」。

體內新添的原子，也會像晶體的幾何結構一樣，遵照特定的方式連接在既有的結構上；分子的構造也依循一定的結構，合成新的生命物質。因此當細胞分裂時，每個子細胞所繼承到逃避死亡的能力，本質上其實就是一顆晶種，具有潛在的力量，在細胞成長與分裂時，將更多非生命物質組織成生命的結構。

世界趨向高亂度

生命想要擴張自己的力量是如此強大，甚至可違抗物理的基本定律。熱力學第二定律告訴我們，在一個封閉系統中，所有物質都會解離，而趨向最大亂度，除非從外界引入新能量（但在這種情況下，就不算是封閉系統了）。物理定律還告訴我們，每回做功時，一定會耗損一些能量，而且常是以無法回收利用的熱能形式逸散。物理定律指示了宇宙的命運，將會分裂瓦解成均質的宇宙渾湯。

熱力學第二定律還建立了「熵」（entropy）的概念，而熵在物理語言中代表了「失序」之意。隨著時間的流逝、事件的發展，所有宇宙的秩序，包括具體如恆星或行星的物質，最後都會瓦解——恆星在燃燒殆盡後，不是爆炸裂散，就是冷卻為灰燼；行星則會因為超大型撞擊事件或遭膨脹的恆星吞噬而瓦解。恆星所散發的熱能源源注入虛無的太空，大部分都無法再捕捉回來。物理學家告訴我們，根據熵的法則，熵的極大化就是終極的死亡。

然而在我們日常世界中，卻有兩件明顯違反熵的現象，可從混沌中建立秩序，那就是晶體與生命。這兩者之所以可降低熵值，是因為它們從系統外吸取能量。秩序是不可能無端由混沌中生成的，除非有一些組織的力量在運作，而這樣的力量是需要能量的。

一匙糖很容易就溶解在一杯茶中，因為它們放棄了晶體的秩序而趨向於混亂。但糖卻無法自溶液中再析出結晶，除非有外界能量供給，例如熱能，將茶中的液體蒸乾，留下無法揮發的糖分子，重新結晶於杯底。此時，每個糖分子都會告知毗鄰的分子，該如何重塑成長中的晶體，這些指令原本就藏在每個糖分子的結構中。溶解糖的失序，在加熱過程中反轉回來，最後形成的晶體都具有可預測的對稱性，如立方形的糖結晶，或六角形的水結晶（如果以能量將熱能自水中移除，即可得到水結晶）。

生命的過程正如晶體的成長，只不過結果更精采、繁複。隨著細胞的成長，胞內的分子結構將它們的組織模式，擴展運用在更多的物質上。在循環不斷的生長與分裂中，每個生命都設法將環繞它們的世界，納入它們和子代的生物量（biomass）中。當然，最早在地球興起的生命，沒有競爭壓力，可盡情覓食非生物性的資源，迅速增加其生物量。但現今所有的生態圈都擠滿各式生物，它們之間不得不相互捕食，地球上的總生物量則少有變化。

生命能像結晶一樣對抗熵的法則，是因為它並不是一個封閉系統，它不斷從系統外部攝取能量。地球上最充足的能量形式——陽光，經植物捕獲、儲存後，供應地球上所有生物重新處理利用（最主要的例外是一些生活在深海熱泉附近的生物，那裡食物鏈中最低層的能量來源，是由熱泉冒出的無機物質中所含的化學能）。

可脫水僵固的小動物

這種「生命的現象來自分子內和分子間結構安排」的觀念，逐漸從生物學界浮現出來。促使這項觀念形成的主要因素，源於幾世紀來，人們對死亡與復活的爭辯。這場不僅是科學議題，同時也對文化造成衝擊的論戰，直到最近才塵埃落定。

這場論戰在生物學界雖然很少受到重視，但卻頗具啟發性。因為它牽涉了一些常見、但我們所知甚少的微小動物。這些小動物具有一種可進入傳統定義為死亡狀態的驚人能力，這種能力攸關它們的存亡。在必要時，小動物會乾化、皺縮成果仁般的模樣，不吃、不動、不呼吸，所有消化、代謝、神經系統也全部停擺，就保持這樣的狀態數週、數月、甚至數年的時間。

然而，這些待在實驗室架上可能有數十年之久的乾扁小動物，在回到潮濕的環境後，便迅速吸足水分，膨脹成正常的比例，所有「構成生命」的生化反應也再度運作，小動物們生龍活虎的在培養皿上蠕動翻滾，甚至爬出玻片四處尋覓食物。就像儲存在美國細胞培養暨儲存中心（ATCC）的冷凍細胞一樣，它們都可蟄伏於休止狀態，而與一般生命的定義相衝突。

大部分的生物書籍都教導「沒有水就沒有生命」的觀念，大部分的教科書也強調「生命的特徵就是各種化學代謝反應」，大部分的教材還認為「當代謝停止時，也就等於生物的死亡」。

不幸的是，大部分的生物書都寫錯了，或至少忽略了生物的另一種驚人能力——可暫停活動的自然狀態。生活在地球各個角落的數十億種生物中，許多都具有這種能力，包括在泥土中鑽洞的線蟲（nematode，圖13-1）、昆蟲模樣的緩步動物（tardigrade）、淡水池塘裡狀如花瓶的輪蟲（rotifer）、鹹水湖泊中的蝦類。這些動物雖然微小，有些長度還不超過數毫米，但卻是構造複雜的多細胞生物，配備有消化道、生殖器官、神經系統、肌肉、以及其他特化的組織結構，使它們要較細菌或原生動物來得高等。

這些生物居住在各種惡劣的環境下，有些生活在北極凍原的薄土中，大部分的時間都處於冰凍狀態；有些則活動於熾熱的沙漠區，鮮少獲得水分的滋潤，它們忍受著陽光的烘烤，等待一年僅有幾天的雨水，在小水漥中恢復一切活動，把握這短暫的生機。它們

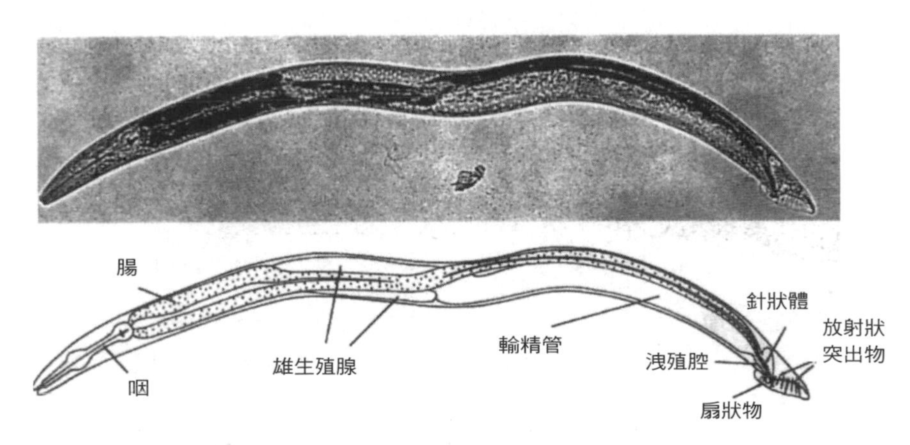

圖13-1　線蟲是幾種可進入隱生狀態的生物之一。線蟲體型雖然小，但具備各式複雜的結構，在適當的環境下可脫水乾化，進入暫停生命代謝的狀態，並維持數年。但潤濕後又可恢復正常的活動。（圖片摘自1977年發育生物學期刊56卷第110頁，由John Sulston教授提供。）

存活於各式泥土中，從覆蓋森林的壤土、郊區小屋的後院，到長在房屋或樹木北側薄薄的苔蘚有機層中，都可發現它們的蹤跡。

隱藏的生命

這些獨特的動物，對傳統生命定義的基礎，提出嚴厲的挑戰。根據定義，只要生物不具代謝的跡象，就不算是活著，那麼這些生物算是死的嗎？當潤溼後，生命又自動生成了嗎？

為避免觀念和語意上的困境，少數研究這類現象的生物學家，稱之為「隱生」(cryptobiosis)，意指它們隱藏了生命現象。

由於傳統以代謝為生命中心的觀念太過強勢，直到前一陣子，仍有許多生物學家懷疑隱生動物並不是完全休止的，他們有很好的理由相信：在這乾化的生物標本中，至少在胞器間還殘餘了一點水分，在這種情況下，代謝仍可持續以無法測得的緩慢速率進行。畢竟許多高等動物在冬眠時，也會降低代謝速率，還有許多動物在夏天的熱浪中，可將代謝速率降得更低。許多研究人員懷疑，隱生動物只不過將類似的現象發揮到未知的極限而已。

然而最近科學家發現，雖然乾燥的隱生動物體內確實殘留少量水分，但卻遠低於任何生化反應所需的最低水量，大部分蛋白質必須在完全濕潤的情況下，才能保持具有功能的立體構造。緩步動物和線蟲在正常時，和其他大部分的生物一樣，體內含有百分之八十到百分之九十的水分；但在隱生狀態時，則僅有百分之三到百分之五的水分；如果是在實驗室較佳的條件下，水分更可低到百分之零點零五，卻仍然有復甦的能力。

如今，大部分權威人士一致認為，隱生狀態的動物體內並沒有代謝在進行。「隱生」一詞也不再只代表「隱藏的生命」，更有「另一種生命狀態」的含意，一種生命活動處於潛伏或不表現的情況。

萬事俱備，只欠水

在隱生狀態下，所有生物殘存的就僅是結構的完整性。乾燥的線蟲、輪蟲、或緩步動物，或許會縮水變形，但只要分子或細胞內較大結構的聯繫仍在，各細胞也維持在軀體中適當的位置，則在加入水分後，蛋白質和核酸分子便可重拾彎曲碰撞的能力、以及結構中隱藏的化學傾向與交互作用。就像第 1 章所言，生命並非是因為細胞具有某些神祕的力量，生命不過是特定排列的分子結構，在水分的潤滑下，所展現的特殊化學行為而已。水分不僅是分子的潤滑劑，更直接參與了許多反應，而水的電磁性，則影響了化學反應和細胞內部的結構。

像這樣對生命的理解，恐怕與荷蘭博物學家雷文霍克（Antoni Van Leeuwenhoek, 1632-1723）當年從阿姆斯特丹，致信給英國皇家學會時的想法，相差甚遠吧！這位運用顯微鏡的先驅在 1702 年，從屋頂的沉積物中發現了某種纖維動物（可能是輪蟲），在顯微鏡下看起來像是乾死了，但當他加入幾滴水後，便馬上恢復活力，開始游泳爬行。

然而，雷文霍克的報告很快就遭世人遺忘。四十年後，一名耶穌會的學者尼登（John Needham, 1713-1781），又重新提出同樣的現象，而這次發現的隱生動物，則是生長在枯萎麥苗上膨大囊狀瘤中的線蟲。從此展開了一百二十年不休的爭論。

尼登當時寫下這段話：「我們在這裡發現了一種生物，它的生命處在休止暫停的狀況。當動物生存所必要的水分蒸散後，動物的器官和血管都皺縮、乾化、變硬，看起來像是被摧毀了。但只要添補回新鮮的液體，生命又可從同一個動物的身體中生成，恢復所有的運動和靈巧。」尼登的發現激起了廣泛的討論，究竟這種常稱為復活的現象，是如同教會所堅持的「神蹟只發生一次」的現象，還是普遍存在於低等動物的現象。

復活與反復活之爭

當論戰延燒到義大利時，引起了生理學家史巴蘭贊（Lazzaro Spallanzani, 1729-1799，）的注意。史巴蘭贊是赫赫有名的教授，起初他想都沒想，便將這項發現拋在腦後。但當其他人的實驗不斷顯示線蟲有復活的現象時，史巴蘭贊再也無法忽視這個問題了，便展開自己的研究。他很快就後悔從前的輕率，除了證實尼登的觀察，史巴蘭贊更發現：可殺死一般線蟲的極劇溫度，對乾燥線蟲卻毫無影響。更有甚者，這些乾燥動物即使在真空下停留很長一段時間，或是經歷致命的電擊，仍然能安然無恙的復活。

史巴蘭贊寫到：「動物能在死亡之後，又再度甦醒，並在一定的程度下，隨我們意的復活多次，真是不可思議又弔詭的現象。它推翻了我們對動物既有的概念，也創建了新的觀念。它成為自然學家最愛的研究對象，也是形上學家沉思冥想的課題。」

事實上，當史巴蘭贊堅定加入復活學派的陣營後，教會形上學的學者就多了一個強勁的對手，但他們仍反駁道：乾燥動物並未完全停止生命的運作，只不過降低到人類可測量的極限之外而已。在當時尚無法證實這些小動物究竟有沒有代謝的情況下，這是很合理的論點。

復活學派和反復活學派之間的纏鬥，一直到十九世紀中葉仍持續著，讓乾燥線蟲在顯微鏡下復活，甚至成為法國上流社會流行的娛樂。到了 1850 年代末期，這場爭論已吵到不可開交的地步，雙方的領導人都要求具有威信的生物學會及官方，認定究竟線蟲、輪蟲和緩步動物在乾燥後，代謝是否停止。

於是法國生物學會指派了以布洛卡（Paul Broca, 1824-1880）為首的七名傑出科學家，組成委員會，進行各項實驗，籌辦了四十二次研討會，洋洋灑灑寫了六千字的報告（這份報告到 1960 年代，都一直是這話題的封棺釘）。這群優秀的科學家將輪蟲真空乾燥了四十二天，再將乾燥的輪蟲在滾水中加熱一個半小時（輪蟲置於容器中仍保持乾燥狀態），然後只加入一滴溫度約為室溫的水，就使輪蟲完全復活了。雖然如此，委員會覺得他們仍無法下出「所有生命運作均停止」的結論，於是委員會非常公正的結束了這項任務，既不證實哪一方為對，也不指責哪一方為錯。

關於隱生的研究就這樣斷斷續續維持著。輪蟲和緩步動物如今更被加熱到攝氏一百五十度以上數分鐘之久，或被冰凍至絕對零度（攝氏零下二百七十三度的低溫），仍能復活。乾燥的線蟲和緩步動物也可待在幾近外太空的無壓真空狀態，整整兩天，還能存活。緩步動物甚至可承受二十四小時 570,000 侖琴的驚人游離輻射，而人類只要千分之一的劑量就足以致命了。

洋芋片和木乃伊都可代謝？

當這些研究逐漸傾向支持復活學派時，一群波蘭的研究人員卻在 1950 年代發表報告，指出有些皺縮的緩步動物，仍會從空氣中吸收微量的氧，因此他們認為乾燥動物並未完全停止代謝。然而到了 1960 年代，一個有趣的矛盾開始浮現。柯雷格（James S. Clegg）是一名重視化學的生物學家，當時他在邁阿密大學，被他同事用來餵魚的飼料所吸引，這是在一般寵物店都有銷售的鹹水蝦卵，可保存在乾燥瓶中數年。事實上，這些卵是已有部分發育的胚胎，一旦給丟入水中，蟄伏的胚胎在數小時之內，便重新展開發育過程，隨後孵化出可游來游去的甲殼類幼蟲。

柯雷格回想時說到：「當我開始思考這個問題時，覺得這真是神奇有趣的現象。」於是柯雷格放下手邊有關昆蟲肌肉的研究，開始探索鹹水蝦卵的代謝。在比較了儲存多年的蝦卵後，他發現有一組存放在空氣中十五年的蝦卵，只有不到百分之一的存活率，而另一組保存在半真空狀態下十年的蝦卵，卻有百分之二十二可復活。如果隱生動物真的會消耗氧來代謝的話，為什麼在沒有氧的情況下反而有較佳的生存機會呢？這個矛盾現象的解釋雖然簡單，但在當時找尋答案的過程，卻不是件容易的事。

原來，這些乾燥生物所消耗的氧，只不過是非代謝性的氧化反應，就和鐵生鏽一樣不具任何生命跡象。當有空氣存在時，氧會與乾燥動物的一些組成分子反應，產生有害的氧化物。柯雷格說道：「這些偶發的化學反應不可與代謝混為一談，否則不就是強說洋芋片和木乃伊都可代謝一樣嗎？」變壞、變臭並不等於有生命。

復活的可能

乾燥生物暴露在氧氣中的時間愈長，復活的機會也就愈差；雖然如此，有些隱生生物還是可在一般環境中停留很長的時間，仍保有復活能力。紀錄保持者是一些乾燥的輪蟲和緩步動物，它們在博物館收藏的苔蘚標本中，保存了一百二十年之久，經潤溼後，有些動物竟然開始四處遊走，可是數分鐘後就全死了。顯然氧化反應累積下來的傷害，雖不能抑遏生命中最簡單運動的復甦，但仍因某些重要的代謝反應分子被氧化後嚴重受損，終究停止了生命的運作。

任教於加州大學戴維斯分校的克羅（John H. Crowe），則是另一位研究隱生現象的現代學者。克羅發現：動物若要進入乾燥休止的狀態、且能成功復甦的話，乾燥的過程必須很緩慢的進行。如果將線蟲從潮濕的泥土中挖出，驟然曝晒在炎炎烈陽下，線蟲在幾分鐘之內就會永久性的死亡。

「這就是為什麼，許多早期的實驗會令人困擾的原因。」克羅解釋道：「有些人在將線蟲乾燥後，嘗試使它們再度復活，但卻失敗了，便因此懷疑這種現象的存在。隱生狀態是需要動物有一點準備的。」

動物在乾燥過程中，會製造一種活化狀態所沒有的化合物——由兩個葡萄糖分子鍵結而成的海藻糖（trehalose）。在乾燥過程中，海藻糖不只可取代分布於所有結構表面的水分，還可取代所有胞器內的水分，而防止動物在乾燥過程中裂成碎片。如果動物在合成足夠的海藻糖之前，水分就已蒸乾，動物將無法復活。緩慢乾燥雖然同樣會使動物體積縮小，但卻不會有任何重要的結構破裂、粉碎，所有的器官反而會很有秩序的彎曲摺疊起來。例如線蟲的皮膚會摺疊得像手風琴一樣，整隻線蟲則宛如蛇一般的盤繞起來；緩步動物則將自己蜷縮成筒狀。

除此之外，海藻糖還可在細胞皺縮時，隔開蛋白質分子和一般的醣類，因為如果讓各種化合物任意鍵結，可能會形成糾結、纏雜又不溶於水的複合物。這就是一般常發生在脫水食品中的褐變反應（browning reaction），也是為什麼這類食物在摻水後，也很難回復原有的風味和嚼感的原因。

只要細胞及組織的結構均保持完整，生物個體就仍可算是活著的。細胞雖因失水而停止代謝，但如果在此之前已合成足夠保護用的海藻糖，使整個生物結構得以保存，則當乾燥動物吸收水分後，組織即可緩緩膨脹回原來的大小，而海藻糖則離開所保護的結構表面，溶解於水中，像其他醣類一樣代謝產生能量。所有蛋白質和核酸分子也會重塑活化時的空間組態，並進行正常的生化反應。就某種層次而言，生物又重拾生機了。

死亡是天注定？

但是為什麼？為什麼人類必須面對死亡？為什麼人類一定會變老？世界上許多單細胞生物都可保持生命結構的完整，並且無限期使用，為什麼我們的細胞無法跟單細胞生物一樣？是否只要維持結構的完整性，我們就可長生不老？假設我們所有的細胞和我們的體魄都一直維持年輕時的最佳狀態，能不能像原生動物一樣無需面對死亡呢？還是，有一些無可避免的生物因素，使我們難以逃脫這樣的宿命？這是不是單細胞生物與多細胞生物最大的不同？是否在建立細胞共和國的同時，需要個體細胞犧牲它們不死的特性？

生物界有充分的證據顯示，多細胞生物注定得在一定的時限內面臨死亡。小鼠通常只能活二、三年，大象很少超過五、六十歲，大部分的人類在八、九十歲之前過世，南美加拉巴哥群島的大海龜最長壽，可活到一百五十歲，但也很難發現有一百七十五歲以上的例子。

從亞里斯多德那個時代開始，類似的觀察就已使人類相信老與死，都是早已安排在每個物種的基本構造中（當時尚不知有單細胞生物）。就像子代的外表會酷似親代一樣，子代的壽命也會與親代相似。早在人人都知道基因的存在之前，身體特徵會代代相傳，就已是明顯的事實，至少人們相信有某些神祕的力量，使同一物種間的特徵一致，包括了老化和死亡。

然而，這些觀察仍無助於回答一個重要的問題：我們的死亡，是否對種族的延續有益且必要，使我們的身體發展出一定會衰老死亡的設計？抑或是死亡無關於種族，純粹只是因為身體長時期的使用而耗損，使我們老化死亡？

換句話說，究竟死亡是生物上的需求，還是可選擇的？問題的答案或許可以給我們一些希望，只要我們努力保持健康，就可長生不死；然而，也有可能只是證實了我們的宿命。

1920年代，法國生物學家卡雷爾（Alexis Carrel, 1873-1944）為解答死亡之謎，帶來了一絲線索。卡雷爾任職於紐約洛克菲勒研究中心（現今洛克菲勒大學的前身），他發展出許多細胞培養技術，1912年獲頒諾貝爾生理醫學獎。

卡雷爾發現：他建立的雞細胞株，可以一代又一代無止盡的繁衍，細胞株在實驗室中培養了數年，比當初貢獻細胞的那隻雞，還長命數倍。依據這項觀察，卡雷爾斷言細胞並不是注定會死亡的，多細胞生物的細胞也可永保青春不朽，像單細胞生物一樣，在每次細胞分裂的過程中重獲新生。

卡雷爾認為，造成雞死亡的，或是所有多細胞生物死亡的，是因為生物是由許多完全分化的細胞所組成的，例如腦細胞、肌肉細胞、心臟細胞，無法再像胚胎細胞般無止盡的分裂，無法享受單細胞生物在每次分裂時再生的機會。死亡是那些不能分裂的細胞日漸磨損的結果。

海富利克限制

這看似合理的觀點，卻在1960年代為細胞生物學家海富利克（Leonard Hayflick, 1928-）推翻了。海富利克在經過數年謹慎控制的實驗後發現，建立自正常細胞的細胞株，在實驗室中成長分裂四十次到六十次之後（平均為五十回），即使細胞看起來完全健康，但仍會失去分裂的能力，只能坐以待斃。唯一可以無止盡分裂的，是癌細胞，就像我們在前幾章所見，它們似乎有不朽的能力。

那麼，卡雷爾不朽的雞細胞又是怎麼回事？海富利克無法證實卡雷爾的結果，但海富利克自己培養的雞細胞株，卻在經過十五回至三十五回的細胞分裂後，就壽終正寢了。如今一般推測，卡雷爾的細胞株並不是真的能無盡持續下去，由於卡雷爾利用雞血來製備血清餵養細胞，因此可能不慎引入了血中的雞細胞。顯然卡雷爾當時不知道，他正不斷以血清中的新鮮細胞，替代死盡的老細胞。

海富利克的發現，如今已為生物學家普遍認同，那些利用正常細胞株的科學家，都小心翼翼不使細胞分裂太多次，而達到所謂的「海富利克限制」(Hayflick limit)。

海富利克的發現，其實蘊含了更深奧的意義，它強烈顯示死亡是無法逃避的，即使是細胞形式的老化，也都隱藏在多細胞生物的細胞特質中。無論我們多麼小心照顧培養人類細胞，只要不是癌細胞，在分裂平均五十次之後，仍終將死亡。似乎這早已寫入我們的基因程式了。

海富利克也對其他物種的細胞，做了同樣的觀察，結果就更令人感嘆了。壽命最多只有三年半的小鼠，它們的細胞只能分裂十四次到二十八次；可活到一百七十五歲高齡的南美海龜，其細胞則可分裂九十次到一百二十次。也就是說，每一物種的壽命和其細胞培養時可分裂的次數，息息相關。

海富利克的研究，大概可算是科學界最令人沮喪的研究吧！它清楚暗示：無論我們如何保養自己的身體，仍無法將壽命延長超過某一定點。其實，這也未必像表面上看起來的那般令人恐慌，畢竟目前我們並不清楚死亡是否就是因為細胞達到「海富利克限制」所致。平均可分裂五十次的細胞，是取自胎兒和新生兒臍帶或包皮的細胞，而從八、九十歲老人身上取得的細胞，還可再分裂二十幾回呢！看來大部分的人，都在細胞未達海富利克限制前，即已死亡。

這項發現為我們帶來一絲曙光，如果我們能避開殘害我們身體健康的因子，我們的細胞應有潛力支持我們活到一百五十歲。

有些細胞注定不應當分裂

不過必須附帶說明的是，在這則可能的好消息中，仍有一樁令人沮喪的陷阱：即使是完全健康的體魄，都帶有一些細胞，包括對生存極其重要的細胞，皆無法再享有細胞分裂帶來的新生力量。這些細胞在早期發育過程中，就已退出這場數字遊戲，在承擔特殊功能的同時，也造成它們結構的變化而無法再分裂。這些細胞包括肌肉細胞（在發育時期已融合為超級細胞），以及更重要的神經元。神經元雖可不斷改變網路架構，抽回與某些神經元的接觸，或送出觸手聯繫其他細胞，但改變細胞整體形狀的能力非常有限。

可以肯定的是，在我們學習的過程中，腦部的主要任務就是產生並維持神經元之間的特殊連結，這些連結使我們能保有特殊的技巧和記憶。假如神經元到了成人期仍能繼續分裂的話，雖可更新為兩個年輕的神經元，但勢必切斷原本記憶和技巧所需的連結。更糟的是，由於每個神經元可能與其他上萬個神經元有聯繫，神經元的分裂將造成腦部網路系統嚴重的混亂；即使神經元分裂可防止腦部老化，但我們必然神經分裂，得不償失。

如果像人類學家所言，人類能從天擇演化中脫穎而出，就是因為有一顆可學習和處理大量資訊的卓越大腦，那麼放棄修補腦部老化和受傷的能力，就是特化時所必須付出的代價。神經元已演化出維持其連續性、使動物保有終生學習能力的機制，而天擇看來也偏好那些可儲存記憶的腦，而非神經元可自由分裂的腦。

人類並不是唯一放棄神經元分裂的物種，學習和記憶對許多生物而言都是必要的。毫無疑問，這種犧牲早在人類遺傳到這項特質之前，就已形成了。

然而我們仍不清楚，為什麼停止分裂的細胞就必須面對死亡，無論是在人體內因分化而失去分裂能力的細胞，或是培養皿中達到海富利克限制的細胞。沒有人知道，細胞內發生了什麼事而將細胞帶向毀滅之途。為什麼細胞不能永遠持續代謝？細胞是不是像機器一樣會磨損？細胞是否有製造新零件以替補磨損部位的能力？還是細胞雖可更換部分零件，但某些攸關生命的重要部位，卻是無法修補的？

死亡理論，百家爭鳴

從各式新奇的理論、到合理的推測，至少有十多種假說紛紛出爐，以解釋細胞是如何失去了生存下去的能力。其中一個假說是：當細胞完全分化後，有太多特化的工作必須執行，細胞就沒有多餘的代謝能力，再去生產其他酵素和構造，來維持完美的基本運作，以保持細胞的青春；直到最後，原本庫存的重要零件都耗損到不堪使用。

另一個假說則認為，細胞內的基因不斷受到突變的打擊，當基因損害逐漸累積時，重要基因被破壞的機會也相對提高。例如肝臟細胞，可能因此失去合成某些重要酵素的能力，當更多的肝臟細胞受損，肝功能隨著年齡增加而降低，終至失去了重要的肝功能，身體其他器官與組織也就陷入絕境。

另有一個學派則指責：免疫系統才是使老邁身體惡化的罪魁禍首。他們認為免疫系統會逐漸失去控制，並錯將自己的身體當作敵人。有充足的證據顯示，當人們變老時，血液中自體免疫的抗體會愈來愈多，並攻擊自身的細胞和分子。然而，目前科學家尚未發現許多常出現在老人身上的疾病，與自體免疫抗體有任何關連。

還有一個稱為「錯誤大災變」的假說，認為一個健康的細胞偶爾也可能在轉譯遺傳訊息、合成蛋白質時，發生一點小錯誤。倘若錯誤恰巧發生在參與轉譯過程的蛋白質身上，細胞將組出帶有缺陷的轉譯裝置，無法正確執行蛋白質合成工作。於是，由帶有缺陷的轉譯裝置所製造的蛋白質，也都帶有缺陷，原本的一點小錯誤，急速擴大，導致細胞內堆滿了無法催化反應的酵素，和無法組合出適當構造的結構蛋白，釀成無法收拾的大災難。

也有一種細胞老化理論，引用了大家都很熟悉的現象：當蛋白質受到一定的熱度後，便會永久變性（denature）——好比煎蛋時蛋白部分的變化，即是永久變性。雖然細胞在正常情況，不會遇到如此高溫，但輕微的熱度已足以破壞蛋白質的結構：有些蛋白質會「融化」變形，無法再回復原形；有些則會像白蛋白（albumin，雞蛋蛋白的主要成分），在受熱後，分子間形成交叉鍵結。當細胞內有太多變性的蛋白質，可想見細胞的前途一定不太樂觀。

另一種類似的假說，則是將箭靶指向葡萄糖和蛋白質之間交叉鍵結的特性。這種鍵結使得蛋白質有如一雙裝飾有蕾絲花邊的鞋，被纏綁在一起而失去了功能。這種反應也是使隱生動物在乾化過程中，如果沒有海藻糖的保護，就會死亡的原因之一。

還有一派假說認為：尋常的水與特定分子間的水解反應，也會影響細胞。水分子可與包括蛋白質在內的特定分子作用，甚至在某些情況下也可與DNA作用，而將與之作用的分子裂解為兩片段，其中一片段帶有氫氧基，另一片段則與氫離子結合。這種水解現象在許多攸關生命的代謝反應中，都占有極重要的地位。然而當水解反應發生在不該發生的地方，例如基因，就會對細胞造成破壞。

幸而細胞內水分含量豐富，在大多數情況下，DNA對水解作用都有抵抗力。即使反應真的發生，DNA修復酵素也可偵察出問題，將強行闖入的氫與氧移除，並重新接合好DNA。只有當修復機制有問題、或酵素失察沒發現斷裂點時，才會對細胞造成影響。

另一個老化死亡的假說，則引用了胺基酸的一個有趣現象。就像許多生命分子會不斷彎曲搖擺，而稍微改變形狀，胺基酸的結構也不是僵直固定的，有時當造成分子擺盪的物理作用力過大，分子便會突然翻轉成另一種穩定的結構。但就像在狂風中被吹得翻折了的雨傘一樣，新形狀的胺基酸是不具有功能的。如果翻轉的胺基酸恰巧位在蛋白質的重要位置上，就可能使整個蛋白質失去作用。

所有上述的假說，都各有它們的支持者和反對者，可能其中任何一個因素或數個因素，對細胞的老化和死亡或多或少皆有影響，但至今還沒有哪一個假說能被全盤接受，成為理論。不過下面將介紹的三種假說，則已贏得了較廣泛的認同。

候選假說之一：溶體的「終極便祕」

第一個假說相當於細胞層次的消化不良，或稱為「終極便祕」（terminal constipation）。在細胞吞入的物質中，偶爾會有一些是溶體無法完全分解的，這些不能消化的垃圾便在溶體內囤積起來。單細胞生物還可像排泄般的，將這些垃圾丟出胞外，但是多細胞生物卻很難在不傷及鄰居細胞的情況下，清除溶體內的垃圾。想想若溶體內的腐蝕性分解酵素溢出，將對鄰近的細胞和胞外物質造成多大的傷害呀！因此為了整體的利益，多細胞生物必須放棄這項能力。如果細胞還能夠繼續分裂繁殖，則可在分裂後稀釋垃圾的量；但對於完全分化的細胞而言，卻連這個選擇也沒有，只能任由愈來愈多的垃圾堆積在細胞內。

就以神經元來說吧，從幼年期開始，就已停止分裂，至今也有幾十年了。幸好大部分的細胞都有除舊布新的能力，讓溶體拆解舊的酵素或胞器，將原料還原成最基本的單元，並回收利用，重建新結構。因此即使是七十歲的神經元，大部分的胞器可能才只有幾週大。多年下來，細胞不斷拆解和重建分子結構，可達數千次。

然而，細胞的更新過程卻會被堆積在溶體內的褐色殘渣，嚴重干擾。細胞生物學稱這些褐色物質為「脂褐質」(lipofuscin)。一旦溶體內塞滿了脂褐質這種垃圾，就無法有效執行更新細胞的任務，細胞在失去了重建分子和其他架構的能力後，也就失去了工作的能力，造成細胞共和國的逐漸瓦解，這就是造成細胞老化的原因。

溶體的「終極便祕」毛病，恰巧也是許多老年退化疾病的基本成因。例如風濕性關節炎，是當關節部位被錯誤的抗體覆滿後，引來了免疫系統中的巨噬細胞。當巨噬細胞平鋪在關節表面，拚命想吞下比自己大數倍的物質時，它的溶體因消化不良而破裂，溢出的分解酵素將會侵蝕關節的軟骨。

候選假說之二：「自由基」像吸血鬼

另一個贏得眾多支持的老化及死亡假說，則牽涉到「自由基」(free radical)── radical 來自希臘字 radicalis，意指植物的根。在英語中，radical 另有政治激進份子的含意，這些革命份子會破壞既有的秩序和結構；而原子和分子的自由基，則可破壞細胞的完整性。不過這並非是當初化學家使用這個字的理由，只是巧合罷了。在化學領域中，「基」代表了具有高度傾向與其他物質結合的原子或分子，它常是大分子的基本組成。而自由基則是帶有一個以上未成對電子的原子或分子。

自由基在細胞內的生成，是因特定的化學物質與氧反應，或被游離輻射擊中，而裂解為片段。其他像熱能或某些毒素，也可造成類似的效果。不論成因為何，只要原子或分子帶有一個未成對的電子，整個結構就會變得非常不穩定，並有強烈的傾向與其他原子或分子作用，即使這些物質原本處在穩定狀態。自由基不惜瓦解其他分子，以竊取電子；因為電子必須成對，才會穩定。

如果反應到此終止的話，情況也不算太糟，健康的細胞隨時可輕而易舉，就彌補了單一分子的折損。然而，結果卻往往是連鎖反應，當第一個自由基為滿足其化學傾向而掠奪其他「奉公守法」的分子後，也將讓受害的分子帶有極不穩定的自由基。於是就像吸血鬼的受害者，一個個成為四處尋覓血源的吸血鬼了。

在自由基所造成的破壞中，最為人所知的就是將脂肪分子分解為有毒的碳氫化合物，如乙烷或戊烷。這種無法煞車的連鎖反應，可輕易摧毀維持生命對抗熵的細胞結構，使細胞內塞滿了糾結纏雜的無用分子，且都無法由溶體酵素分解，最後成為囤積在細胞中的脂褐質。

幸好細胞具有一些保護自己免於自由基傷害的機制：細胞內有一種酵素分子，稱為「過氧化物歧化酶」（superoxide dismutase），對自由基有較強的抵抗力，且可催化讓兩個自由基結合的反應。但就像所有保護生命的機制都有失靈的時候，有時歧化酶的反應趕不上自由基造成的連鎖反應，即使趕上了，但細胞已製造太多有毒的化學物質了。

諷刺的是，所有動植物都不可或缺的氧，所形成的自由基，恐怕是最強而有力的。氧可激烈的與各種原子和分子作用，從鐵（形成鐵鏽）到血紅素（攜帶氧供全身細胞使用），或「燃燒」碳水化合物以釋出能量等等。細胞內與氧作用的酵素，通常都能使自由基維持在控制之下，然而只要有偶發的錯誤，就有可能造成細胞內的分子浩劫。

生化學家很早就知道，有一類稱為「抗氧化劑」（antioxidant）的分子，可壓制自由基對電子的饑渴，它們將盈餘的電子餽贈給自由基，卻不會轉變為有害的毒物。這讓科學家不禁臆測，如果給予細胞足夠的抗氧化劑，是否可保護細胞免於自由基的傷害呢？

有趣的是，人類必要的營養素維生素C和維生素E，都已知有抗氧化的效果。維生素E常做為食品添加劑，以減緩食物分子因氧化而酸壞。於是研究人員設計了許多不同的實驗，測試這些維生素是否具有抗老化的功效。有一組研究人員發現，缺乏維生素E的病人，細胞內脂褐質有增多的情形。

另一組人員則發現更引人矚目的結果：他們發現餵食維生素E的小鼠，壽命要較餵食正常飲食的小鼠為長。然而，這個實驗有一點瑕疵，因為實驗組的小鼠有體重減輕的現象——而由其他實驗已知，營養均衡但低卡洛里的飲食（低到僅足以應付動物所需），也可延長動物的壽命。

當人們因這樣的研究而開始服食維生素藥丸時，由培養細胞所得的實驗結果卻令人失望。餵食超量維生素E的培養細胞，在分裂五十回而達到海富利克限制後，仍會死亡，顯示抗氧化劑並不能阻止細胞的老化和死亡。不過，由於大部分人顯然在未達海富利克限制前，就已面臨死亡關卡，因此抗氧化劑可能對於維持細胞結構的完整，仍有益處。

候選假說之三：細胞分裂就像青春之泉

目前最新也最令人振奮的老化理論，則牽涉了端粒結構。這段位於所有染色體末端，由重複的TTAGGG密碼組成的序列，在每次細胞分裂時（生殖細胞除外），因DNA聚合酶無法複製染色體末端序列，而逐漸遺失變短。

如果僅是端粒序列的遺失，其他位在染色體中心的基因仍受到妥善保護的話，通常並不會對細胞造成任何問題。但是對一個分裂頻繁的細胞而言，每回都遺失一小段端粒，總有一天，細胞將面臨下一次分裂便會傷及必要基因的窘境，一旦子細胞被剝奪了執行正常功能所需的基因和蛋白質之後，器官就會運作失常。

除此之外，端粒還有穩定染色體的功能，失去端粒的染色體可能會發生彼此連接，或在裂成數段後又重新胡亂接回的現象，嚴重攪亂細胞，造成細胞老化。當人體失去這些細胞所執行的必要功能時，也導致了整個身體的老化。

雖然脂褐質的堆積、自由基的破壞、端粒的遺失，可能是造成老化及死亡的主因，然而科學界尚未達成共識。或許我們的衰老和死亡，是上述種種因素綜合而成的結果，也可能還有一些我們未知的因素參與。畢竟細胞是極其複雜的，要維持生命的基本結構並展現蓬勃生機，需要上千個不同的化學反應才可達成。只要任何過程發生錯亂，就可能殺死細胞，或使細胞無法完成應盡的職責，或是使細胞捨棄了某些其他細胞賴以生存的功能，而危及細胞共和國。

然而，自由獨立的單細胞生物，它的構造也和我們的細胞一樣複雜，卻能修補光陰造成的折損而無需死亡。細胞分裂對它們而言就像一座青春之泉，通過泉水便可遠離死亡的威脅。數億年前，當單細胞集結成為多細胞生物時，為了社區的和諧，為了共和國的利益，每個細胞必須交出自由，捐棄不死的特性；而限制溶體把垃圾傾倒出來，就是細胞所作的犧牲的明證之一。這也使細胞逐漸喪失了不斷更新零件的能力。

為什麼我們可以活這麼久？

即使我們找出細胞老化和死亡的原委，因而瞭解整個生物死亡的原因，但為什麼小鼠只有二、三年的壽命，人類卻可以生存數十年，這依然是謎。難道兩者的細胞在生化上的差異，真的有這麼大嗎？答案必定是如此。

對海富利克來說，這反倒提供了另一個角度去思考老死之謎。他認為，或許問題不應該是「為什麼人類會變老？」而應該問「為什麼我們可以活這麼久？」

演化生物學的原理，則提供了問題的解答：為了確保種族的延續，個體需要活到足以見到子代能獨立生存。與達爾文同時發現天擇的英國博物學家華萊士（Alfred Russel Wallace, 1823-1913），也曾提出以下的觀點：若親代存活太久，最後將造成與子代競爭有限資源的局面。因此，在子代受到適當的撫育之後，親代的捨命犧牲反而有助於新一代的存活。

所以，華萊士相信動物的壽命長短可能就像膚色、體型一樣，是根植於生物體內的演化特性。如果華萊士的論點是正確的，那麼海富利克限制就是死亡程式存在的最佳證據。

在實驗室的理想狀況下，培養瓶中的細胞，死亡來得較遲；但在體內自然的環境下，由於不同的組織有不同節奏的細胞週期，倘若某些重要器官的細胞行走在較快的軌道，而較其他細胞提早抵達海富利克限制，失去這些細胞將使其他細胞也陷入絕境，將使多細胞生物的死亡提早來到。

對鮭魚來說，由於新生鮭魚無需父母進一步的養育，因此一旦成魚游至河川上游、產完卵之後，鮭魚生命的薪火就已由精子和卵傳給下一代，成魚即可死亡。

而哺乳動物，尤其是具有社交行為的哺乳動物，則較需要父母的照顧。新生的幼鼠必須吸吮數週的母奶，然後適應小鼠的社會環境，因此在這段育兒期間，親代細胞必定有修補老化損壞的機制，使親代能保持健壯，以便照顧幼鼠獨立。一旦幼鼠能夠獨立謀生，不再需要親代時，也就沒有什麼演化的壓力促使小鼠活更久了。天擇僅在延長壽命對下一代的存活有益時，才會偏好這些長壽基因。

人類的幼兒則需要父母更長時期的照顧，如果人類的細胞也像小鼠一樣，二、三年就老化死亡，地球上就不會演化出人類這種生物了。雖然人類的演化主要發生於人類社會還只是小小的遊牧狩獵族群時，一個小孩仍可自雙親處蒙受庇蔭，直到長大成人，可生育自己的小孩。這表示要見到下一代獨立，人類至少需活到三十歲，而一對夫妻至少要有兩個小孩，才能維持人口的平衡，因此親代在四十歲之前，應仍能維持生理的健壯。

但為什麼人類的壽命可以更長？或許是因為老一代的智慧與經驗，對社會族群的存亡仍有益處吧！在許多人類社會中，都有敬老的傳統，可能是因倚賴了老者的智慧，人類更有演化上的優勢吧？

海富利克認為：演化會偏好那些能保持細胞完整，直到下一代可獨立生存的人類。而我們能活得更久，只不過是像越過終點的賽車一樣，藉著我們體內的殘餘力量，順勢前進而已。換句話說，演化保證多細胞生物的細胞運作良好，直到中年期，之後細胞便開始在生活的軌跡中，逐漸土崩瓦解。

無論是可隱生的線蟲，或是人類耆老，生命結構的完整性，都逐漸臣服在熵的定律之下。然而，只要自由基還未損毀重要酵素，脂褐質尚未窒礙溶體回收重建分子建材的能力，細胞就仍可持續建立新構造，取代老化的組織，重組細胞所需的正確形態和結構。

當死亡降臨到大部分的人身上時，並不表示這個人的生命就此完全消逸，因為我們還有極少數的細胞，或許不多於二、三個，常可尋找到不朽之道。這當然就是那些可以結合起來，創造出下一代的精子和卵。這些生殖細胞，把來自我們父母的生命薪火，傳遞給我們的子代；而這新生的一代，也會同樣把這生命薪火，繼續綿綿不斷的傳承下去。

雞只是蛋用來生蛋的工具？

我們體內也隱藏了像單細胞生物的不朽特性。整個人體雖是由六十兆個細胞組成的宏偉結構，但看來只是為了讓生殖細胞延伸其不朽生命而設計的。從演化的角度來看，人體更像是將這些自私的生殖細胞，遞送至未來的機器罷了。就像長久以來生物學家所言：「雞只是蛋用來產生另一個蛋的工具而已。」

這樣看來，那些形成生命現象核心的分子構造，就像是整個細胞共和國的獨裁者：它們被悉心保存並傳衍到下一代的生命體內。就這意義而言，人體除了生殖細胞之外的部分，全都是這些分子結構安全抵達下一代的生命之後，就可拋棄的消耗品罷了。

不過，我們人類的生命形式絕非僅此而已。雖然細菌及原生動物和我們一樣，可以保存生命形式的不朽性；然而，這個為了傳遞生命所形成的多細胞龐大結構，卻給予了我們自覺、探索、和思考的機會。透過科學，人類瞭解了生命，也讓生命能觀照自我生命的本質。

名詞注釋

DNA聚合酶 DNA polymerase 為一巨大的複合酵素，可在細胞分裂時，以現有DNA為模板，核苷酸為原料，來複製DNA。

RNA聚合酶 RNA polymerase 可利用DNA為模板合成RNA的酵素分子。（在生物化學的專業術語中，字尾若為-ase的，即代表它是一種酵素，負責執行-ase之前所指的工作，例如聚合酶polymerase，就是負責聚合工作的酵素。然而由於從前命名系統紊亂，有時它也可能表示分解ase之前的化學物質，例如小腸或溶體之中的protease，即為蛋白質分解酵素。

DNA合成期 S phase, synthesis phase 細胞週期中，染色體複製的期間，介於第一間隔期（G1期）與第二間隔期（G2期）之間。

三劃

子細胞 daughter cell 細胞分裂後，所形成的新生細胞。

上皮組織 epithelium 是一層「緊密型連結」的細胞，覆蓋在組織或腔道的表面，使物質不易滲入或滲出。

四劃

化約論 reductionism 這種論點指的是：將大的系統簡化成較小的個別機制和單元組成；探究這些經過簡化後的現象，就足以推知系統的整體面貌。

中胚層 mesoderm 為胚胎中三個基礎胚層之一，介於其他兩個胚層（外胚層與內胚層）細胞之間，可發展出肌肉、骨骼等結構。

中間絲 intermediate filament 為三種細胞骨架中的一種，其纖維直徑介於其他兩種細胞骨架（微管與肌動蛋白絲）之間。中間絲又可再細分為數種不同的纖維，由不同的蛋白質構成。

中心體 centrosome 結構含有兩個中心粒構造，微管從此處輻射而出，有時又稱為「細胞中心」或「微管組織中心」。

中心粒 centriole 由短小微管所組成的圓柱狀構造，位在細胞的中心體內。當細胞分裂時，中心粒也會複製並均分為二，分往細胞兩極，以協助染色體分離。

中節 centromere 細胞分裂時，連結兩條濃縮複製染色體的一對特殊構造。當染色體分離時，著絲點在此形成，以抓附由中心粒延伸而來的微管，拖著染色體分向兩極移動。

內含子 intron 在基因中，不帶有真正遺傳訊息的DNA序列。舊稱為插入序列。

內細胞團 inner cell mass 早期胚胎發育期間，位於桑椹胚中的一團未分化的細胞，可發展出適當的胚胎構造。

內質網 endoplasmic reticulum, ER 是一巨大彎曲的膜囊構造，新合成的蛋白質在此進行修飾和摺疊，這是蛋白質出廠前的第一個加工站。內質網可分成兩部分：平滑內質網（smooth ER）與粗糙內質網（rough ER）。平滑內質網的表面無核糖體附著；粗糙內質網的表面附著了許多核糖體。

天擇 natural selection 自然環境篩選擁有最高生殖成就的生物或細胞的過程。生殖成就不彰者，將難逃滅亡的命運。

巨噬細胞 macrophage 生物體內負責清除受傷細胞、死亡細胞和入侵微生物的一種白血球，平常寄居於血液，但可鑽過血管壁的小孔，漫游於身體其他組織。

水解 hydrolysis 在化學反應中，由水分子拆解生成的氫離子和氫氧離子，再分別與其他分子結合的過程。

分泌 secrete 細胞將分子釋放到胞外的過程。

五劃

白血病 leukemia 血液內任何類型的白血球失去控制而過度增生，並會滲透肝、脾等器官。白血病可分為急性和慢性髓細胞性、淋巴細胞性、單核球性等類型。

生長因子 growth factor 為蛋白質分子，當與細胞膜上的受體結合後，可促進細胞的分裂和繁殖。

生機論 vitalism 源自亞里斯多德時期的古老科學思想，用以解釋生命的本質。生機論主張：生命是由生物獨有的生命力所造就，生命力控制了生物的形成、發展和活動。

外顯子 exon 為基因中，帶有遺傳意義的DNA序列。舊稱為表現序列。

六劃

自由基 free radical 帶有未成對電子的原子或分子，因而有與其他分子反應的強烈傾向，通常在氧化反應中產生。

自然殺手細胞 natural killer cell 免疫細胞的一種，可與癌細胞或受病毒感染的細胞結合，而啟動它們的自殺程式。

自組裝 self-assembly 某些特定的分子，會自動連結形成巨大結構的現象。

合子 zygote 精子與卵結合，所形成的受精卵。

肌動蛋白 actin 構成肌肉細胞的兩種主要纖維之一，可由單體聚合為肌動蛋白絲。會受到肌凝蛋白束的拉扯，而使肌肉收縮、或使細胞爬行。

肌凝蛋白 myosin 構成肌肉細胞的兩種主要纖維之一。肌凝蛋白可拉扯肌動蛋白絲而造成肌肉收縮；在其他細胞中，肌凝蛋白則使力於肌動蛋白絲網路，而改變細胞的外形或使細胞能爬行移動。

肌纖維 muscle fiber 由較小的肌肉細胞，聚集而成的多核超級肌肉細胞。

同源匣基因 homeobox 為一群帶有相似DNA序列的基因的總稱，其蛋白質產物在胚胎發育時，可啟動或關閉其他基因的表現，而建造出生物身軀的某一特別結構。

有絲分裂 mitosis 細胞將複製後的染色體，分離至兩個相同的細胞核，並將細胞切分為二的過程。

有絲分裂期 M phase, mitosis phase 為細胞週期中，將染色體和其他組成分割為二，形成兩個新細胞的階段。

血纖維蛋白 fibrin 由血纖維蛋白原所形成的一種蛋白質，會互相聚合成絲狀結構，在傷口處形成血塊。

血纖維蛋白原 fibrinogen 在傷口處因血小板破裂而釋出的蛋白質，在凝血酶存在時，會轉變為血纖維蛋白。

血紅素 hemoglobin 為紅血球中攜帶氧運送至其他組織的分子，由四個蛋白質次單元（兩個阿法次單元和兩個貝他次單元）和含鐵原子的血基質所組成。

血影蛋白 spectrin 一族細胞結構蛋白，是紅血球細胞膜的主要成分。血影蛋白族的其他成員，存在腦及腸的上皮細胞中。

七劃

抗體 antibody 由免疫系統的B細胞所生產的蛋白質，其形狀專門可與某一種抗原分子相結合，而協助免疫系統殺死病原。

抗原 antigen 凡是能刺激免疫系統產生專一抗體的分子，皆稱為抗原。抗原通常是外來的蛋白質分子或致病的微生物。

抗氧化劑 antioxidant 能阻止或逆轉氧化反應而保護細胞免於自由基傷害的分子。

泛靈論 animism 為十八世紀的哲學理論，主張任何一種自然現象都有靈魂在主導，而身體各部位的各種動作均是被動的，皆是因靈魂的作用而產生。

伴護蛋白 chaperone 可協助胺基酸鏈摺疊出適當形狀和功能的蛋白質。

吞噬細胞 phagocyte 專門吞食死亡細胞或外來微生物的細胞，巨噬細胞即為吞噬細胞的最佳範例。

吞噬作用 phagocytosis 特定細胞吞食其他細胞或微生物到胞內的過程。

亨丁頓氏舞蹈症 Huntington's disease 亨丁頓（George Huntington）醫師在1872年發表的他觀察到的一種遺傳疾病。病人發病過程歷時頗長，最主要的病徵是全身無法自主的顫抖與動作蹣跚，並且日益嚴重。

抑瘤基因 tumor suppressor gene 在正常時，可保持細胞分裂週期在控制之下的基因。當這類基因突變而失去功能時，細胞將失控而發展成癌症。

八劃

免疫系統 immune system 可對抗病菌感染的細胞和組織的總稱，包括白血球、淋巴組織、脾臟和胸腺。

受精 fertilization 為精子與卵結合時的一連串過程。

受體 receptor 鑲嵌在細胞膜上的蛋白質，可與形狀相符的外來分子結合，而啟動細胞內的一些反應，或將外來分子帶入細胞中。

肥大細胞 mast cell 存在於許多組織中的一種細胞，會在發炎反應中釋出組織胺，而引發組織和細胞的各種變化。

九劃

突觸 synapse 不同神經細胞之間的化學連結點。大部分的神經細胞連結點，都有一個非常小的間隙，神經傳遞物質可以在這之間散播，把訊息從一個神經細胞傳遞給另一個神經細胞。

突變 mutation 由於DNA序列的改變，而導致蛋白質產物發生變化。

神經元 neuron 即神經細胞。

神經節 ganglion 為中樞神經系統外，一群神經細胞本體聚集形成的構造。

神經脊細胞 neural crest cell 早期胚胎發育期間，由神經脊衍生出來的細胞類型，會遷移至胚胎的其他部位，而成為神經細胞、皮膚色素細胞、以及特定的臉部骨骼，例如上下顎的骨骼。

神經傳遞物質 neurotransmitter 由神經元釋出，作用在其他神經元或肌肉、腺體細胞的訊息分子。有些神經傳遞物質會經由特殊的突觸結構來影響目標細胞，有些則利用擴散作用而廣泛刺激附近的細胞。

染色體 chromosome 由長鏈DNA和一些連結在DNA上的結構蛋白，所形成的巨型結構，攜帶有細胞的遺傳訊息。傳統上，染色體意指細胞分裂時，濃縮緻密的DNA分子；但現在，鬆散狀態下的DNA分子，也可稱為染色體。

胞外基質 extracellular matrix 由細胞分泌至胞外，以形成組織表層或骨架的物質，成分包括膠原蛋白和纖網蛋白。

胞內體 endosome 由膜所形成的胞器或囊泡，可將細胞吸收的物質運送到細胞的溶體中，進行分解處理。

胞器 organelle 細胞內的小器官。

胚囊 blastocyst 胚胎發育期間，所形成的一個細胞中空球與球中的內細胞團的總稱。

胚盤 embryonic disc 在胚囊中，介於卵黃囊和羊膜囊之間的兩層細胞，胚胎即從此結構中生成。

十劃

原條 primitive streak 傳統上，胚胎學家將此點劃分為胚胎形成的起始，此後的發育過程即稱為「胚胎發生」(embryogenesis)。這條在胚盤表面上的縱溝，界定了人體的頭尾軸線，也是腸胃道最早的痕跡。

原癌基因 proto-oncogene 原為正常的基因，但在突變後，會變成致癌基因。又稱為原致癌基因。

原生質 protoplasm 舊時對細胞內物質的稱呼。

胰島素 insulin 胰臟所產生的一種內分泌物質，可促使細胞吸收血液中的葡萄糖。當胰島素的量過低時，血糖將會增高而導致糖尿病。

強化子 enhancer 為一段靠近基因的DNA序列，可與調節蛋白結合（見圖5-5），而協助基因的啟動和表現。

核仁 nucleolus 細胞核中，負責製造核糖體的胞器（見圖6-4）。

核苷酸 nucleotide 構成DNA和RNA的基本單元，由五碳糖、磷酸和鹼基所組成。

核糖體 ribosome 細胞內可讀取傳訊核糖核酸（mRNA）的訊息，並依指令組裝胺基酸鏈的胞器。

凋亡 apoptosis 細胞因失去了相鄰細胞所釋出的維生訊號，而展開自我摧毀的「程式化細胞死亡」進程。

脊柱開裂症 spina bifida 骨質椎管發育畸形。有些脊椎骨片段未能融合，常伴有顱底缺陷，阻礙腦脊液循環，引起腦損傷和腦積水。也可能產生下肢癱瘓或腳畸形。

致動蛋白 kinesin 為細胞中一種負責運送囊泡的蛋白質，以微管為軌道，其行走方向與動力蛋白恰巧相反。

致癌物 carcinogen 可刺激癌症及腫瘤生成的物質。

致癌基因 oncogene 任何因損害而獲得新功能、可導致細胞癌化的基因。

紡錘絲 spindle fiber 有絲分裂時，由中心粒射出的微管。

紡錘體 spindle 在有絲分裂期間，協助複製染色體分離的特殊結構，由中心粒和中心粒延伸至每個染色體的微管所組成。因為在早期顯微鏡下看來，像是紡織工所用的紡錘，故得此名。

高基氏體 Golgi apparatus 細胞的一種胞器，由一疊扁平的膜狀扁囊所組成。當蛋白質在內質網中修飾後，會送到高基氏體，做進一步的處理與分類。

高歇氏症 Gaucher's disease 葡萄糖腦苷脂酶異常聚積於網狀內皮系統，所引起的罕見家族性脂肪代謝障礙，常見於兒童，伴有肝脾腫大及貧血。

桑椹胚 morula 胚胎發育期間，受精卵分裂成八個細胞的時期，因其外形酷似桑椹果實而得此名。

十一劃

偽足 pseudopod 爬行中的細胞，所伸展出的突起。

偽基因 pseudogene 一段類似真正基因、但又不具基因功能的DNA序列。有些可能是基因複製時的錯誤產物，有些可能是演化遺留下來的無法活化的基因殘骸。

細胞學說 cell theory 為十九世紀時，由許萊登（Matthias Schleiden）和許旺（Theodor Schwann）提出的學說，主張生物是由更小的生命單位「細胞」所構成，之後魏修（Rudolf Virchow）補充了「新細胞是由既存細胞分裂產生」的觀念。

細胞週期 cell cycle 細胞在分裂生成後，成長並執行正常功能，然後再度分裂的一連串循環。細胞週期始自「有絲分裂期」（M期），經「第一間隔期」（G1期）、「DNA合成期」（S期）、「第二間隔期」（G2期）之後，再進入「有絲分裂期」（M期）。

細胞分裂 cell division 一個細胞分裂成兩個細胞的過程，包括染色體的複製和染色體平均分配至兩個新細胞核的精密程序。

細胞株 cell line 在實驗室中建立特別種類的細胞族群。

細胞核 nucleus 細胞最大的胞器，內含染色體和核仁。

細胞質 cytoplasm 為細胞膜內所有物質的泛稱，但不包括細胞核。

細胞膜 cell membrane 又稱為原生質膜，功能有如細胞的皮膚，主要由兩層具親水性和疏水性雙重特性的磷脂質分子組成 。

細胞記憶 cell memory 當胚胎發育時，細胞在外形和功能上開始特化，而在每次細胞分裂後，子細胞都能記得親代細胞性質的現象。

細胞骨架 cytoskeleton 為細胞內各種纖維網路的總稱，包括肌動蛋白絲、微管和中間絲。細胞骨架決定了細胞的外觀，使細胞可以移動，並可做為胞器和囊泡傳運物質時行走的軌道。

細胞介素 cytokine 一種由免疫細胞在體內製造出來的物質，是由細胞釋出、以通知其他細胞進行某一反應的訊息分子。

細胞分裂週期蛋白 cell division cycle protein, cdc protein 調控細胞週期進展的蛋白質家族。

粒線體 mitochodrion 為細胞中極小的胞器，相當於細胞的發電廠，可將食物中的能量轉化合成細胞通用的ATP（腺苷三磷酸）。每個細胞中都至少含有數個粒線體。

通道 channel 細胞膜上調控特別分子進出的孔道，由蛋白質排列而成。

淋巴球 lymphocyte 為免疫系統中的一類白血球，可分為B細胞和T細胞兩種。

接泊蛋白 docking protein 為受體的另一種說法，其形狀可與其他蛋白相吻合。

密碼子 codon 遺傳密碼轉譯為蛋白質時，會以每三個核苷酸為一組，以代表一種胺基酸，這核苷酸三聯體即稱為密碼子。

啟動子 promoter 靠近基因起頭的一段特別的序列，是RNA聚合酶合成RNA時最初結合的位置。

第一間隔期 G1 phase 為細胞週期中，界於有絲分裂期（G1期）與DNA合成期（S期）的空檔，此時通常是細胞執行其功能和任務的時期。

第二間隔期 G2 phase 為細胞週期中，染色體完成複製後、尚未分裂的間隔期。

組織胺 histamine 組胺酸經過脫羧基之後的產物，具有荷爾蒙的功能，能刺激平滑肌收縮。

基因 gene 遺傳的基本單位，由DNA序列所構成，包括了合成RNA和蛋白質所需的遺傳密碼、內含子、外顯子、以及調節序列。

基因組 genome 指生物的細胞核內整套染色體上的所有基因。

動力蛋白 dynein 為細胞中運輸物質的馬達分子。

馬達分子 motor molecule 可利用ATP能量，以推動自己沿著纖維或其他分子移動的蛋白質之總稱。

蛋白質摺疊 protein folding 胺基酸鏈在彎曲盤繞後，形成最後具有功能和形狀的過程。而摺疊的模式，主要受胺基酸之間的作用力所影響。

蛋白激酶 protein kinase 催化磷酸化反應的酵素，可由ATP轉移一個磷酸至其他蛋白質上，而活化或阻斷蛋白質的作用。

頂體 acrosome 一個成熟精子頂端的構造。

十二劃

軸突 axon 神經細胞的細長纖維絲，可將神經細胞的訊息送給其他神經細胞、或肌肉細胞、腺體細胞等等。

補體 complement 由免疫系統所製造的一組蛋白質，可協助其他免疫系統中的細胞，殲滅或吞噬入侵的微生物。

疏水性 hydrophobic 形容某分子或分子部分區域排斥水分子的特性。

單核球 monocyte 白血球的一種，當活化時，可離開血液，進入受感染區域，並轉變為巨噬細胞。

單體 monomer 為聚合物中重複出現的結構單元。

週期蛋白 cyclin 一種能控制細胞週期進展的蛋白質，濃度會隨週期的進行而上升或下降，進而活化其他蛋白質。整套機制有如鬧鐘一般，通知細胞何時需要分裂。

減數分裂 meiosis 睪丸與卵巢在生產精子與卵時，僅複製一次染色體，但會進行兩次細胞分裂，使生殖細胞只含半套染色體的過程。

透明帶 zona pellucida 環繞在卵外的膠質外殼，受精後會變硬，以防止其他精子進入。

程式化細胞死亡 programmed cell death 又稱「凋亡」，是當細胞被剝除鄰居細胞所送出的訊息，或接收到殺手細胞的訊息，而自殺的現象。

十三劃

微管蛋白 tubulin 微管的單元結構，是一種弱酸性的蛋白質，主要成員是 α 微管蛋白、β 微管蛋白兩種。

溶體 lysosome 胞器的一種，功能上相當於細胞的胃，含有酵素可分解細胞攝入的大分子，或拆解耗損的胞器以回收使用。一個細胞通常含有多個溶體。

微管 microtubule 一種直徑只有二百四十埃的蛋白質小管，由微管蛋白聚合而成，為細胞骨架的主要成分，是細胞運輸分子行走的軌道，也是參與細胞內部運動的主要構造物質。例如，參與減數分裂的紡綞絲、著絲點，都是由微管組成。

腺苷二磷酸 adenosine diphosphate, ADP 由腺苷（核苷的一種，由核糖與腺嘌呤的一部分組成）和兩個磷酸所組成的輔酶，為ATP水解後的產物。

腺苷三磷酸 adenosine triphosphate, ATP 一種高能分子，是細胞共同的能量來源，在由粒線體合成後，送至細胞各處使用。當移除一個磷酸分子時，可釋出能量，以及副產物ADP。

十四劃

酵素 enzyme 又稱「酶」，是一種可促使化學反應發生或增快的蛋白質，但本身並不因反應而改變或消耗。

聚合反應 polymerize 單體相互連接為長鏈的過程。

聚合物 polymer 由小分子單體聚集而成的長鏈分子。DNA、蛋白質都屬於聚合物。

網格蛋白 clathrin 為細胞攝入胞外物質時所需的重要成分，可與其他網格蛋白架構成特殊的網格構造，進而使細胞產生凹陷（即網格蛋白被覆小窪），最後讓小窪內的胞外分子包裹在細胞膜所形成的囊泡中，送進細胞。

傳訊核糖核酸 messenger RNA, mRNA 為DNA轉錄作用的產物。mRNA所攜帶的遺傳訊息，可轉譯為胺基酸序列，以構成特定的蛋白質。

端粒 telomere 在所有染色體末端，都有一段重複的特別序列，稱為端粒。由於每回細胞分裂時，染色體末端都會有少數序列無法完成複製，因此端粒的存在可保護真正的基因不會因而缺損，並有穩定染色體結構的功能。

著絲點 kinetochore 染色體在細胞分裂時形成的特殊構造。著絲點可抓住由中心粒延伸而來的紡錘絲，而將複製染色體分向細胞的兩極拉動。

緊密型連結 tight junction 常見於上皮細胞間的接合方式，可形成不通透的薄層。

隙型連結 gap junction 連接兩個相鄰細胞、並允許小分子自由流通的管道，是由蛋白質排列而成的管狀構造。一個典型細胞，通常帶有數千個隙型連結。

十五劃

膠原蛋白 collagen 存在多細胞動物結締組織的一種纖維狀蛋白質，由細胞分泌至胞外，同時也是軟骨和硬骨的重要組成。

調節序列 regulatory sequence 可控制基因於何時表現的DNA序列。在調節序列中，並不含遺傳密碼。

層黏蛋白 laminin 一種結構很大的纖維蛋白，是基底膜富含的胞外間質，也是纖維化的肝組織及肝癌組織中，主要的胞外間質之一。

十六劃

緻密化 compaction 在早期胚胎發育時，原本鬆散連接的細胞之間，開始形成較緊密的連結，而將相連細胞拉近的過程。

親水性 hydrophilic 形容某分子或分子部分區域對水有吸附、親合的特性。

遺傳密碼 genetic code 決定一密碼子代表何種胺基酸的一套規則。也指稱用來合成蛋白質的特別訊息。

橋粒 desmosome 相鄰表皮細胞間的緊密結合區域，可強化組織並使組織中的細胞共同作用。帶狀橋粒是環繞在細胞周圍的結合帶；點狀橋粒則是細胞間的小區域接觸點。

操作子 operator 抑制蛋白（repressor protein）所辨認的一段DNA序列，位在啟動子內。一旦抑制蛋白連接在操作子上，聚合酶就無法靠近啟動子，以開啟基因。

機械論者 mechanist 抱持「所有生物的過程都是自然現象」觀念的人，包括所有現今的細胞及分子生物學家。機械論是與一世紀前的「生命力」假說針鋒相對的學說。

十七劃

戴－薩克斯症 Tay-Sachs disease 隱性遺傳的神經類脂增多症，病人的神經細胞內會蓄積神經節苯脂，使身體出現斑點、抽搐，甚至逐漸導致視力喪失。

膽固醇 cholesterol 一種脂肪分子，為細胞的重要組成之一，在病變時會囤積於血管壁，而阻斷血液的流通。

隱生 cryptobiosis 某些微小的生物可在失去大部分的水分時，進入一種暫停生命活動、停止代謝反應的狀態，經過數月或數年後，在潤濕時又可恢復生機。

磷酸化 phosphorylation 將蛋白質分子加裝上磷酸的修飾過程，許多蛋白質的形狀和功能會因而改變，這是細胞調控反應「開」或「關」的常見機制。

十八劃

鞭毛 flagellum 為細胞的一條細長的毛狀突起，內含微管構造。基本構造與纖毛相似，只是長度較長，經由來回的擺動，可使細胞游動。

雙股螺旋 double helix 指DNA的結構外形，就像是螺旋梯兩邊的扶手。

轉移 metastasis 癌細胞由腫瘤逸出、擴散至身體其他部位的過程。

轉錄 transcription 依據DNA模板，合成RNA分子（mRNA）的過程。

轉譯 translation 依據mRNA的密碼，合成特定胺基酸序列（蛋白質）的過程。

轉送核糖核酸 transfer RNA（簡稱為tRNA） 含有可與mRNA上的密碼子互補的結構，在核糖體的控制下，將游離狀態的胺基酸，帶到成長中胺基酸鏈的特定位置。tRNA以它所攜帶的密碼來特化胺基酸，使胺基酸連結成蛋白質鏈的過程，稱為「轉譯」。

離子幫浦 ion pump 位在細胞膜上的蛋白質分子，可利用ATP的能量，將離子送入或運出細胞。常見的有鈣離子、鈉離子和鉀離子幫浦。

十九劃

壞死 necrosis 病理上的細胞死亡，常由受傷或感染引起。壞死造成的分解產物，會激發組織的發炎反應。

二十一劃

鐮形血球性貧血症 sickle-cell anemia 某種慢性溶血遺傳疾病。病人的血紅素基因發生點突變，造成血紅素黏成一團，致使原先應呈圓盤狀的正常紅血球細胞，呈現鐮刀狀。病人會有貧血、關節痛、急性腹痛、下肢潰瘍等病狀。

二十二劃

囊泡 vesicle 是細胞內運送物質時所用的容器，由膜所包裹而成的小球構造。

囊腫纖化症 cystic fibrosis 某種隱性遺傳的代謝異常，導致外泌腺不正常分泌，造成腺管阻塞。病人自小即出現便腸阻塞、慢性咳嗽、氣腫等現象，很難活過兒童期。

二十三劃

纖維母細胞 fibroblast 形狀不規則的扁平結締組織細胞，聚集在結締組織、皮膚支持基質及其他表皮組織內。纖維母細胞是負責分泌膠原蛋白的細胞，具有移行能力，以填補身體的傷口。

纖毛 cilium 細胞外的短小毛狀突起，可產生擺動或波動，內含微管構造。

纖網蛋白 fibronectin 又稱為纖維連黏蛋白，是存在血液及所有組織中的一種醣蛋白。它在細胞的吸附性及生長分化的調節上，相當重要。在含有纖維母細胞的組織中，纖網蛋白的含量更是可觀，能在該處與膠原蛋白形成複合物。

體節 somite 在早期胚胎上所形成一系列的區段，一區段即為一個體節。特化組織便以體節為單位而形成。

二十四劃

鹼基 base 又稱為含氮鹼基，與五碳糖、磷酸組成核苷酸。核苷酸又可進一步組成DNA和RNA，其中五碳糖和磷酸形成螺旋結構的骨架，而鹼基則為突出於骨架的部分。細胞共有五種不同的鹼基，分別是腺嘌呤（A）、鳥糞嘌呤（G）、胸腺嘧啶（T，只存在於DNA）、胞嘧啶（C）、尿嘧啶（U，只存在於RNA），而鹼基的排列順序則蘊含了遺傳訊息。

延伸閱讀

以下這些書將帶領讀者，進一步深入分子生物學及細胞生物學的領域。這些書大多是教科書，對於罕有機會參觀實驗室的人，不失為學習新知的最佳途徑。

Alberts, Bruce, et al. *Molecular Biology of the Cell*. 5th ed. New York : Garland, 2008. 這是細胞生物學首屈一指的教科書，內容牽涉深奧的專業知識，但全書也穿插許多圖片與圖表。對有志學習細胞生物學的學生而言，這是一本必備的書。

Darnell, James E., et al. *Molecular Cell Biology*. 5th ed. New York : Scientific American Books, 2003. 本書是僅次於上一本書的重要細胞生物學教科書，涵蓋的內容與上一本大致相同。（在這兩本之中，只要其中一本有最新版本問世，另一本就可能略為過時。）

deDuve, Christian. *Blueprint for a Cell : The Nature and Origin of Life*. Burlington, N.C. : Neil Patterson, 1991. 本書作者是諾貝爾獎得主，他因為有關細胞功能與結構組成的新發現而獲獎。本書主要闡述細胞如何運作及生命究竟如何開始。

Grobstein, Clifford. *Science and the Unborn*. New York : Basic Books, 1988. 身為生物學家及公共關係專家，作者以現代生物學對生物發育過程的認知，探討人類胚胎及胎兒所涉及的倫理道德問題。

Kessel, Richard G., and Randy H. Kardon. *Tissues and Organs : A Text-Atlas of Scanning Electron Microscopy*. San Francisco : Freeman, 1979. 這是一本細胞及組織的攝影集，從照片中，我們可以看到細胞及組織在體內的真實模樣。這些照片都是利用掃瞄式電子顯微鏡拍攝的，展現出細胞精細結構的特徵。

Moore, Keith L. *The Developing Human : Clinically Oriented Embryology*. 10th ed. Philadelphia : Saunders, 2015. 這是探討受精過程與胚胎發育的優良長銷書，內容還涵蓋常見的畸形發育問題。

Sadler, T.W. *Langman's Medical Embryology*. Baltimore : Williams & Wilkins, 2014. 這是探討人類受精過程及發育問題的上乘之作，並輔以彩色的圖表。

Vander, Arthur J., et al. *Vander's Human Physiology : The Mechanisms of Body Function*. 13th ed. New York : McGraw-Hill, 2014. 這本書是關於人類生理學的傑出作品，前幾章談的是詳實的細胞及分子生物學，接下來談的是體內各大器官系統。

以下這些全球資訊網上的網站，提供網友各式各樣的訊息，從基礎知識到最新的研究發現。打從1996年起，它們一直是內容豐富有趣的網站，而且每一個網站都可以再連上其他的網站。

Cell & Molecular Biology On-line. www.cellbio.com，這個網站主要是條列出其他相關資源的連結網路。

Cells Alive! www.cellsalive.com，這是展示各式各樣細胞類型的圖片藝廊，可以觀賞到細胞爬行、巨噬細胞吞噬細菌等精采的影片。

7 Universities with Free Online Biology Courses. study.com/articles/7_Universities_with_Free_Online_Biology_Courses.html，提供生物學的大學教學課程。

科學天地 151A

一粒細胞見世界

Life Itself

Exploring the Realm of the Living Cell

原著 — 倫斯伯格（Boyce Rensberger）
譯者 —涂可欣
審訂 —程樹德
科學顧問 — 林和、牟中原、李國偉、周成功

總編輯 — 吳佩穎
編輯顧問 — 林榮崧
書系主編 — 林文珠
責任編輯 — 林榮崧（第二版）；李千毅（第一版）
封面設計暨美術編輯 — 江儀玲

出版者 — 遠見天下文化出版股份有限公司
創辦人 — 高希均、王力行
遠見・天下文化 事業群榮譽董事長 — 高希均
遠見・天下文化 事業群董事長 — 王力行
天下文化社長 — 林天來
國際事務開發部兼版權中心總監 — 潘欣
法律顧問 — 理律法律事務所陳長文律師
著作權顧問 — 魏啟翔律師
社址 — 台北市 104 松江路 93 巷 1 號 2 樓

讀者服務專線 — 02-2662-0012 ｜ 傳真 — 02-2662-0007, 02-2662-0009
電子郵件信箱 — cwpc@cwgv.com.tw
直接郵撥帳號 — 1326703-6 號 遠見天下文化出版股份有限公司
排版廠 — 極翔企業有限公司
製版廠 — 東豪印刷事業有限公司
印刷廠 — 中原造像股份有限公司
裝訂廠 — 中原造像股份有限公司
登記證 — 局版台業字第 2517 號
總經銷 — 大和書報圖書股份有限公司 電話／ 02-8990-2588
出版日期 — 1998 年 11 月 10 日第一版第 1 次印行
2023 年 12 月 5 日第三版第 1 次印行

定價 — NTD420
書號 — BWS151A
ISBN — 4713510944158
天下文化官網 — bookzone.cwgv.com.tw

國家圖書館出版品預行編目（CIP）資料

一粒細胞見世界 / 倫斯伯格（Boyce Rensberger）著；涂可欣譯. -- 第二版. -- 臺北市：遠見天下文化, 2016.05
面； 公分. --（科學天地；151）
譯自：Life itself : exploring the realm of the living cell
ISBN 978-986-93171-2-2（平裝）

1. 細胞 2. 通俗作品

364 105007732